“十二五”职业教育国家规划教材
经全国职业教育教材审定委员会审定

修订版

电气控制系统与可编程控制器

第3版

主　编　常晓玲

副主编　刘　鲁　苑振国

参　编　任胜杰　王艳芳

主　审　宋书中

机械工业出版社

本书为"十二五"职业教育国家规划教材修订版。

本书内容主要包括常用低压电器、电气电路的基本控制原则和基本控制环节、典型生产机械电气控制电路分析、电气控制系统的设计、FX系列可编程控制器、S7系列可编程控制器，以及数控设备的电气控制系统及内置PLC、PLC控制系统的设计。本书程序示例丰富，由易到难，适合于循序渐进学习。

本书的特点是：层次清晰地构建了从低压电器、基本控制环节、常规电气控制电路到微机化PLC控制系统的完整内容体系，有利于帮助学生分析电路原理、掌握编程方法和工程设计方法。

本书可作为高职高专院校机电类专业的教材，也可作为各类成人教育相关课程教材，还可供机电行业的工程技术人员用作参考书或培训教材。

为方便教学，本书配有电子课件、思考题与习题解答及模拟试卷，选用本书作为授课教材的教师可以来电（010-88379375）索取或登录机工教育服务网（www.cmpedu.com）注册后下载。

图书在版编目（CIP）数据

电气控制系统与可编程控制器/常晓玲主编. —3版. —北京：机械工业出版社，2021.6（2023.6重印）

"十二五"职业教育国家规划教材：修订版

ISBN 978-7-111-68121-2

Ⅰ.①电… Ⅱ.①常… Ⅲ.①电气控制系统-高等职业教育-教材②可编程序控制器-高等职业教育-教材 Ⅳ.①TM921.5②TP332.3

中国版本图书馆CIP数据核字（2021）第080248号

机械工业出版社（北京市百万庄大街22号　邮政编码100037）

策划编辑：王宗锋　责任编辑：王宗锋

责任校对：张　薇　封面设计：鞠　杨

责任印制：任维东

北京中兴印刷有限公司印刷

2023年6月第3版第4次印刷

184mm×260mm · 17印张 · 441千字

标准书号：ISBN 978-7-111-68121-2

定价：54.90元

电话服务　　　　　　　　　　网络服务

客服电话：010-88361066　　机 工 官 网：www.cmpbook.com

　　　　　010-88379833　　机 工 官 博：weibo.com/cmp1952

　　　　　010-68326294　　金 书 网：www.golden-book.com

前　言

　　"电气控制系统与可编程控制器"是高职高专院校机电类专业中应用性很强的专业核心课。课程内容可根据专业需要选择常规继电器-接触器控制、可编程控制器控制、数控机床电气控制、组态软件、工业级人机界面（触摸屏）等教学内容。低压电器、基本控制环节及常规电气控制电路是本课程的前期基础。随着计算机、自动控制、工业网络技术的发展，电气控制的重心转向以计算机为核心的软件控制，可编程控制器（Programmable Logical Controller, PLC）以其集计算机控制技术与继电器-接触器控制技术于一体、抗干扰能力强、可靠性和性价比高、编程方便、结构模块化、易于网络化等特点，在工业自动化控制中获得普遍应用。在先进制造技术领域，普通的可编程控制器（PLC）不能满足计算机数控（CNC）系统的控制需求，因此需要掌握 CNC 的内置 PLC。与 PLC 产品关系密切的工控产品还有工业组态软件、工业级人机界面（触摸屏）。为了满足新技术发展对电气控制系统与可编程控制器课程的教学要求，我们遵循结合工程实际、突出技术应用的原则编写了本书。

　　本书共分八章，第一章介绍常用低压电器；第二章介绍电气电路的基本控制原则和基本控制环节；第三章分析典型生产机械的电气控制电路；第四章归纳电气控制系统的设计方法；第五、六章分别讲述三菱 FX、西门子 S7 两个系列 PLC 产品的性能规格、I/O 接线、指令系统、编程实例；第七章分析数控设备的电气控制电路及 CNC 系统内置 PLC 编程方法；第八章介绍 PLC 控制系统的设计方法和实例。全书各章内容由浅入深，有足够数量的设计示例，便于开展理论实践一体化教学。

　　与第 2 版相比，本书主要改动和更新的内容如下：

　　1. 为适应工业互联网、能源互联网等新兴技术的发展，低压电器部分增加了"智能低压电器"内容，扼要介绍具有数据采集与传输功能的智能低压电器产品。

　　2. 可编程控制器（PLC）部分，按照由易到难的原则，编排大量编程实例，便于学生一边阅读一边上机，循序渐进学会接线、编程、调试。

　　3. 新增了 28 个微课教学资源，包括低压电器、电气控制接线、PLC 控制程序等，覆盖基本教学内容。

　　本书由常晓玲任主编，刘鲁、苑振国任副主编，参加编写的还有任胜杰和王艳芳。其中，苑振国编写第一章和第六章；王艳芳编写第二章和第三章；任胜杰编写第四章；刘鲁编写第五章和第八章第一至三节；常晓玲编写第七章和第八章第四、五节。

　　全书由宋书中教授审定，审阅中提出了许多宝贵意见，特此致谢。

　　限于编者水平，书中错误和不妥之处在所难免，敬请读者批评指正。

编　者

二维码清单

序号	名称	二维码	页码	序号	名称	二维码	页码
1	接触器工作原理		19	9	长动控制电路的接线与试车		45
2	电磁机构吸力分析		19	10	正停反电路的正转和停车原理		46
3	电气接线注意事项		42	11	正停反电路的反转原理与试车过程		46
4	电动机的全压起动工作原理		44	12	理解往复运动控制电路		46
5	电动机点动-主电路接线		45	13	往复运动控制电路的工作原理		46
6	电动机点动-控制电路接线		45	14	定子串电阻减压起动控制电路		48
7	实际电机接线-点动电路试车		45	15	星形-三角减压起动控制电路 小功率		48
8	从点动控制到长动控制工作原理		45	16	星形-三角减压起动控制电路 大功率		48

（续）

目　录

第一章

常用低压电器

低压电器通常是指用于交流50Hz（或60Hz）、额定电压为1000V及以下、直流额定电压为1500V及以下的电路中起通断、保护、控制或调节作用的电器。

低压电器种类繁多，用途广泛，按应用场所提出的不同要求可分为配电电器与控制电器两大类。配电电器主要用于低压配电系统中。对配电电器的要求是：在系统发生故障的情况下，动作准确，工作可靠，有足够的热稳定性和电稳定性。常见的配电电器有低压断路器（刀开关）及熔断器等。控制电器主要用于电力拖动控制系统和用电设备的通断控制。对控制电器的要求是：工作准确可靠，操作频率高，寿命长等。常见的控制电器有继电器、接触器、按钮、行程开关、变阻器、主令开关、热继电器、起动器及电磁铁等。

通常低压电器产品包括以下12大类：刀开关和刀形转换开关、熔断器、断路器、控制器、接触器、起动器、控制继电器、主令电器、电阻器及变阻器、调整器、电磁铁、其他低压电器（触电保护器、信号灯与接线盒等）。

作为配电系统的基本组件，低压电器在生产过程、自动控制中起着重要作用，其稳定性、可靠性、准确性影响整个系统的性能。随着现代科学技术的发展，低压电器向智能化方向发展。智能低压电器在传统的低压电器设备上融合智能化、网络化、信息化元素，是科学技术发展与电力系统发展的必然产物。作为系统中的重要组成部分，智能低压电器将会对人类生产、生活的实用性、经济性与安全性等方面带来革命性的改变。

第一节 熔 断 器

一、概述

熔断器是当电流超过规定值足够长的时间后，通过熔断一个或几个特殊设计的相应的部件，断开其所接入的电路并分断电源的电器。

熔断器主要用于短路保护，有时也可用于过载保护。通过熔断器熔化特性和熔断特性的配合以及熔断器与其他电器的配合，在一定的短路电流范围内可达到选择性保护的目的。

由于熔断器具有结构简单、分断能力较强、使用方便、体积小、重量轻以及价格低廉等优点，因而在工农业生产中使用十分广泛。

二、熔断器的种类和型号

熔断器是一种简单有效的保护电器。使用时，熔断器串接在所保护的电路中。熔断器主要由熔体（俗称保险丝）和安装熔体的熔管（或熔座）两部分组成，如图1-1所示。熔体通常由易熔金属材料铅、锌、锡、银、铜及其合金制成，通常制成丝状和片状。熔管是装熔体的外壳，由陶瓷、绝缘钢纸制成，在熔体熔断时兼有灭弧作用。

熔断器按结构形式的不同可分为半封闭插入式熔断器、自复式熔断器、无填料密闭管式熔断器、有填料密闭管式熔断器及螺旋式熔断器等。其中，有填料密闭管式熔断器又可分为刀形触点熔断器、螺栓连接熔断器及圆筒形帽熔断器。图1-2所示为几种常用的熔断器及其电气符号。

熔断器的常用型号有 RL6、RL7、RT12、RT14、RT15、RT16（NT）、RT18、RT19（AM3）、RO19、RO20和RTO等，在选用时可根据使用场合酌情选择。

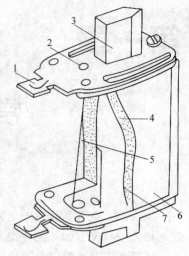

图1-1 熔断器的结构示意图
1—盖板 2—指示器 3—触刀 4—载熔体 5—填料 6—熔管 7—熔体

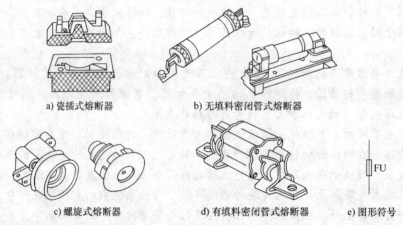

a) 瓷插式熔断器　　　　b) 无填料密闭管式熔断器

c) 螺旋式熔断器　　　d) 有填料密闭管式熔断器　　e) 图形符号

图1-2 熔断器及其电气符号

熔断器型号说明如下：

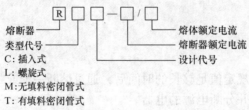

熔断器——
类型代号：
C：插入式
L：螺旋式
M：无填料密闭管式
T：有填料密闭管式
设计代号
熔断器额定电流
熔体额定电流

三、熔断器的工作过程和特性

熔断器在使用时，需串接在其所保护的线路中。当该线路发生过载或短路时，线路电流增大，熔体发热，当熔体温度升高到熔体的熔点时，熔体熔断并分断电路，从而达到保护线路的目的。此时应注意：熔断器受熔断能力限制，在选用时应对短路动稳定、热稳定性能进行校验。

1. 熔断器工作的物理过程

熔断器工作的物理过程是指熔断器分断过载或短路电流时的物理过程，如图1-3所示。这个过程可分为以下四个阶段。

(1) 熔体升温阶段　熔体的温度因流过过载或短路电流而由正常工作时的温度 θ_0 升到其熔化温度 θ_r（即熔点），但熔体仍为固态，经过的时间为 t_1。

(2) 熔体熔化阶段　熔体中的部分金属开始由固态转化为液态。由于熔体熔化需吸收热量，故在 t_2 时间内，其温度始终保持为 θ_r。

(3) 熔体金属气化阶段　已熔化的熔体金属被继续加热，直至达到气化温度 θ_q 为止，所经过的时间为 t_3。

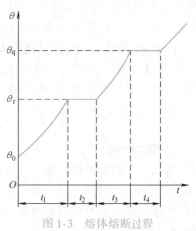

图1-3　熔体熔断过程

(4) 燃弧阶段　从熔体断裂出现间隙，继而产生电弧直到电弧熄灭、电路完全断开为止，所经过的时间为 t_4。

上述四个阶段中，从电流超过临界值的瞬时起到熔体发生熔化和蒸发为止的这段时间称为弧前时间，即图1-3的 t_1、t_2、t_3 之和。此后，从产生电弧直到电弧完全熄灭的这段时间（t_4），称为燃弧时间。弧前时间与燃弧时间之和称为熔断时间。

2. 熔断器的主要技术参数和特性

(1) 额定电压　指熔断器长期工作时和熔断后所能承受的电压。应该注意，熔断器的额定电压是它的各部件（熔断器支持件、熔体）的额定电压的最低值。熔断器的交流额定电压有 220V、380V、415V、500V、600V 和 1140V；直流额定电压有 110V、220V、440V、800V、1000V 和 1500V。

(2) 额定电流　熔断器在长期工作制下，各部件温升不超过极限允许温升所能承载的电流值，习惯上，把熔体支持件的额定电流称为熔断器的额定电流。通常，某级额定电流允许选用不同的熔体电流，而熔体支持件的额定电流代表了一起使用的熔体额定电流的最大值。

熔体额定电流规定有：2A、4A、6A、8A、10A、12A、16A、20A、25A、32A、(35A)、40A、50A、63A、80A、100A、125A、150A、200A、250A、315A、400A、500A、630A、800A、1000A 和 1250A。

(3) 极限分断能力　指熔断器在规定的使用条件下，能可靠分断的最大短路电流值。

(4) 截断电流特性　指在规定的条件下，截断电流与预期电流的关系特性。截断电流是指熔体分断期间电流到达的最大瞬时值。

(5) 时间—电流特性　熔断器的时间—电流特性亦称为保护特性，它是熔断器的基本特性，表示熔断器的弧前（或熔断）时间与流过熔体电流的关系，如图1-4所示。熔断器的时间—电流特性是反时限特性，流过熔体的电流越大，熔化（或熔断）时间越短。因为熔体在熔化和气化过程中，所需热量是一定的。在一定的过载电流范围内，当电流恢复正常时，熔断器不会熔断，可继续使用。

由图1-4可知，当流过熔体的电流值为 I_R 时，熔化时间为无穷大，熔体才能够达到其稳定温升并熔断；如果通过熔体的电流小于此值，熔体就不可能熔断。最小熔化

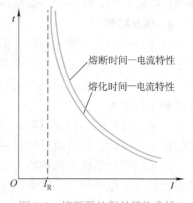

熔断时间—电流特性

熔化时间—电流特性

图1-4　熔断器的保护特性曲线

电流 I_R 与熔体的额定电流 I_N 之比为熔化系数 K_R，它是表征熔断器保护小倍数过载时的灵敏度的指标。一般低压熔断器的 K_R 值为 1.2~1.5。

（6）I^2t 特性　当分断电流很大时，以弧前时间—电流特性表征熔断器的性能已不够了，因为此时燃弧时间在整个熔断时间内并不能忽略。通常，当熔断器弧前时间小于 0.1s 时，熔断器的保护特性用 I^2t 特性表示。I^2t 特性在产品标准中有专门规定。

四、熔体材料与形状

1. 熔体材料

熔体是熔断器的核心部分，熔体材料直接影响到熔断器的性能。熔体材料有低熔点和高熔点金属两类。低熔点材料有锡、锌、铅及其合金；高熔点材料有铜、银，近年来也采用铝来代替银。低熔点材料因熔点低，最小熔化电流及熔化系数小，有利于过载保护，比较容易解决在小倍数过载工作时，导电触刀温度过高的问题。但低熔点材料亦有不足之处，即分断能力较小。因为在长度和电阻相同的条件下，低熔点材料电阻率较大，熔体的截面积势必较大，熔断时产生的金属蒸气较多，对熄灭电弧不利，以致分断能力下降。反之，高熔点材料电阻率小，熔体截面积较小，熔断后金属蒸气少，易于熄灭电弧，因而具有高分断能力。但高熔点材料熔点高，小倍数过载时，熔断器中的其他导体温度过高，熔化系数也较大。

2. 冶金效应

由于低熔点材料和高熔点材料各具优缺点，克服其缺点，则可同时满足两种不同的要求。为了达到这个目的，通常采用"冶金效应"，即在高熔点的金属熔体上焊纯锡（或锡镉合金），当熔体通过过载电流时，首先锡熔剂熔化，然后高熔点的金属原子熔解于锡熔剂中，而成为合金，其熔点比高熔点金属低，同时它的电阻率也增大，致使局部发热剧增而首先熔断，缩短了熔化时间。这样，熔化系数就大大减小，过载保护性能大大改善。另一方面，由于熔体本身仍为高熔点材料，锡桥或锡珠体积又很小（一般情况下，锡熔剂的体积不应超过焊接处高熔点金属熔体体积的 5 倍），因而固有的高分断能力依然得以保持。应该指出，当通过短路电流时，由于熔体熔化时间极短，"冶金效应"不起作用。

3. 熔体形状

熔体的形状大体有两种：丝状和片状。丝状熔体多用于小电流场合，片状熔体是用薄金属片冲成，有宽窄不等的变截面，也有在带形薄片上冲出一些孔，不同的熔体形状可以改变熔断器的时间—电流特性。对变截面熔体而言，其狭窄部分的段数取决于额定电流和电压，熔断器额定电压高时，要求狭窄部分的段数就多，用石英砂做填料的变截面熔体，单片熔体的熔断器额定电流大约在 10~63A，熔断器的额定电流大于上述值时，可用两个或几个熔体并联。

4. 填充材料

在绝缘管中装入填充材料（简称填料）是加速灭弧、提高熔断器分断能力的有效措施。对于填料的要求：热容量大，在高温作用下，不会产生气体；热导率高，其形状最好是卵圆形，颗粒大小要适当；填料必须清洁，不能含有铁等金属或有机物质，填装前必须经去铁、清洗和干燥处理。

目前，常用的填料有石英砂（SiO_2）和三氧化二铝砂（Al_2O_3）。尽管三氧化二铝砂的性能优于石英砂，但石英砂的价格较为便宜，目前多采用石英砂。

因填料能把熔体上的热能传给壳体，所以为了获得一致的性能，在生产过程中，填料的填充密度必须保持恒定。因为填充密度低时，电弧会使空气迅速膨胀，影响弧柱电压和电流变化率。

5. 熔管材料

熔管是熔断器的主要零件之一，起包容熔体和填料并起散热和隔弧的作用，因而要求熔管机械强度高、耐热性及耐弧性好。目前，有填料熔断器的熔管一般采用的是瓷、氧化铝电瓷和高频电瓷材料。无填料熔断器的熔管材料为钢纸管、三聚氰胺玻璃管或硅有机玻璃布管。

熔管的形状以方管形和圆管形为主，但熔管的内腔均为圆形或近似圆形，所以能在相同的几何尺寸下有最大的容积，同时圆形的内腔能均匀承受电弧能量造成的压力，有利于提高熔断器的分断能力。几种常用熔断器的技术参数见表1-1～表1-4。

表1-1　RT12系列熔断器技术参数

额定电压/V	415			
熔断器代号	A_1	A_2	A_3	A_4
熔断器额定电流/A	20	32	63	100
熔体额定电流/A	4，6，10，16，20	20，25，32	32，40，50，63	63，80，100
极限分断能力/kA	80（$\cos\varphi = 0.1 \sim 0.2$)			

表1-2　RT15系列熔断器技术参数

额定电压/V		415			
熔断器代号		B_1	B_2	B_3	B_4
额定电流/A	熔断器	100	200	315	400
	熔体	40，50，63，80，100	125，160，200	250，315	350，400
极限分断能力/kA		80（$\cos\varphi = 0.1 \sim 0.2$)			

表1-3　NT、RT16、RT17系列熔断器技术参数

型号	熔体额定电流/A	额定电压/V	底座型号、额定电流/A
NT00C RT16－000	4，6，10，16，20，25，32，36，40，50，60，80，100	500	Sist101 160
NT100 RT16－00	4，6，10，16，20，25，32，36，40，50，60，80，100	500 660	Sist101 160
	125，160	500	
NT0 RT16－0	6，10，16，20，25，32，36，40，50，60，80，100	500	Sist160 160
	125，160	500 600	
NT1 RT16－1	80，100，125，160，200	500	Sist201 250
	224，150	500 660	
NT2 RT16－2	125，160，200，224，250，300，315	500 600	Sist401 400
	355，400	500	
NT3 RT16－3	315，355，400，425	500 660	Sist601 630
	500，630	500	
RT17	800，1000	380	Sist1001 1000

注：Sist为NT系列的底座型号。RT16的底座以尺码表示规格，如000，00，0，1，2，3在型号中已表示。

第一章

第二章

第三章

第四章

第五章

第六章

第七章

第八章

附录

表 1-4　RL6、RL7 系列熔断器技术参数

型号	额定电压/V	额定电流/A		极限分断能力(有效值)/kA	熔体额定耗散功率/W	约定时间和约定电流			
		支持件	熔体			熔体额定电流/A	约定不熔断电流	约定熔断电流	约定时间/h
RL6	500	25	2,4,6,10,16,20,25	50 (cosφ=0.1~0.2)	4	$I_N \leq 4$	$1.5I_N$	$2.1I_N$	1
		63	35,50,63		7	$4 < I_N < 16$	$1.5I_N$	$1.9I_N$	1
		100	80,100		9				1
		200	125,160,200		19	$16 \leq I_N \leq 63$			1
RL7	660	25	2,4,6,10,16,20,25		6.3	$63 < I_N \leq 160$	$1.25I_N$	$1.6I_N$	2
		63	35,50,63		13.4	$160 < I_N \leq 200$			2
		100	80,100		16.8				

五、熔断器的选用与维护

1. 熔断器的选用

1）熔断器主要根据使用场合来选择不同的类型。例如，用于电网配电时，应选择一般工业用熔断器；用于硅元件保护时，应选择保护半导体器件的快速熔断器；家庭使用时，宜选用螺旋式或半封闭插入式熔断器。

2）熔断器的额定电压必须等于或高于熔断器安装处的电路额定电压。

3）电路保护用熔断器熔体的额定电流基本上可按电路的额定负载电流来选择，但其极限分断能力必须大于电路中可能出现的最大故障电流。

4）在电动机回路中作短路保护时，应考虑电动机的起动条件，按电动机的起动时间长短选择熔体的额定电流。

① 对起动时间不长的场合，可按下式决定熔体的额定电流 I_{fu}：

$$I_{fu} = I_{st}/(2.5 \sim 3) = (1.5 \sim 2.5)I_N$$

式中，I_{st} 为电动机的起动电流；I_N 为电动机的额定电流。

② 对起动时间长或较频繁起动的场合，按下式决定熔体的额定电流 I_{fu}：

$$I_{fu} = I_{st}/(1.6 \sim 2)$$

③ 对于多台并联电动机的电路，考虑到电动机一般不同时起动，故熔体的电流可按下式计算：

$$I_{fu} = I_{st.max}/(2.5 \sim 3) + \sum I_N$$

或

$$I_{fu} = (1.5 \sim 2.5)I_{N.max} + \sum I_N$$

式中，$I_{st.max}$ 为最大一台电动机的起动电流；$\sum I_N$ 为其余电动机额定电流之和。

5）为了防止越级熔断、扩大停电事故范围，各级熔断器间应有良好的协调配合，使下一级熔断器比上一级的先熔断，从而满足选择性保护要求。选择时，上下级熔断器应根据其保护特性曲线上的数据及实际误差来选择。一般老产品的选择比为 2:1，新型熔断器的选择比为 1.6:1。例如，下级熔断器额定电流为 100A，上级熔断器的额定电流最小也要为 160A，

才能达到 1.6∶1 的要求，若选择比大于 1.6∶1 则会更可靠地达到选择性保护。值得注意的是，这样将会牺牲保护的快速性，因此实际应用中应综合来考虑。

6）保护半导体器件用熔断器的选择。在变流装置中作短路保护时，应考虑到熔断器熔体的额定电流是用有效值表示，而半导体器件的额定电流是用通态平均电流 $I_{T(av)}$ 表示，应将 $I_{T(av)}$ 乘以 1.57 换算成有效值。因此，熔体的额定电流可按下式计算：

$$I_{fu} = 1.57 I_{T(av)}$$

2. 熔断器的安装和维护

1）安装熔断器时，除保证足够的电气距离外，还应保证足够的间距，以保证拆卸、更换熔体方便。

2）安装前，应检查熔断器的型号、额定电压、额定电流、额定分断能力等参数是否符合规定要求。

3）安装熔体时，必须保证接触良好，不能有机械损伤。

4）安装引线要有足够的截面积，而且必须拧紧接线螺钉，避免接触不良。

5）在运行中应经常注意熔断器的指示器，以便及时发现熔体熔断的情况，防止断相运行。如果检查发现熔体已经腐蚀、损伤或熔断，应更换同一型号规格的熔断器，不允许用其他型号熔断器代用（除非已通过验证）。

6）熔断器插入与拔出要用规定的把手，不要直接用手拔熔体（熔断后外壳温度很高，以免烫伤），也不可用不合适的工具插入与拔出。更换时，必须在不带电的情况下进行。

7）使用中，应经常清除熔断器上及导电插座上的灰尘和污垢。

第二节 刀 开 关

刀开关主要用于电气线路中隔离电源，也可用于不频繁地接通和分断空载电路或小电流电路。

刀开关按极数分，有单极、双极和三极；按结构分，有平板式和条架式；按操作方式分，有直接手柄操作、正面旋转手柄操作、杠杆操作和电动操作；按转换方式分，有单投和双投。另外，还有一种采用叠装式触点元件组成旋转操作的，称为组合开关或转换开关。

一、刀开关的结构

刀开关又称为闸刀开关，是结构最简单的手动电器，由静插座、手柄、动触刀、铰链支座和绝缘底板组成，其典型结构如图 1-5 所示。静插座由导电材料和弹性材料制成，固定在绝缘材料制成的底板上。动触刀与铰链支座连接，连接处依靠弹簧保证必要的接触压力，绝缘手柄直接与动触刀固定连接。能分断额定电流的刀开关装有灭弧罩，保证分断电路时安全可靠，灭弧罩由绝缘纸板和钢栅片拼铆而成。在低压电路中，用于不频繁接通和分断电路，或用来将

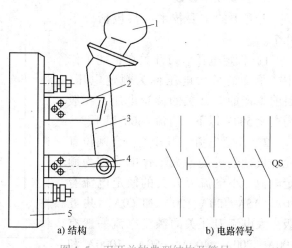

a) 结构　　　　　b) 电路符号

图 1-5　刀开关的典型结构及符号

1—手柄　2—静插座　3—动触刀　4—铰链支座　5—绝缘底板

电路与电源隔离。

图1-6为HZ10系列组合开关结构图及电气符号。它是一种凸轮式的做旋转运动的刀开关。组合开关也有单极、双极、三极和多极结构，主要用于电源引入或5.5kW以下电动机的直接起动、停止、反转及调速等场合。

以熔体作为动触点的，称为熔断器式刀开关，简称刀熔开关。刀熔开关具有开关和熔断器的双重功能，可以简化配电装置结构，经济实用，常用于电气设备与线路的过负荷和短路保护，以及正常供电的情况下不频繁地接通和切断电路。其电路符号如图1-7所示。

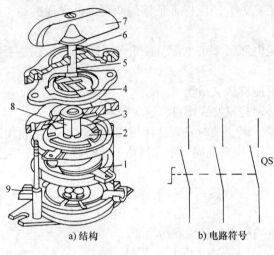

a) 结构　　　　　　　　b) 电路符号

图1-6　HZ10系列组合开关结构图及电气符号

1—静触片　2—动触片　3—绝缘垫板　4—凸轮
5—弹簧　6—转轴　7—手柄　8—绝缘杆　9—接线柱

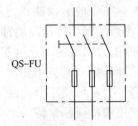

图1-7　刀熔开关电路符号

二、刀开关的型号及主要技术参数

1. 刀开关的型号

刀开关的型号及含义如图1-8所示。

2. 主要技术参数

刀开关的主要技术参数包括以下几个。

1）额定电压。刀开关在长期工作中能承受的最大电压称为额定电压。目前生产的刀开关的额定电压，一般为交流500V以下，直流440V以下。

2）额定电流。刀开关在合闸位置允许长期通过的最大工作电流称为额定电流。小电流刀开关的额定电流有10A、15A、20A、30A和60A，共五级。大电流刀开关的额定电流一般有100A、200A、400A、600A、1000A和1500A，共六级。

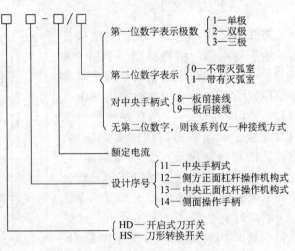

图1-8　刀开关的型号及含义

3）操作次数。刀开关的使用寿命分机械寿命和电寿命两种。

① 机械寿命指刀开关在不带电的情况下所能达到的操作次数。

② 电寿命指刀开关在额定电压下能可靠地分断额定电流的总次数。

4）电稳定性电流。发生短路事故时，刀开关不产生变形、破坏或触刀自动弹出的现象时的最大短路电流峰值就是刀开关的电稳定性电流。通常，刀开关的电稳定性电流为其额定电流的数十倍。

5）热稳定性电流。发生短路事故时，如果刀开关能在一定时间（通常是1s）内通以某一短路电流，并不会因温度急剧上升而发生熔焊现象，则称这一短路电流为刀开关的热稳定性电流。通常，刀开关的1s热稳定性电流为其额定电流的数十倍。

三、刀开关的选用与安装

1. 刀开关的选用

选用刀开关时必须注意以下几点：①按刀开关的用途和安装位置选择合适的型号和操作方式。②刀开关的额定电流和额定电压必须符合电路要求。③校验刀开关的电稳定性和热稳定性，如不满足要求，应选择高一级额定电流的刀开关。

2. 刀开关的安装

刀开关在安装时必须注意以下几点：①刀开关安装时应做到垂直安装，使闭合操作时的手柄操作方向从下向上合，断开操作时的手柄操作方向从上向下分，不允许采用平装或倒装，以防止产生误合闸。②刀开关安装后应检查闸刀和静插座的接触是否成直线且紧密。③母线与刀开关接线端子相连时，不应存在极大的扭应力，并保证接触可靠。在安装杠杆操作机构时，应调节好连杆的长度，使刀开关操作灵活。

第三节 主令电器

主令电器用于发布操作命令以接通和分断控制电路。常见类型有按钮、位置开关、万能转换开关和主令控制器等。

一、按钮

按钮通常分为自动复位式和自锁式。按钮一般采用人力（手指、手掌、钥匙等）操作，受力后动作。自动复位式按钮在受力结束后自动复位，带有自锁的按钮则保持动作，待复位操作时才恢复原状。按钮主要用于电气控制电路中，用于发布命令及电气联锁。

图1-9为按钮的一般结构。主要由按钮帽、复位弹簧、桥式动触点、常开静触点、常闭静触点和装配基座（图中未画出）组成。操作时，将按钮帽往下按，桥式动触点向下运动，先与常闭静触点（常闭触点）分断，再与常开静触点（常开触点）接通，一旦操作人员的手指离开按钮帽，在复位弹簧的作用下，动触点向上运动，恢复初始位置。在复位过程中，先是常开触点分断，然后是常闭触点闭合。图1-10是按钮的外形图和电路符号。

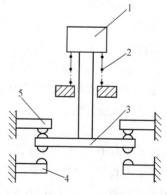

图1-9　按钮一般结构示意图

1—按钮帽　2—复位弹簧

3—桥式动触点　4—常开静触点

5—常闭静触点

按钮的使用场合非常广泛，规格品种很多。目前生产的按钮产品有 LA10、LA18、LA19、LA20、LA25、LA30、LA38、LA39等系列，引进产品有 LAY3、LAY4、PBC 系列等。其中 LA25 是通用型按钮的更新换代产品。

LA25 系列按钮为积木式结构，它采用插接式连接。它采用独立的接触单元，具有任意组合常开触点、常闭触点对数的优点。相邻触点在电气上是分开的，其基座采用耐电弧的聚碳酸酯塑料，静、动触点采用滚动式点接触，接触可靠。安装按钮时，钮头部分的套管穿过安装板，旋扣在底座上，板后用 M4 螺钉顶紧，安装方便，固定牢固。

二、位置开关

位置开关主要用于将机械位移转变为电信号，用来控制生产机械的动作。位置开关包括行程开关、微动开关、限位开关及由机器部件或机械操作的其他控制开关。这里着重介绍行程开关和微动开关。

1. 行程开关

行程开关是一种按工作机械的行程发出操作命令的位置开关。它主要用于机床、自动生产线和其他生产机械的限位及流程控制。其结构与工作原理如下。

1）直动式行程开关。图1-11为直动式行程开关结构图。其动作原理与按钮类似，不同之处是它利用运动部件上的撞块来碰撞行程开关的推杆，从而使开关动作。直动式行程开关虽结构简单，但是触点的分合速度取决于撞块移动的速度。若撞块移动速度太慢，则触点就不能瞬时切断电路，使电弧在触点上停留时间过长，从而烧蚀触点。因此，这种开关不宜用在撞块移动速度小于 0.4m/min 的场合。

a) 外形图

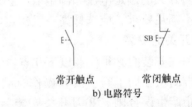

b) 电路符号

图 1-10　按钮的外形和电路符号

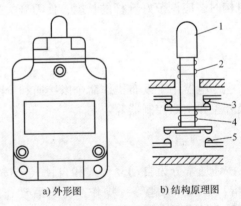

a) 外形图　　b) 结构原理图

图 1-11　直动式行程开关
1—顶杆　2—弹簧　3—常闭触点
4—触点弹簧　5—常开触点

2）滚轮旋转式行程开关。为了克服直动式行程开关的缺点，可采用能瞬时动作的滚轮旋转式行程开关，其内部结构如图1-12所示。当滚轮1受到向左的外力作用时，上转臂2向左下方转动，推杆4向右转动，并压缩右边弹簧8，同时下面的小滚轮5也很快沿着擒纵件6向右转动，小滚轮滚动又压缩弹簧7，当小滚轮5走过擒纵件6的中点时，盘形弹簧3和压缩弹簧7都使擒纵件6迅速转动，因而使动触点迅速地与右边的静触点分开，并与左边的静触点闭合。这样就减少了电弧对触点的损坏，并保证了动作的可靠性。这类行程开关适用于低速运动的机械。

10

滚轮旋转式行程开关的复位方式有自动复位式和非自动复位式两种。自动复位式是依靠本身的恢复弹簧来复原；非自动复位式在 U 形结构摆杆上装有两个滚轮，当撞块推动其一个滚轮时，摆杆转过一定的角度，使开关动作。撞块离开滚轮后，摆杆并不自动复位，直到撞块在返回行程中再反向推动另一滚轮时，摆杆才回到原始位置，使开关复位。这种开关由于具有"记忆"曾被压动过的特性，因此在某些情况下可使控制电路简化，而且根据不同需要，行程开关的两个滚轮可以布置在同一平面内或分别布置在两个平行平面内。图 1-13 是滚轮式行程开关的外形图及电路符号，其中，图 1-13a 所示的单轮行程开关能自动复位。

目前生产的行程开关产品有 LX19、LX22、LX32、LX33、LXK3、3SE3 和 LXW 系列等。

行程开关的主要技术参数有额定电压、额定电流、触点转换时间、动作力、动作角度或工作行程、触点数量、结构形式和操作频率等。行程开关的主要技术参数可参看有关技术资料。

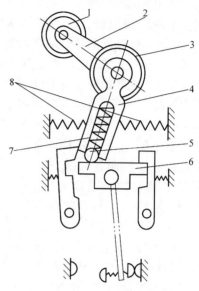

图 1-12　滚轮旋转式行程开关的内部结构
1—滚轮　2—上转臂　3—盘形弹簧
4—推杆　5—小滚轮　6—擒纵件
7—压缩弹簧　8—左右弹簧

2. 微动开关

微动开关是行程非常小的瞬时动作开关，其特点是操作力小和操作行程短，常用于机械、纺织、轻工、电子仪器等各种机械设备和家用电器中做限位保护和联锁等。微动开关也可看成是尺寸甚小而又非常灵敏的行程开关。

随着生产发展的需要，微动开关正向体积小和操作行程小的方向发展，控制电流却有增大的趋势，在结构上有向

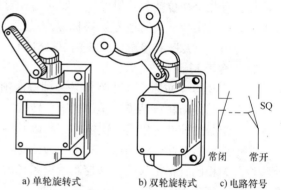

a) 单轮旋转式　　b) 双轮旋转式　　c) 电路符号
图 1-13　滚轮式行程开关外形及电路符号

全封闭型发展的趋势，以避免空气中尘埃进入触点之间而影响触点的可靠导电。

目前使用的微动开关有 LXW2 – 11 型、LXW5 – 11 系列、JW 系列、LX31 系列等。

3. 接近开关

接近开关即无触点行程开关，其内部为电子电路，按工作原理分为高频振荡型、电容型和永磁型 3 种。使用时，对外连接 3 根线，其中红、绿两根线外接直流电源（通常为 24V），另一根黄线为输出线。接近开关供电后，输出线与绿线之间为高电平输出。当有金属物靠近该开关的检测头时，输出线与绿线之间翻转成低电平。可利用该信号驱动一个继电器或直接将该信号输入 PLC 等控制电路，详细原理可阅读自动检测技术相关知识。

三、万能转换开关和主令控制器

1. 万能转换开关

万能转换开关主要用于电气控制电路的转换、配电设备的远距离控制、电气测量仪表的

转换和微型电动机的控制，也可用于小功率笼型异步电动机的起动、换向和变速。由于它能控制多个回路，适应复杂电路的要求，故有"万能"转换开关之称。

表征万能转换开关特性的参数有额定电压、额定电流、手柄型式、触点座数、触点对数、触点座排列型式、定位特征代号及手柄定位角度等。

常用的万能转换开关有 LW8、LW6、LW5 及 LW2 等系列。LW6 系列万能转换开关由操作机构、面板、手柄及触点座等组成，触点座最多可以装 10 层，每层均可安装 3 对触点，操作手柄有多档停留位置（最多 12 个档位），底座中间凸轮随手柄转动，由于每层凸轮设计的形状不同，所以用不同的手柄档位，可控制各对触点进行有预定规律的接通或分断。图 1-14a 为 LW6 系列万能转换开关其中一层的结构示意图，图 1-14b 为对应的电路符号。表达万能转换开关中的触点在各档位的通断状态有两种方法：一种是列出表格，另一种就是借助图 1-14b 所示的图形符号。使用图形表示时，虚线表示操

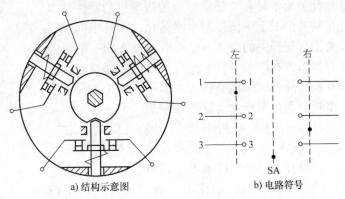

图 1-14 万能转换开关的结构示意图及电路符号

作档位，有几个档位就画几根虚线，实线与成对的端子表示触点，使用多少对触点就可以画多少对。在虚实线交叉的地方只要标黑点就表示实线对应的触点在虚线对应的档位是接通的，不标黑点就意味着该触点在该档位被分断。

2. 主令控制器

主令控制器（亦称主令开关）是一种按照预定程序来转换控制电路接线的主令电器。

主令控制器由触点系统、操作机构、转轴、齿轮减速机构、凸轮及外壳等部件组成。由于主令控制器的控制对象是二次电路，所以其触点工作电流不大。

主令控制器按凸轮的结构形式可分为凸轮调整式和凸轮非调整式两种，其动作原理与万能转换开关相同，都是靠凸轮来控制触点系统的分合。不同形状凸轮的组合可使触点按一定顺序动作，而凸轮的转角是由控制器的结构决定的，凸轮数量的多少则取决于控制电路的要求。

1）凸轮非调整式主令控制器。凸轮形状不能调整，其触点只能按一定的触点分合次序表动作。

2）凸轮调整式主令控制器。凸轮由凸轮片和凸轮盘两部分组成，均开有孔和槽，凸轮片装在凸轮盘上的位置可以调整，因此其触点分合次序表也可以调整。图 1-15 为主令控制器中某一层的结构示意图，主要由凸轮块、接线柱、静触点、动触点、支杆、转动轴及小轮等部分组成。当转动手柄时，方轴与凸轮

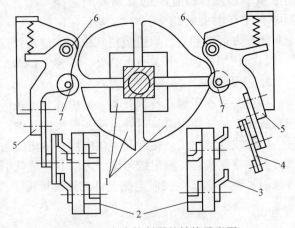

图 1-15 主令控制器的结构示意图

1—凸轮块 2—接线柱 3—静触点 4—动触点

5—支杆 6—转动轴 7—小轮

块一起转动，小轮始终被弹簧压在凸轮块上，当小轮碰上凸轮块凸起的部分时，静触点和动触点之间被凸轮块顶开，如图 1-15 所示右下方的触点那样去分断受控电路。反之，当小轮碰上凸轮块凹下的部分时，静触点和动触点之间被弹簧压合，如图 1-15 所示左下方的触点那样去接通受控电路。

目前，国内常用的主令控制器中 LK1、LK17 和 LK18 系列属于凸轮非调整式主令控制器，LK4 系列属于凸轮调整式主令控制器。此外，LS7 型十字形主令开关也属于主令控制器，它主要用于机床控制电路，以控制多台接触器、继电器线圈。主令控制器的电气符号与万能转换开关相同。

第四节 低压断路器

一、低压断路器的用途、分类和工作原理

1. 低压断路器的用途和分类

断路器俗称自动开关，用于不频繁接通、分断线路正常工作电流，也能在电路中流过故障电流时（短路、过载、欠电压等），在一定时间内断开故障电路。低压断路器是用于交流电压 1200V、直流电压 1500V 及以下电压范围的断路器，是低压配电系统中的主要配电电器。

低压断路器主要用于保护交、直流低压电网内用电设备和线路，使之免受过电流、短路、欠电压等不正常情况的危害，同时也可用于不频繁起动的电动机操作或转换电路。

低压断路器有多种分类方法。按使用类别可分为非选择型（A 型）和选择型（B 型）两类。按极数可分为单极、双极、三极和四极。按灭弧介质可分为空气式和真空式，目前应用最广泛的是空气断路器。按动作速度可分为快速型和一般型。按结构型式分有塑料外壳式和万能式。低压断路器型号及含义如图 1-16 所示。

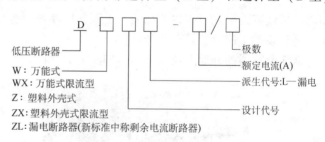

低压断路器
W：万能式
WX：万能式限流型
Z：塑料外壳式
ZX：塑料外壳式限流型
ZL：漏电断路器(新标准中称剩余电流断路器)

极数
额定电流(A)
派生代号:L—漏电
设计代号

图 1-16 低压断路器型号及含义

2. 低压断路器的工作原理

图 1-17 是典型低压断路器的动作原理图。主触点 3 是常开触点，是靠操纵手柄 10 或闭合电磁铁 9 合闸的，锁扣 7 将自由脱扣机构 6 扣住，保持主触点闭合，自由脱扣机构 6 由锁扣 7、脱扣半轴 12、断开弹簧 11 和一套连杆机构等组成。过电流脱扣器 17 的线圈串联于主电路，在主电路电流为正常值时，衔铁处于打开位置，当任何一相主电路的电流超过其动作整定值时，衔铁被向上吸合，衔铁上的顶板推动脱扣杆 13，使脱扣半轴 12 逆时针方向转动，导致自由脱扣机构脱扣，在断开弹簧的作用下，使主触点分断。

欠电压脱扣器 18 的线圈并联于主电路，在主电路电压正常时，其衔铁吸合，当主电路内电压消失或降低至一定数值以下时，其衔铁释放，衔铁的顶板推动脱扣杆，从而使主触点分断。

分励脱扣器 15 是由控制电源供电的，其线圈可根据操作人员的命令或继电保护信号而通电，使衔铁向上运动，推动脱扣杆，使主触点分断。

根据实际需要，一台断路器上可装设两只或三只过电流脱扣器，欠电压脱扣器和分励脱

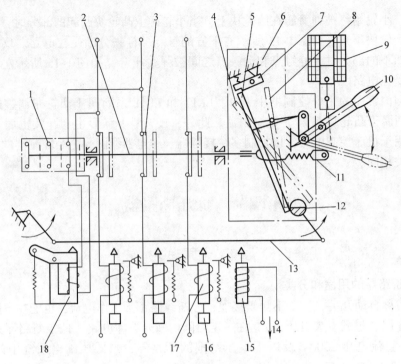

图 1-17 低压断路器动作原理图

1—辅助触点 2—传动杆 3—主触点 4—自由脱扣位置 5—闭合位置 6—自由脱扣机构 7—锁扣
8—再扣位置 9—闭合电磁铁 10—操纵手柄 11—断开弹簧 12—脱扣半轴 13—脱扣杆
14—接控制电源 15—分励脱扣器 16—延时装置 17—过电流脱扣器 18—欠电压脱扣器

扣器则可选装其中之一或两者都装，小型低压断路器也可不装。电磁式过电流脱扣器还可以加上延时装置，使分断具有选择性。

低压断路器的外形图及电路符号如图 1-18 所示。

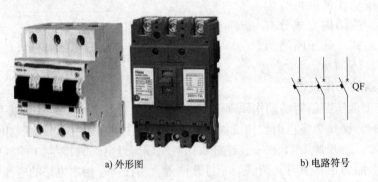

a) 外形图　　　　　　　　　　b) 电路符号

图 1-18 低压断路器的外形图及电路符号

二、低压断路器的主要技术参数

1. 额定电压

断路器的额定电压分为额定工作电压、额定绝缘电压和额定脉冲耐压。

1) 额定工作电压（U_N）：是指与通断能力以及使用类别相关的电压值，对于多相电路指相间的电压值。同一断路器可以指定几个额定工作电压、相应的通断能力和不同的使用类别。

2）额定绝缘电压（U_i）：一般情况下，就是断路器最大额定工作电压，在任何情况下，最大额定工作电压不超过额定绝缘电压。

3）额定脉冲耐压（U_{imp}）：开关电器工作时，要承受系统中所发生的过电压，因此开关电器（包括断路器）的额定电压参数中给定了额定脉冲耐压值，其数值应大于或等于系统中出现的最大过电压峰值，额定绝缘电压和额定脉冲耐压共同决定了开关电器的绝缘水平。

2. 额定电流

对于断路器来说，额定电流（I_N）就是额定持续电流，也就是脱扣器能长期通过的电流，对带有可调式脱扣器的断路器为可长期通过的最大工作电流。

断路器壳架等级额定电流（I_{NM}）用基本尺寸相同和结构相似的框架或塑料外壳中能容纳的最大脱扣器额定电流表示。一个壳架等级可包含数个额定电流。

3. 额定短路分断能力

断路器的额定短路分断能力（I_{cn}）是指在规定的条件（电压、频率、功率因数及规定的试验程序等）下，能够分断的最大短路电流值。

4. 断路器的保护特性

（1）过电流保护特性　是指断路器的动作时间与动作电流的函数关系曲线。

低压断路器过电流保护可具有一段、两段或三段过电流保护特性。图1-19为低压断路器的过电流保护特性曲线，图中曲线 $ABCD$ 为两段非选择性保护特性，其中 AB 段为长延时反时限保护特性，用于过载保护；CD 段为瞬时脱扣器动作特性，当电流等于或大于瞬时动作电流值时，亦即短路电流达到规定动作值以后，过电流瞬时脱扣器动作，使断路器分闸。图中曲线 $abcdef$ 为选择性三段保护特性，其中 ab 段是过载反时限长延时保护特性；cd 段为短路电流较小时的定时限短延时特性；ef 段则为短路电流较大时的瞬时动作特性。

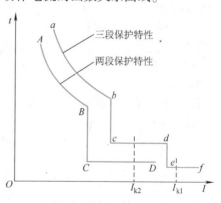

图1-19　低压断路器过电流保护特性曲线

（2）欠电压保护特性　是指当主电路电压下降至某一规定值范围时，使电器有延时或无延时动作的保护性能。零电压保护特性（或称失电压保护特性）是欠电压保护特性中的一种特殊形式，当主电路电压从欠电压所规定的下限值降至接近消失时止，使电器有延时或无延时动作的保护性能。

三、低压断路器的选用

低压断路器的选用包括的主要内容有：低压断路器型号、额定工作电压、脱扣器的额定电流、壳架等级额定电流的选择和额定短路通断能力的校验。

1. 常用低压断路器的型号选择

（1）万能式断路器（框架式断路器）　它的特点是所有部件都装在一个钢制框架（小容量的也有用塑料底板）内，其部件包括触点系统、灭弧室、操作机构、各种脱扣器和辅助开关等，导电部件需加绝缘，部件敞开，大都是可拆卸式，便于装配和调整。万能式断路器一般来说具有可维修的特点，可装设较多的附件，有较高的短路分断能力和较高的动稳定性，同时又可实现选择性断开。

万能式断路器过去广泛使用 DW5、DW10 系列，因其技术性能较差，现已淘汰。目前经常使用的断路器产品有 DW17（ME）、DW15、DW15C、DWX15 和 DWX15C 等系列。从国外引进的 ME（DW17）、AE-S（DW18）、3WE、AH（DW914）、M 系列以及 F 系列万能式断路器应用也日渐增多。常用万能式断路器的主要技术参数见表 1-5。

表 1-5　常用万能式断路器的主要技术参数

型号	额定电流/A	额定电压/V	过电流脱扣器范围/A	交流短路分断能力有效值/kA	备注
DW15-2500	2500	380	1000~2500	30	可派生直流灭磁
DW15-4000	4000		2000~4000	40	
DW15-200	200	380	100~200	20/5	分子为瞬时短路通断能力，分母为短延时短路通断能力，1600A 以下有抽屉式
		660		10/5	
DW15-400	400	380		25/8	
		660		15/8	
		1140		10	
DW15-630	630	380	100~200	30/12.6	
		660		20/10	
		1140		12	
DW15-1000	1000	380		40/30	
DW15-1600	1600	380		40/30	
DW15-2500	2500			60/40	
DW15-4000	4000			80/60	
DW17（ME）-630	630	380/600	200~630	50	有抽屉式
DW17-800	800		200~800		
DW17-1000	1000		200~1000		
DW17-1250	1250		500~1250		
DW17-1600	1600		200~1600		
DW17-2000	2000		500~2000		
DW17-2500	2500		1500~2500	80	
DW17-3200	3200		8000~16000		
DW17-4000	4000		10000~20000		
AH-6B	600	660/380	100~600	22/22	分子对应 660V、分母对应 380V 有抽屉式
AH-10B	1000		250~1000	30/42	
AH-16B	1600		250~1600	45/65	
AH-20C	2000		500~2000	30/65	
AH-20CH	2000		500~2000	30/70	
AH-30C	3200		2000~3200	50/65	
AH-30CH	3200		2000~3200	50/85	
AH-40C	4000		4000	85/120	
3WE-13	630	500	200~630	40	有抽屉式
3WE-23	800		200~800		
3WE-33	1000		200~1000		
3WE-43	1250		320~1250		
3WE-53	1600		320~1600		
AE1000-S	1000	500	120~1000	50	
AE1250-S	1250		150~1250	50	
AE1600-S	1600		300~1600	65	

（2）塑料外壳式断路器　对于电流较小的线路和用电设备可选用塑料外壳式断路器，常用型号有 DZ10、DZ10X、DZ20、DZ15、DZX 等。常用塑料外壳式断路器的主要技术参数见表 1-6 及有关手册。

表 1-6　常用塑料外壳式断路器的主要技术参数

型　号	额定电流/A	额定电压/V	过电流脱扣额定电流/A	交流短路分断能力峰值/kA	操作频率/(次/h)
DZ10－100	100	380	15，20，25，30，40，50，60，80，100	3.5 4.7 7.0	60 30 30
DZ10－250	250	380	100，140，150，170，200，250	17.7	30
DZ10－600	600	380	200，250，350，400，500，600	23.5	30
DZ20－100	100	380	16，20，32，40，50，63，80，100	14～18	120
DZ20－200	200	380	100，125，160，180，200，225	25	120
DZ20－400	400	380	200，250，315，350，400	25	60
DZ20－630	630	380	250，315，350，400，500，630	25	60
DZ20－1250	1250	380	630，700，800，1000，1250	30	30

选用低压断路器的类型应根据线路及电气设备的额定电流及对保护的要求进行。若额定电流较小（600A 以下），短路电流不太大，可选用塑料外壳式断路器；若短路电流相当大的支路，则应选用限流式断路器；若额定电流很大，或需要选择型断路器时，则应选择万能式断路器；若有漏电电流保护要求时，应选用带漏电保护功能的断路器等；控制和保护硅整流装置及晶闸管的断路器，应选用直流快速断路器。

2. 低压断路器的额定电流选择

（1）配电用低压断路器的选用　选用配电用低压断路器，除应考虑一般选用原则外，还应考虑与下级电路的选择性配合问题，以限制可能出现的越级跳闸现象。

1）长延时动作电流整定值应不大于导线允许的载流量。对于采用电线电缆的情况，可取电线电缆允许载流量的 80%。

2）3 倍长延时动作电流整定值的可返回时间不小于线路中起动电流最大的电动机的起动时间。

3）短延时动作电流整定值应不小于

$$1.1(I_{jk} + 1.3KI_{ND})$$

式中，I_{jk} 为线路计算电流；K 为电动机的起动电流倍数；I_{ND} 为电动机的额定电流。

4）瞬时动作电流整定值应不小于

$$1.1(I_{jk} + K_1 KI_{NM})$$

式中，K_1 为电动机起动电流的冲击系数，一般取 1.7～2；I_{NM} 为最大的一台电动机的额定电流。

（2）电动机保护用低压断路器的选用　选用电动机保护用低压断路器时，除应考虑一般选用原则外，还应注意下列几点。

1）过载保护（长延时）动作电流整定值等于电动机额定电流。

2）瞬时动作电流整定值，对于保护笼型异步电动机应为 8～15 倍电动机额定电流；对于保护绕线转子异步电动机应为 3～6 倍电动机额定电流。并以此确定电磁脱扣器的额定电流。

（3）家用低压断路器的选用　家用低压断路器是指在生活建筑中用来保护配电系统的断路器，容量一般都不大，故一般都选用塑料外壳式断路器。选用时还应注意以下两点：

1）长延时动作电流整定值应不大于线路计算电流。

2）瞬时动作电流整定值应等于 6～20 倍线路计算电流。

四、低压断路器的安装与维修

1. 低压断路器的安装

（1）安装前的检查

1）外观检查。检查断路器在运输过程中有无损坏，紧固件有否松动，可动部分是否灵活等，如有缺陷，应进行相应的处理或更换。

2）技术指标检查。检查核实断路器工作电压、电流、脱扣器电流整定值等参数是否符合要求。断路器的脱扣器整定值等各项参数出厂前已整定好，原则上不要再做调整。

3）绝缘电阻检查。安装前宜先用 500V 绝缘电阻表检查断路器相与相、相与地之间的绝缘电阻，在周围空气温度为（20±5）℃和相对湿度为 50%～70% 时应不小于 10MΩ，否则应对断路器进行烘干。

4）清除灰尘和污垢，擦净极面防锈油脂。

（2）安装时应注意的事项

1）断路器底板应垂直于水平位置，固定后，断路器应安装平整，不应有附加机械应力。

2）电源进线应接在断路器的上母线上，而接往负载的出线则应接在下母线上。

3）为防止发生飞弧，安装时应考虑到断路器的飞弧距离，并注意到在灭弧室上方接近飞弧距离处不跨接母线。如果是塑料外壳式产品，进线端的裸母线宜包上 200mm 长的绝缘物，有时还要求在进线端的各相间装隔弧板。

4）设有接地螺钉的产品，均应可靠接地。

2. 低压断路器的维修

通常断路器在使用期内，应定期进行全面的维护与检修，主要内容如下。

1）每隔一定时间（一般为半年），应清除落于断路器的灰尘，以保护断路器良好的绝缘。

2）操作机构每使用一段时间（可考虑 1～2 年），在传动机构部分应加润滑油（小容量塑料外壳式断路器不需要）。

3）断路器在因短路分断后，或较长时期使用之后，应清除灭弧室内壁和栅片上的金属颗粒和黑烟灰。有时陶瓷灭弧室容易破损，如发现破损的灭弧室，必须更换；长期不用的，在使用前应先烘干一次，以保证良好的绝缘。

4）断路器的触点在长期使用后，如触点表面发现有毛刺、金属颗粒等，应当予以清理，以保证良好的接触。对可更换的触点，如发现磨损到少于原来厚度的 1/3 时要考虑更换。

5）定期检查各脱扣器的电流整定值和延时，特别是电子式脱扣器，应定期用试验按钮检查其动作情况。

第五节　接　触　器

接触器
工作原理

一、接触器的结构和工作原理

接触器是一种能频繁地接通和断开远距离用电设备主回路及其他大容量用电回路的自动控制电器，分为直流和交流两大类。它的控制对象主要是电动机、电炉、电焊机及电容器组等。

接触器主要由电磁机构、触点系统和灭弧装置三部分组成。

1. 电磁机构

电磁机构包括电磁线圈和铁心，铁心由静铁心和动铁心（即衔铁）共同组成，铁心的活动部分与受控电路的触点系统相连。工作时，在线圈中通入励磁电流，铁心中就会产生磁场，从而吸引衔铁，当衔铁受力移动时，带动触点系统断开或接通受控电路；断电时，励磁电流消失，电磁场也消失，衔铁受到弹簧的反作用力而释放。常见的电磁机构如图 1-20 所示。

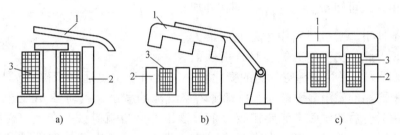

图 1-20　常见的电磁机构

1—衔铁　2—静铁心　3—电磁线圈

图 1-20a 为沿棱角转动的拍合式铁心，主要应用于直流电磁机构；图 1-20b 为沿轴转动的拍合式铁心，多用于触点容量较大的交流电磁机构；图 1-20c 为双 E 形直动式铁心，多用于交流接触器和继电器中。

交流电磁机构的铁心由硅钢片叠压而成，有磁滞和涡流损耗。由于铁心和线圈都发热，所以在铁心和线圈之间设有骨架，铁心、线圈整体做成矮胖形，利于各自散热。

直流电磁机构的铁心由整块钢材或工程纯铁制成，无磁滞和涡流损耗。由于线圈发热，而铁心不发热，所以线圈直接接触铁心并通过铁心散热，铁心、线圈整体做成瘦高形。

2. 电磁机构的吸力特性

电磁线圈通电后，铁心吸引衔铁的力，称为电磁吸力。电磁吸力的计算公式为

电磁机构
吸力分析

$$F = \frac{10^7 \, \Phi^2}{8\pi \, S}$$

式中，Φ 为空气隙中的磁通（Wb），可近似看作与铁心的磁通相等；S 为空气隙的有效面积（m^2）；F 为电磁吸力（N）。

直流电磁机构的励磁电流是恒定不变的直流，其磁动势 IN 也是恒定不变的。但随着衔铁的吸合，空气隙变小，吸合后空气隙将消失，磁路的磁阻显著减小，因而磁通 Φ 要增大。由 F 表达式可知，吸合后的电磁吸力要比吸合前大得多。

交流电磁机构的励磁电流是交变的，它所产生的磁场也是交变的，因此电磁吸力的大小也是交变的。

设空气隙处的磁通为

$$\Phi = \Phi_m \sin\omega t$$

将其代入 F 表达式中，可得交流电磁机构的电磁吸力为

$$f = \frac{1}{2}F_m - \frac{1}{2}F_m \cos 2\omega t$$

式中，F_m 为电磁吸力的最大值，$F_m = \frac{10^7}{8\pi} \frac{\Phi_m^2}{S}$。

可见，交流电磁机构的电磁吸力是脉动的，图 1-21 为电磁吸力的瞬时值曲线，其平均值为

$$F = \frac{1}{2}F_m = \frac{10^7}{16\pi} \frac{\Phi_m^2}{S}$$

在交流铁心线圈、变压器及交流电动机中有一个共同的外加电压公式，即 $U \approx E = 4.44fN\Phi_m$，由该式可知 $\Phi_m \approx \frac{U}{4.44Nf}$，即在外加电压一定的条件下，交流磁路中主磁通的最大值基本不变。因此，交流电磁铁在吸合衔铁的

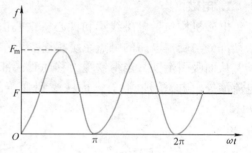

图 1-21　交流电磁机构的吸力变化曲线

过程中，电磁吸力的平均值随空气隙的变化较小。又由于主磁通等于磁动势与磁阻之比，而吸合过程中磁路的磁阻显著减小，可知随着空气隙的减小，磁动势 IN 必然减小，所以交流电磁机构吸合后的励磁电流要比吸合前显著减小。也就是说，交流电磁铁吸合前的励磁电流要比吸合后的励磁电流大得多。因此，交流电磁铁在工作时衔铁和铁心之间一定要吸合好，否则，线圈中会因长期通过较大的电流而过热烧毁。

图 1-22 为电磁机构的吸力特性曲线。其中，曲线 3 为弹簧的反力特性曲线。无论交流或直流电磁机构，当吸力大于反力时，电磁机构吸合，否则释放。

电磁机构灵敏度的衡量参数是返回系数 β，被定义为释放电压（电流）与吸合电压（电流）的比值。返回系数越大，灵敏度越高。

另外，在使用单相交流电源的电磁机构中，由于电磁吸力的瞬时值是脉动的，且有过零点，吸合后会出现振颤和噪声，影响受控电路稳定通电。因此，对单相交流电磁机构，可在铁心端面上取一部分截面嵌入一个闭合的短路环。利用该短路环的感应电流建立的磁场（比原磁场滞后）与原磁场共同

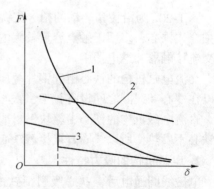

图 1-22　电磁机构的吸力特性曲线
1—直流电磁机构吸力特性　2—交流电磁机构
吸力特性　3—反力特性　δ—气隙

作用，克服磁场过零点，以保持足够的电磁吸力，使电磁机构工作稳定。

3. 触点系统与灭弧方法

（1）触点系统　触点系统由主触点和辅助触点组成。主触点接在控制对象的主电路中（常常串在低压断路器后）控制其通断，辅助触点一般容量较小，用来切换控制电路。每对

触点均由静触点和动触点共同组成，动触点与电磁机构的衔铁相连，当接触器的电磁线圈得电时，衔铁带动动触点动作，使接触器的常开触点闭合，常闭触点断开。触点有点接触、面接触和线接触三种，接触面越大则通电电流越大。图1-23为常见触点形状示意图。图1-23a为点接触的桥式触点；图1-23b为面接触的桥式触点；图1-23c为线接触的指形触点，触点通断时产生滚动摩擦，以利于消除氧化膜。触点材料有铜和银两种，由于氧化银的电阻率与银的电阻率基本一致，而铜氧化后电阻率会大大增高，所以采用银质触点更好。如采用铜质触点，应使用利于去掉氧化层的滚动接触形式。

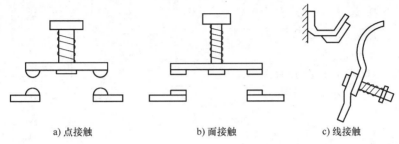

a) 点接触　　　　　b) 面接触　　　　　c) 线接触

图 1-23　触点形状示意图

为了消除触点在接触时的振动，减小接触电阻，在触点上还装有接触弹簧，该弹簧在触点刚闭合时产生较小的压力，闭合后压力增大。

（2）电弧的产生与灭弧　当一个较大电流的电路突然断电时，如触点间的电压超过一定数值，触点间空气在强电场的作用下会产生电离放电现象，在触点间隙产生大量带电粒子，形成炽热的电子流，被称为电弧。电弧伴随高温、高热和强光，可能造成电路不能正常切断、烧毁触点、引起火灾等其他事故，因此对切换较大电流的触点系统必须采取灭弧措施。

常用的灭弧装置有灭弧罩、灭弧栅和磁吹灭弧装置。它主要用于熄灭触点在分断电流的瞬间动、静触点间产生的电弧，以防止电弧的高温烧坏触点或出现其他事故。

4. 接触器的外形、原理及电路符号

图1-24为交流接触器的外形图、原理图及电路符号。

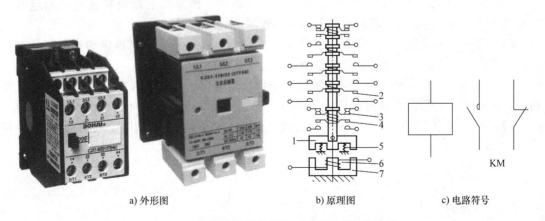

a) 外形图　　　　　　　b) 原理图　　　　　　　c) 电路符号

图 1-24　交流接触器外形图、原理图及电路符号

1—动铁心　2—常开主触点　3—常闭辅助触点　4—常开辅助触点
5—恢复弹簧　6—吸引线圈　7—静铁心

直流接触器的工作原理与交流接触器基本相同，在结构上也由电磁机构、主触点、辅助触点及灭弧装置等组成，但在铁心结构、线圈形状、触点形状和数量、灭弧方式等方面也有所不同，此处不再一一列举。

5. 接触器型号命名方法

交流接触器的品牌和种类很多，图 1-25 为 CJ12T 系列交流接触器和 CZ0 系列直流接触器的型号说明。

如某交流接触器的型号为 CJ12T－250，可知其额定电流为 250A，主触点为三极。

型号 CZ0－100/20 则表示为额定电流 100A、双极常开主触点的直流接触器。

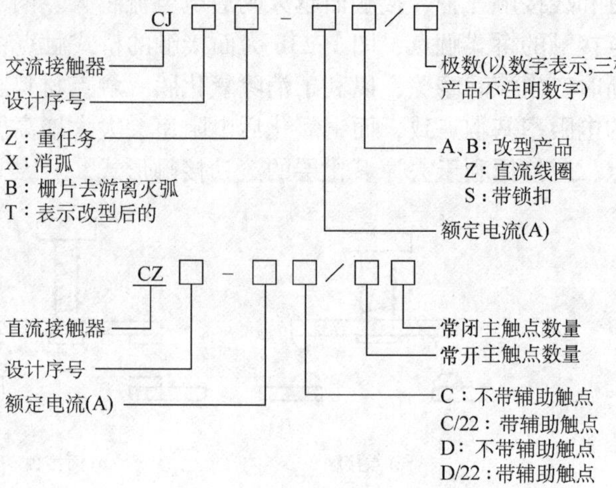

二、接触器的主要技术参数

（1）额定电压　接触器铭牌上的额定电压是指主触点的额定工作电压，以下是其等级。

1）直流接触器：220V、440V、660V。

2）交流接触器：220V、380V、500V、660V、1140V。

（2）额定电流　接触器铭牌上的额定电流是指在正常工作条件下主触点中允许通过的长期工作电流，一般按下面等级制造。

1）直流接触器：25A、40A、60A、100A、150A、250A、400A、600A。

2）交流接触器：10A、15A、25A、40A、60A、100A、150A、250A、400A、600A。

（3）线圈的额定电压　以下是其等级。

1）直流线圈：24V、48V、220V。

2）交流线圈：36V、127V、220V、380V。

（4）动作值　是指接触器的吸合电压与释放电压。国家标准规定接触器在额定电压 85% 以上时，应可靠吸合。释放电压不高于线圈额定电压的 70%。

（5）接通与分断能力　指接触器的主触点在规定的条件下能可靠地接通和分断的电流值，而不应该发生熔焊、飞弧和过分磨损等。

（6）机械寿命和电气寿命　接触器是频繁操作的电器，应有较长的机械寿命和电气寿命。目前有些接触器的机械寿命已达一千万次以上；电气寿命是机械寿命的 5% ~ 20%。

（7）操作频率　是指每小时接通的次数。交流接触器最高为 600 次/h；直流接触器可高达 1200 次/h。

三、接触器的选用、安装与维护

1. 接触器的选用

（1）接触器控制的电动机或负载电流类型　交流负载应使用交流接触器，直流负载使用直流接触器；如果控制系统中主要是交流电动机，而直流电动机或直流负载的容量比较小时，也可以选用交流接触器进行控制，但触点的额定电流应选大些。

（2）接触器主触点的额定电压　其值应大于或等于负载回路的额定电压。

图 1-25　接触器的型号说明

（3）接触器主触点的额定电流　按手册或说明书上规定的使用类别使用接触器时，接触器主触点的额定电流应等于或稍大于实际负载额定电流。在实际使用中还应考虑环境因素的影响，如柜内安装或高温条件时应适当增大接触器额定电流。

（4）接触器吸引线圈的电压　一般从人身和设备安全角度考虑，该电压值可以选择低一些，但当控制电路比较简单，用电不多时，为了节省变压器，则选用220V、380V。

接触器的触点数量、种类等应满足控制电路的要求。

2. 接触器的安装与维护

接触器使用寿命的长短，不仅取决于产品本身的技术性能，而且与产品的使用维护是否符合要求有关。在安装、调整及使用接触器时应注意以下几点。

（1）安装前　应检查产品的铭牌及线圈上的技术数据（如额定电压、电流、操作频率和通电持续率等）是否符合实际使用要求；用手分合接触器的活动部分，要求产品动作灵活无卡住现象；将铁心极面上的防锈油擦净，以免油垢粘滞而造成接触器断电不能可靠释放；检查与调整触点的工作参数（开距、超程、初压力和终压力等），并使各极触点动作同步。

（2）安装与调整　安装时应将螺钉拧紧，以防振动松脱；检查接线正确无误后，应在主触点不带电的情况下，先使吸引线圈通电分合数次，检查产品动作是否可靠，然后才能投入使用。

（3）使用与维护　使用期间，应定期检查产品的各部件，要求可动部分活动自如，紧固件无松脱。零部件如有损坏，应及时更换；触点表面应经常保持清洁，不允许涂油，当触点表面因电弧作用而形成金属小珠时，应及时铲除；当触点严重磨损后，超程应该及时调整，当厚度只剩下1/3时，应及时调换触点。原来带有灭弧室的接触器不能不带灭弧室使用，并应保持灭弧装置的完好。

3. 接触器的常见故障及处理办法

表1-7列出了接触器使用时的常见故障、原因及处理办法。

表1-7　接触器常见故障、原因及处理办法

故障现象	可能原因	处理办法
吸不上或吸力不足（即触点已闭合而铁心尚未完全吸合）	1）电源电压过低或波动过大 2）操作回路电源容量不足或发生断线、配线错误及控制触点接触不良 3）线圈技术参数与使用条件不符 4）产品本身受损（如线圈断线或烧毁，机械可动部分被卡住，转轴生锈或歪斜等） 5）触点弹簧压力与超程过大	1）调高电源电压 2）增加电源容量，更换线路修理控制触点 3）更换线圈 4）更换线圈、排除卡住故障，修理受损零件 5）按要求调整触点参数
不释放或释放缓慢	1）触点弹簧压力过小 2）触点熔焊 3）机械可动部分被卡住，转轴生锈或歪斜 4）反力弹簧损坏 5）铁心极面有油污或尘埃粘着 6）E形铁心，当寿命终了时，因去磁气隙消失，剩磁增大，使铁心不释放	1）调整触点参数 2）排除熔焊故障，修理或更换触点 3）排除卡住现象，修理受损零件 4）更换反力弹簧 5）清理铁心极面 6）更换铁心

（续）

故障现象	可能原因	处理办法
线圈过热或烧损	1）电源电压过高或过低 2）线圈技术参数（如额定电压、频率、通电持续率及适用工作制等）与实际使用条件不符 3）操作频率（交流）过高 4）线圈制造不良或由于机械损伤、绝缘损坏等 5）使用环境条件差：如空气潮湿、含有腐蚀性气体或环境温度过高 6）运动部分卡住 7）交流铁心极面不平或中间气隙过大 8）交流接触器派生直流操作的双线圈，因常闭联锁触点熔焊不释放，而使线圈过热	1）调整电源电压 2）调换线圈或接触器 3）选择其他合适的接触器 4）更换线圈，排除引起线圈机械损伤的故障 5）采用特殊设计的线圈 6）排除卡住现象 7）清除铁心极面或更换铁心 8）调整联锁触点参数及更换烧坏线圈
电磁铁（交流）噪声大	1）电源电压过低 2）触点弹簧压力过大 3）电磁系统歪斜或机械上卡住，使铁心不能吸平 4）极面生锈或因异物（如油垢、尘埃）侵入铁心极面 5）短路环断裂 6）铁心极面磨损过度而不平	1）提高操作回路电压 2）调整触点弹簧压力 3）排除机械卡住故障 4）清理铁心极面 5）调换铁心或短路环 6）更换铁心
触点熔焊	1）操作频率过高或产品过载使用 2）负载侧短路 3）触点弹簧压力过小 4）触点表面有金属颗粒凸起或异物 5）操作回路电压过低或机械上卡住，致使吸合过程有停滞现象，触点停顿在刚接触的位置上	1）调换合适的接触器 2）排除短路故障、更换触点 3）调整触点弹簧压力 4）清理触点表面 5）提高操作电源电压，排除机械卡住故障，使接触器吸合可靠
触点过热或灼伤	1）触点弹簧压力过小 2）触点上有油污或表面高低不平，有金属颗粒凸起 3）环境温度过高或使用在密闭的控制箱中 4）触点用于长期工作制 5）操作频率过高或工作电流过大，触点的断开容量不够 6）触点的超程太小	1）调高触点弹簧压力 2）清理触点表面 3）接触器降容使用 4）接触器降容使用 5）调换容量较大的接触器 6）调整触点超程或更换触点
触点过度磨损	1）接触器选用欠妥，在以下场合时，容量不足： ① 反接制动 ② 操作频率过高 2）三相触点动作不同步 3）负载侧短路	1）接触器降容使用或改用适于繁重任务的接触器 2）调整至同步 3）排除短路故障，更换触点
相间短路	1）可逆转换的接触器联锁不可靠，由于误动作，致使两台接触器同时投入运行可造成相间短路，或因接触器动作过快，转换时间短，在转换过程中发生电弧短路 2）尘埃堆积或粘有水气、油垢，使绝缘破坏 3）接触器零部件损坏（如灭弧室碎裂）	1）检查电气联锁与机械联锁，在控制电路上加中间环节或调换动作时间长的接触器，延长可逆转换时间 2）经常清理，保持清洁 3）更换损坏零件

第六节 继 电 器

继电器是一类用于监测各种电量或非电量的电器，广泛用于电动机或线路的保护以及生产过程自动化的控制。一般来说，继电器通过测量环节输入外部信号（如电压、电流等电量或温度、压力、速度等非电量）并传递给中间机构，将它与设定值（即整定值）进行比较，当达到整定值时（过量或欠量），中间机构就使执行机构产生输出动作，从而闭合或分断电路，达到控制电路的目的。

常用的继电器有电压继电器、电流继电器、时间继电器、速度继电器、压力继电器及热继电器等。

继电器的主要技术参数包括：额定参数、吸合时间和释放时间、整定参数（继电器的动作值，大部分控制继电器的动作值是可调的）、灵敏度（一般指继电器对信号的反应能力）、触点的接通和分断能力及使用寿命等。

一、普通电磁式继电器

普通电磁式继电器的结构、工作原理与接触器类似，主要由电磁机构和触点系统组成，但没有灭弧装置，不分主辅触点。它与接触器的主要区别在于：能灵敏地对电压、电流变化做出反应，触点数量很多但容量较小，主要用来切换小电流电路或用作信号的中间转换。

1. 电压继电器

电压继电器可以对所接电路上的电压高低做出动作反应，分为过电压继电器、欠电压继电器和零电压继电器。过电压继电器在额定电压下不吸合，当线圈电压达到额定电压的105%～120%及以上时动作；欠电压继电器在额定电压下吸合，当线圈电压降低到额定电压的40%～70%时释放；零电压继电器在额定电压下也吸合，当线圈电压达到额定电压的5%～25%时释放。电压继电器常用来构成过电压、欠电压和零电压保护。

2. 中间继电器

中间继电器实质是一种电压继电器，主要用来对外部开关量的接通能力和触点数量进行放大。其种类很多：JZ 系列中间继电器，适用于在交流电压 500V（频率50Hz 或 60Hz）、直流电压 220V 以下的控制电路中控制各种电磁线圈（如JZC4、JZC1、JZ7 等）；DZ 系列中间继电器，其线圈适用于直流操作的继电保护回路中，具有多对触点以增加受控电路触点数量或容量。图 1-26 为 HR70X 系列中间继电器的外形及底座示意图。

图 1-26 HR70X 系列中间继电器的外形及底座示意图

3. 电流继电器

电流继电器的线圈被做成阻抗小、导线粗、匝数少的电流线圈，串接在被测量的电路中（或通过电流互感器接入），用于检测电路中的电流变化，通过与电流设定值的比较自动判断工作电流是否越限。电流继电器分过电流继电器和欠电流继电器两类。

第一章
第二章
第三章
第四章
第五章
第六章
第七章
第八章
附录

过电流继电器在额定电流下正常工作时，电磁吸力不足以克服弹簧阻力，衔铁不动作，当电流超过整定值时，电磁机构动作，整定范围为额定电流的1.1～1.4倍。欠电流继电器在电路额定电流下正常工作时处在吸合状态，当电流降低到额定电流的10%～20%时，继电器释放。

常用的交直流过电流继电器有 JL14、JL15 和 JL18 等系列。其中，JL18 正在逐渐取代 JL14 和 JL15 系列；交流过电流继电器有 JT14、JT17 等系列；直流电磁式电流继电器有 JT13、JT18 等系列。

JL18 系列过电流继电器的型号含义如图 1-27 所示。

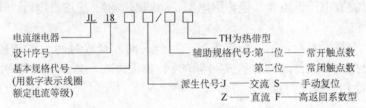

图 1-27 JL18 系列过电流继电器的型号含义

表 1-8 列出了 JL18 系列过电流继电器的技术数据。

表 1-8 JL18 系列过电流继电器的技术数据

额定工作电压 U_N/V	交流：380 直流：220
线圈额定工作电流 I_N/A	1.0、1.6、2.5、4.0、6.3、10、16、40、63、100、20、400、630
触点主要额定参数	额定工作电压：交流 380V；直流 220V 约定发热电流：10A 额定工作电流：交流 2.6A；直流 0.27A 额定控制容量：交流 1000V·A；直流 60W
调整范围	交流：吸合动作电流值为（110%～350%）I_N 直流：吸合动作电流值为（70%～300%）I_N
动作与整定误差	±10%
返回系数	高返回系数大于 0.65，普通类型不做规定
操作频率/（次/h）	1200
复位方式	自动及手动
触点对数	一对常开触点，一对常闭触点

图 1-28 为普通电磁式继电器的电路符号。

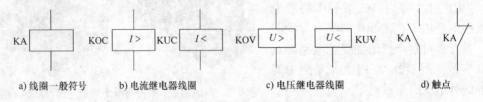

图 1-28 普通电磁式继电器的电路符号

二、时间继电器

在生产中，经常需要按一定的时间间隔来对生产机械进行控制，例如，电动机的减压起动需要经过一定的时间才能加上额定电压；在一条自动线中的多台电动机常需要分批起动，在第一批电动机起动后，需经过一定时间才能起动第二批等。这类自动控制称为时间控制。时间控制通常是利用时间继电器来实现的。

传统的时间继电器是利用电磁原理或机械动作原理实现触点延时接通或断开的自动控制电器。其种类很多，常用的有电磁式、空气阻尼式、电动式和晶体管式。在此仅介绍空气阻尼式时间继电器和晶体管式时间继电器。

1. 空气阻尼式时间继电器

空气阻尼式时间继电器是利用空气阻尼原理获得延时的，它由电磁机构、延时机构及触点三部分组成。空气阻尼式时间继电器有通电延时型和断电延时型两种，两者的结构、外形相同，区别在于电磁机构安装的方向不同。图 1-29a 为 JSK4 型空气阻尼式时间继电器的外形图，图 1-29b 为通电延时型空气阻尼式时间继电器的工作原理图。

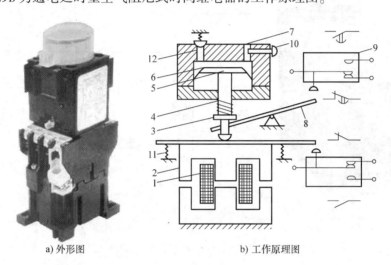

a) 外形图　　　　　　　　　b) 工作原理图

图 1-29　空气阻尼式时间继电器的外形与工作原理图
1—线圈　2—衔铁　3—活塞杆　4—释放弹簧　5—伞形活塞　6—橡皮膜
7—进气孔　8—杠杆　9—微动开关　10—螺钉　11—恢复弹簧　12—出气孔

其工作原理如下：线圈 1 通电后，吸下衔铁 2，活塞杆 3 因失去支撑，在释放弹簧 4 的作用下开始下降，带动伞形活塞 5 和固定在其上的橡皮膜 6 一起下移，在膜上方造成空气稀薄的空间，活塞由于受到下面空气的压力，只能缓慢下降；经过一定时间后，杠杆 8 才能碰触微动开关 9，使常闭触点断开，常开触点闭合。可见，从电磁线圈通电时开始到触点动作为止，中间经过了一定的延时，这就是时间继电器的延时作用。延时长短可以通过螺钉 10 调节进气孔的大小来改变。空气阻尼式时间继电器的延时范围较大，可达 $0.4 \sim 180s$。

当电磁线圈断电后，活塞在恢复弹簧 11 的作用下迅速复位，气室内的空气经由出气孔 12 及时排出，因此，断电不延时。

图 1-30 为时间继电器的图形符号。

2. 晶体管式时间继电器

晶体管式时间继电器也称为半导体式时间继电器，它主要利用电容对电压变化的阻尼作用作为延时环节而构成。其特点是延时范围相对较广、精度高、体积小、便调节、寿命长。图 1-31a 为晶体管式时间继电器外形图，图 1-31b 是采用非对称双稳态触发器的晶体管式时间继电器原理图。

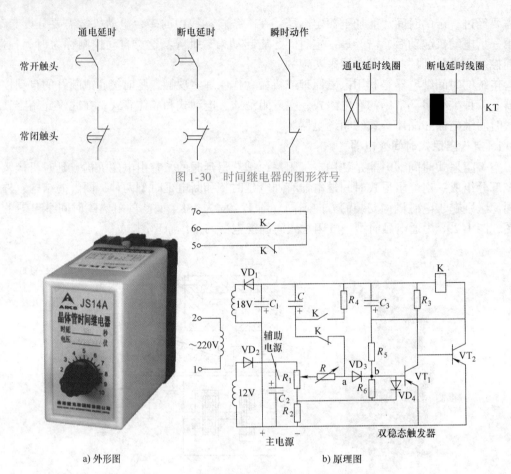

图 1-30 时间继电器的图形符号

a) 外形图　　　　　　　　　b) 原理图

图 1-31　晶体管式时间继电器的外形及原理图

整个线路可分为主电源、辅助电源、双稳态触发器及其附属电路等几部分。主电源是有电容滤波的半波整流电路，它是触发器和输出继电器的工作电源。辅助电源也是带电容滤波的半波整流电路，它与主电源叠加起来作为 R、C 环节的充电电源。另外，在延时过程结束、二极管 VD_3 导通后，辅助电源的正电压又通过 R 和 VD_3 加到晶体管 VT_1 的基极上，使之截止，从而使触发器翻转。

触发器的工作原理是：接通电源时，晶体管 VT_1 处于导通状态，VT_2 处于截止状态。主电源与辅助电源叠加后，通过可变电阻 R_1 和 R 对电容器 C 充电。在充电过程中，a 点的电位逐渐升高，直至 a 点的电位高于 b 点的电位，二极管 VD_3 导通，使辅助电源的正电压加到晶体管 VT_1 的基极上。这样，VT_1 就由导通变为截止，而 VT_2 则由截止变为导通，使触发器发生翻转。于是，继电器 K 动作，通过触点发出相应的控制信号。与此同时，电容器 C 经由继电器的常开触点对电阻 R_4 放电，为下一步工作做准备。

空气阻尼式时间继电器具有结构简单、易构成通电延时和断电延时型、调整简便、价格较低等优点，被广泛应用于电动机控制电路中。但空气阻尼式时间继电器延时精度较低，定时时间短。晶体管式时间继电器在精度和定时时间长度上均优于空气阻尼式时间继电器，但受到模拟电路本身的限制。

随着微电子技术的发展，目前出现了很多高精度的电子式、数字式定时器产品，如各个系列的电子式超级时间继电器、数字式时间继电器、数显时间继电器。定时时间可以用秒、分、小时为单位，具有数值预置、复位、起动控制、状态显示等多种功能。图 1-32 为几种新型时间继电器的外形图。

a) 超级时间继电器　　　　　　　　　　　　　　b) 集成时间继电器

图 1-32　几种新型时间继电器

三、速度继电器

速度继电器主要用作笼型异步电动机的反接制动控制，所以也称为反接制动继电器。它主要由转子、定子和触点三部分组成，转子是一个圆柱形永久磁铁，定子是一个笼形空心圆环，由硅钢片叠成，并装有笼型绕组。图 1-33 为速度继电器结构示意图。

速度继电器的工作原理：速度继电器转子的轴与被控电动机的轴相连接，而定子空套在转子上。当电动机转动时，速度继电器的转子随之转动，定子内的短路导体便切割磁场，产生感应电动势，从而产生电流，此电流与旋转的转子磁场作用产生转矩，于是定子开始转动，当转到一定角度时，装在定子轴上的摆锤推动簧片动作，使常闭触点分断，常开触点闭合。当电动机转速低于某一值时，定子产生的转矩减小，触点在弹簧作用下复位。

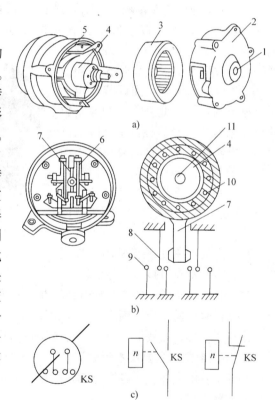

图 1-33　速度继电器结构示意图

1—连接头　2—端盖　3—定子　4—转子　5—可动支架
6—触点　7—胶木摆杆　8—簧片　9—静触点
10—绕组　11—轴

四、热继电器

热继电器是一种保护电器，专门用来对过载及电源断相进行保护，以防止电动机因上述故障导致过热而损坏。

1. 热继电器的结构及工作原理

热继电器具有结构简单、体积小、成本低等特点，选择适当的热元件可得到良好的反时限特性。所谓反时限特性，是指热继电器动作时间随电流的增大而减小的性能。

热继电器的结构主要由三大部分组成：加热元件（有直接加热式、复合加热式、间接加热式和电流互感器加热式四种）、动作机构（大多采用弓簧式、压簧式或拉簧跳跃式机构）、复位机构（有手动复位及自动复位两种型式，可根据使用要求自由调整）。动作系统常设有温度补偿装置，保证在一定的温度范围内，热继电器的动作特性基本不变。典型的热继电器结构如图 1-34 所示，其外形及电路符号如图 1-35 所示。

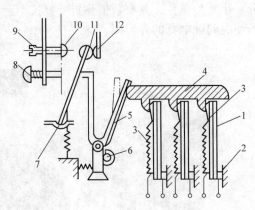

图 1-34　热继电器结构图

1—主双金属片　2—支座　3—加热元件　4—导板
5—补偿双金属片　6—调节旋钮　7—推杆
8—按钮　9—复位螺钉　10—常开静触点
11—动触点　12—常闭静触点

在图 1-34 中，主双金属片 1 与加热元件 3 串接在接触器负载（电动机电源端）的主电路中，当电动机过载时，主双金属片受热弯曲推动导板 4，并通过补偿双金属片 5 与推杆 7 将触点 11 和 12（即串接在接触器线圈回路的热继电器常闭触点）分开，以切断电路保护电动机。调节旋钮 6 是一个偏心轮，改变它的半径即可改变补偿双金属片 5 与导板 4 的接触距离，因而达到调节整定动作电流值的目的。此外，靠调节复位螺钉 9 来改变常开静触点 10 的位置，使热继电器能工作在自动复位或手动复位两种状态。调成手动复位时，在排除故障后要按下按钮 8 才能使动触点 11 恢复与常闭静触点 12 相接触的位置。

热继电器的常闭触点常串入控制电路中，常开触点可接入信号电路。

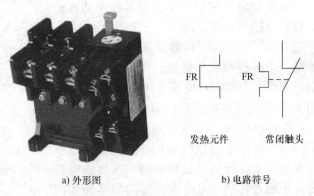

a) 外形图　　　　　　　b) 电路符号

图 1-35　热继电器的外形及电路符号

当三相电动机的一相接线松开或一相熔丝熔断时，将造成电动机的断相运行，这是三相异步电动机烧坏的主要原因之一。断相后，若外加负载不变，绕组中的电流就会增大，将使电动机烧毁。如果需要断相保护，可选用带断相保护的热继电器。

2. 热继电器的主要技术参数和型号

热继电器的主要技术参数有额定电压、额定电流、相数、热元件编号、整定电流及刻度电流调节范围等。

热继电器的额定电流是指可装入的热元件的最大额定电流值。每种额定电流的热继电器可装入几种不同整定电流的热元件。为了便于用户选择，某些型号中的不同整定电流的热元件是用不同编号表示的。

热继电器的整定电流是指热元件能够长期通过而不致引起热继电器动作的电流值。手动调节整定电流的范围，称为刻度电流调节范围，可用来使热继电器更好地实现过载保护。

常用的热继电器有 JR20、JRS1 及 JR16 等系列。引进产品有 T 系列（德国 BBC 公司）、3UA（西门子）、LR1 - D（法国 TE 公司）等系列。JRS1 和 JR20 系列具有断相保护、温度补偿、整定电流可调功能，能手动脱扣及手动断开常闭触点；在安装方式上除保留传统的分立式结构外，还增加了组合式结构，可以通过导电杆和挂钩直接插接并连接在接触器上（JRS1 可与 CJX1、CJX 相接，JR20 可与 CJ20 相接）。

常用的 JRS1 系列和 JR20 系列热继电器的型号含义如图 1-36 所示。

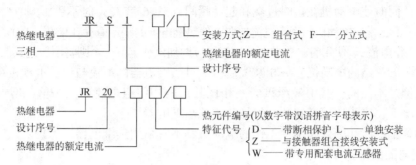

图 1-36　JRS1 系列和 JR20 系列热继电器的型号含义

常用的 JR16、JR20、JRS1、T 系列热继电器的技术参数见表 1-9。

表 1-9　常用的热继电器技术参数

型号	额定电压/V	额定电流/A	相数	热元件			断相保护	温度补偿	触点数量
				最小规格/A	最大规格/A	档数			
JR16	380	20	3	0.25 ~ 0.35	14 ~ 22	12	有	有	1 常开、1 常闭
		60		14 ~ 22	40 ~ 63	4			
		150		40 ~ 63	100 ~ 160	4			
JR20	660	6.3	3	0.1 ~ 0.15	5 ~ 7.4	14	无	有	1 常开、1 常闭
		16		3.5 ~ 5.3	14 ~ 18	6	有		
		32		8 ~ 12	28 ~ 36	6			
		63		16 ~ 24	55 ~ 71	6			
		160		33 ~ 47	144 ~ 176	9			
		250		83 ~ 125	167 ~ 250	4			
		400		130 ~ 195	267 ~ 400	4			
		630		200 ~ 300	420 ~ 630	4			
JRS1	380	12	3	0.11 ~ 0.15	9.0 ~ 12.5	13	有	有	1 常开、1 常闭
		25		9.0 ~ 12.5	18 ~ 25	3			
T	660	16	3	0.11 ~ 0.16	12 ~ 17.6	22	有	有	1 常开、1 常闭
		25		0.17 ~ 0.25	26 ~ 32	21			
		45		0.28 ~ 0.40	30 ~ 45	21			1 常开或 1 常闭
		85		6 ~ 10	60 ~ 100	8			
		105		27 ~ 42	80 ~ 115	6			
		170		90 ~ 130	140 ~ 220	3			1 常开、1 常闭
		250		100 ~ 160	250 ~ 400	3			
		370		100 ~ 160	310 ~ 500	4			

3. 热继电器的选用

热继电器主要用于电动机的过载保护，因此，在选用时必须了解被保护对象的工作环境、起动情况、负载性质、工作制以及电动机允许的过载能力。要遵循的原则是：应使热继电器的安—秒特性位于电动机的过载特性之下，并尽可能地接近，甚至重合，以充分发挥电动机的能力，同时使电动机在短时过载和起动瞬间（$5 \sim 6$ 倍 I_N）时不受影响。

一般情况下，常按电动机的额定电流选取，使热继电器的整定值为 $0.95I_N \sim 1.05I_N$（I_N 为电动机的额定工作电流）。使用时，热继电器的旋钮应调到该整定值，否则将不能起到保护作用。

对于三角形联结的电动机，一相断线后，流过热继电器的电流与流过电动机绕组的电流所增加的比例是不同的，其中最严重的一相比其余两相绕组电流要大一倍，增加比例也最大。这种情况下，应该选用带有断相保护装置的热继电器。

对于频繁正反转和频繁起制动工作的电动机，不宜采用热继电器来保护。

4. 热继电器的维护

1）检查热继电器热元件的额定电流值或调整旋钮的刻度值，看是否与电动机的额定电流值相当。如不相当，则应更换热元件，重新进行调整试验，或转动调整旋钮的刻度，使之符合要求。

2）检查动作机构是否正确可靠，复位按钮是否灵活。可用手拨 $4 \sim 5$ 次进行观察。热继电器在出厂时，其触点一般为手动复位，若需自动复位，只要将复位螺钉按顺时针方向转动，并稍微拧紧即可。如需调回手动复位，则需按逆时针旋转并拧紧。拧紧的目的是防止振动时复位螺钉松动。

3）在使用过程中，定期通电校验。此外，在设备发生事故而引起巨大短路电流后，应检查热元件和双金属片有无显著变形。若已变形，则需通电试验。因双金属片变形或其他原因致使动作不准确时，只能调整其可调部件，而绝不能弯曲双金属片。

4）在检查热元件是否良好时，只可打开盖子从旁观察，不得将热元件卸下。

5）热继电器在使用中需定期擦净尘埃和污垢，双金属片要保持原有光泽，如果上面有锈迹，可用布蘸汽油轻轻擦除，但不得用砂纸打磨。

热继电器在使用中常见的故障现象、原因分析及处理方法见表1-10。

表1-10　热继电器的常见故障现象、原因分析及处理方法

故障现象	原因分析	处理方法
热继电器动作太快	1）整定值偏小 2）电动机起动时间过长 3）可逆运转及频繁通断 4）强烈的冲击振动 5）连接导线太细 6）环境温度变化太大	1）合理调整整定值，若额定电流不符合要求，应予更换 2）按起动时间要求，选择具有合适的可返回时间级数的热继电器或在起动过程中将热元件短接 3）不宜用双金属片式热继电器，可改用其他保护方式 4）采用防振措施或改用防冲击专用热继电器 5）按要求换接导线 6）改善使用环境，使周围介质温度不高于 $+40℃$ 及不低于 $-30℃$
电动机烧坏，热继电器不动作	1）整定值偏大 2）触点接触不良 3）热元件烧断或脱焊 4）动作机构卡住 5）导板脱出	1）按上述方法1）处理 2）消除触点表面灰尘或氧化物等 3）更换已坏的热继电器 4）进行维修整理，但应注意修正后，不使特性发生变化 5）重新放入导板，并试验其动作是否灵活
热元件烧断	1）负载侧短路或电流过大 2）反复短时工作操作频率过高	1）排除电路故障，更换热继电器 2）要求合理选用过载保护方式或限制操作频率

五、固态继电器

随着微电子技术的发展，现代自动控制设备中新型的以弱电控制强电的电子器件应用越来越广泛。固态继电器就是一种新型无触点继电器，它能够实现强、弱电的良好隔离，其输出信号又能够直接驱动强电电路的执行元件。与有触点的继电器相比，具有开关频率高、使用寿命长及工作可靠等突出特点。

固态继电器是四端器件，有两个输入端，两个输出端，中间采用光电器件，以实现输入与输出之间的电气隔离。

固态继电器有多种产品，以负载电源类型的不同可分直流型固态继电器和交流型固态继电器。直流型以功率晶体管作为开关元件，交流型以晶闸管作为开关元件。以输入、输出之间的隔离形式不同可分为光电耦合隔离型固态继电器和磁隔离型固态继电器。以控制触发信号的不同可分为过零型和非过零型固态继电器、有源触发型和无源触发型固态继电器。

图 1-37 为光电耦合式交流固态继电器的外形及原理图。

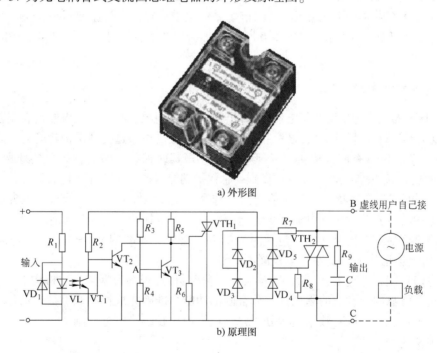

a) 外形图

b) 原理图

图 1-37　光电耦合式交流固态继电器的外形及原理图

当无信号输入时，发光二极管 VL 不发光、光电晶体管 VT_1 截止，晶体管 VT_2 导通，晶闸管 VTH_1 门极被钳在低电平而关断，双向晶闸管 VTH_2 无触发脉冲，固态继电器两个输出端处于断开状态。

只要在该电路的输入端输入很小的信号电压，就可以使发光二极管 VL 发光、光电晶体管 VT_1 导通，晶体管 VT_2 截止，VTH_1 门极为高电平，VTH_1 导通，双向晶闸管 VTH_2 可以经 R_7、R_8、VD_2、VD_3、VD_4、VD_5、VTH_1 对称电路获得正负两个半周的触发信号，保持两个输出端处于接通状态。

固态继电器的常用产品有 DJ 系列固态继电器，其主要技术指标见表1-11。

表 1-11 DJ 系列固态继电器的技术指标

额定电压	额定电流/A	输出高电压	输出低电压	门限值 $R_{IR}/k\Omega$
AC220V 50（$1\pm10\%$）Hz	1，3，5，10	≥95% 电源电压	≤5% 电源电压	0.5 ～ 10
环境温度/℃	开启时间/ms	关闭时间/ms	绝缘电阻/mΩ	击穿电压
－ 10 ～ ＋40	≤1	≤10	≥100	≥AC 2500V

固态继电器的使用注意事项如下：

1）选择固态继电器时，应根据负载类型（阻性、感性）来确定，并且要采用有效的过电压吸收保护。

2）过电流保护应采用专门保护半导体器件的熔断器或动作时间小于 10ms 的自动开关。

第七节 智能低压电器

科学技术的发展，城市化、工业化的进步，为电器领域带来了广阔的发展机遇。作为应用广泛的电气设备基本组件，低压电器的市场需求逐步提升，更新速度不断加快。特别是智能电网的建设，以及"大数据""能源互联网"等新兴技术，推进了低压电器设备向智能化方向发展。

一、智能低压电器及其功能特点

智能低压电器是一种新型低压电器。相对于普通低压电器，智能低压电器具有完善的保护功能，可以实现参数测量、记录、显示并诊断故障等功能。以带选择性保护功能的智能断路器系列产品为代表，除具有四段保护（长延时保护、短延时保护、瞬时保护、接地保护）外，还有火灾检测、预报警等功能，而且可做到一种保护功能多种动作特性并且准确可靠。

智能低压电器具有体积小、分辨能力强、选择性饱和等优点，其功能特点包含：

（1）保护功能齐全，包含电流保护、电压保护、漏电保护、电弧故障保护等。

（2）测量、显示、记录功能，包括测量电流、电压、功率因数和电能；具备监测功能（电能质量监测：谐波、闪变等）以及漏电测量。

（3）通信功能，通过 RS－485（Modbus）等接口传送现场数据至上层机构。

（4）具备可靠的、有效的驱动开关分合闸的功能，准确完成控制和保护等动作。

（5）决策功能，可以对数据进行分析并与设定值比较，确定分合闸。

（6）报警功能。

二、常用智能低压电器

目前应用较多的智能低压电器有智能断路器、智能交流接触器及智能继电器等。

（1）智能断路器 智能断路器保留了传统断路器中的过载脱扣、短路脱扣、漏电脱扣功能，在传统断路器的基础上提升了过载、过电流保护的准确度，增加了过欠电压、过温、打火、用电量参考、异常告警等功能，还具备多路电源远程场景控制功能。智能断路器具有智能控制器，可以进行模-数转换，并与设定值比较后动作。图 1-38 为施耐德公司生产的一款 C32N 型智能

图 1-38 WIFI 智能断路器

断路器，采用智能芯片，可以进行电量统计，具备过欠电压保护、断电记忆等功能，还可以采用手机远程控制，可用于建筑楼宇、智能家居、农业灌溉及畜牧养殖等多种场合。

西门子公司开发的3WN1型智能断路器具有多种保护功能与调节方式；3WL型智能断路器具有诊断、测试、远程控制、能量监控等功能。其中3WL型智能断路器提供有四种规格，每种规格包括3极和4极，额定电流范围为630~6300A。采用模块化设计，灵活性高，便于装配和后续调整。多功能且应用灵活：5种短路分断能力，适用于所有应用；交流型提供有断路器和负荷隔离开关；模块化的电子脱扣器易于替换；支持各种连接方式；支持可选外部输入和输出模块；由于采用硬件保护和签名固件，安全性高。3WL型智能断路器目前还可提供框架0产品，电流可至1250A紧凑型。具有通信能力的开关可将开关设备的空间需求降至较低。图1-39为西门子3WL型智能断路器的外形和结构。

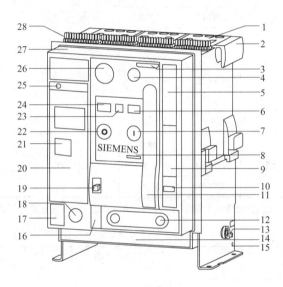

a) 外形图   b) 结构图

图1-39 西门子3WL型智能断路器的外形及结构

1—灭弧罩 2—搬运手柄 3—标签板 4—电机切断开关或"电气合闸"按钮（可选）5—断路器铭牌
6—储能状态指示器 7—"机械合闸"按钮 8—额定电流指示 9—摇进摇出示意图（定位图）
10—动作次数计数器（可选）11—储能操作手柄 12—伸缩式摇出手柄 13—抽出式传动轴 14—设备面板
15—接地连接 16—位置指示器 17—用于接地故障保护的参数表格 18—用于曲柄手柄的安全锁（可选）
19—用于曲柄手柄的机械解锁装置（可选）20—电子脱扣器 21—额定电流插入模块
22—"机械分闸"按钮或"急停"蘑菇状按钮（可选）23—合闸准备就绪指示器 24—触点位置指示器
25—脱扣指示器（复位按钮）26—"安全分闸"锁定装置（可选）27—操作面板 28—辅助连接插头

西门子3WL型智能断路器的主要技术数据见表1-12。

相对于普通断路器，3WL型智能断路器具备通信总线Cubicle BUS，可配备测量功能模块，其在诊断、测量、维护功能、远程控制等方面更富有应用价值。3WL型智能断路器可以配备测量功能模块，该功能通过外部电压互感器来提供三相测量电压，除了测量电流，测量模块还可以测量电压、功率、电能、功率因数以及频率，并且通过Cubicle BUS传送出去以便做进一步处理，这些数据可以通过过电流脱扣器的显示屏显示，并经过COM15M16模块传送至PROFIBUS – DP以及转换为外部Cubicle BUS模块的输出数据，用以分析电力系统的状况。3WL型智能断路器的测量参数及准确度见表1-13。

表 1-12 3WL 型智能断路器的主要技术数据

规格	型号	额定电流/A (50/60Hz)	额定电压/V (50/60Hz)	运行短路分断能力 I_{cu}、I_{cs}/kA	极限短路分断能力 I_{cw}/kA
I	3WL06	630	690	B：55 N：66	B：42 N：50
	3WL08	800			
	3WL10	1000			
	3WL12	1250			
	3WL16	1600			
II	3WL08	800	690/1000	N：66 S：80 H：100	N：55 S：66 H：80
	3WL10	1000			
	3WL12	1250			
	3WL16	1600			
	3WL20	2000			
	3WL25	2500			
	3WL32	3200			
	3WL40a	4000			
III	3WL40	4000	690/1000	H：100	H：80
	3WL50	5000			
	3WL63	6300			

注：B 为基本分断能力，N 为普通分断能力，H 为标准分断能力（L 为高分断能力）。

表 1-13 3WL 型智能断路器的测量参数及准确度

测量参数	准确度
电流 I_{L1}，I_{L2}，I_{L3}，I_N	±1%
接地故障电流 I_g（通过外部接地故障互感器测量）	±5%
线电压 U_{L12}，U_{L23}，U_{L31}	±1%
中性点电压 U_{L1N}，U_{L2N}，U_{L3N}	±1%
当前线电压的平均值 U_{avgD}	±1%
当前中性地电压的平均值 U_{avgY}	±1%
视在功率 S_{L1}，S_{L2}，S_{L3}	±2%
总视在功率	±2%
有功功率 P_{L1}，P_{L2}，P_{L3}	±3% @ $\cos\varphi > 0.6$
总有功功率	±3% @ $\cos\varphi > 0.6$
无功功率 Q_{L1}，Q_{L2}，Q_{L3}	±4% @ $\cos\varphi > 0.6$
总无功功率	±4% @ $\cos\varphi > 0.6$
功率因数 $\cos\varphi_{L1}$，$\cos\varphi_{L2}$，$\cos\varphi_{L3}$，	±0.04
总功率因数 $\cos\varphi_{avg}$	±0.04
长期 I_{L1}，I_{L2}，I_{L3} 电流平均值	±1%
长期三相电流平均值	±1%
长期 L1，L2，L3 有功功率平均值	±3% @ $\cos\varphi > 0.6$

（续）

测量参数	准确度
三相长期有功功率平均值	$\pm 3\% \ @ \cos\varphi > 0.6$
长期 L1，L2，L3 视在功率平均值	$\pm 2\%$
长期三相视在功率平均值	$\pm 2\%$
长期三相无功功率平均值	$\pm 4\% \ @ \cos\varphi > 0.6$
消耗的电能	$\pm 3\%$
传递的电能	$\pm 3\%$
消耗的无功电能	$\pm 4\%$
传递的无功电能	$\pm 4\%$
频率	$\pm 0.1\,\mathrm{Hz}$
电流和电压的畸变因子	$\pm 3\%$ 最高到第 29 谐波
电流和电压的相不平衡度	$\pm 1\%$

（2）智能交流接触器　智能交流接触器内置专用微处理器（如单片机），通过对主回路、控制回路的电信号的采集、处理，优化接触器的吸合、保持及分断等操作过程，实现无弧、少弧分断控制，同时兼容电动机保护器对电动机工作状态的监控及常规接触器与热继电器组合而产生的过载和断相保护功能，实现了交流接触器运行状态的在线监测、控制，以及与中央控制计算机双向通信。

KSDZ‐EVS80/125/160 系列真空交流接触器，是国内率先推出具有系统控制功能的智能真空交流接触器，是集微电子技术、电真空、机械电磁开关为一体的新型真空交流接触器，不但通断能力强、维修量小、电弧不外露、电触点不受大气粉尘和蚀性气体的影响、接触电阻稳定、防爆性能好、安全可靠、体积小、重量轻、使用寿命长，而且有脉冲定压启动、欠电压释放、定时启动、定时分断、过电流分断、缺相和三相电流不平衡保护、故障记录、485通信等功能，适用于煤炭、石油、化工、冶金、电力、机械、交通等领域用于控制三相交流电动机或通断其他电气负载。

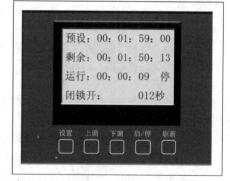

（3）智能继电器　智能继电器在智能控制器的作用下，根据参数变化进行信号放大和转换电路，达到自动控制的目的，一般具有显示功能与网络通信功能。图 1-40 为 ZSJ 型智能时间继电器显示界面，采用先进的智能化嵌入式系统控制，具有抗干扰能力强、系统重构等功能特点。

图 1-40　ZSJ 型智能时间继电器显示界面

ZSJ 型智能时间继电器的主要数据见表 1-14。

表 1-14　ZSJ 型智能时间继电器的主要数据

参　　数	范　　围
电源电压	AC180~420V（50Hz/60Hz）
功耗	<5VA

（续）

参　　数	范　　围
最小复位信号	时间约20ms
继电器输出	AC250V 7A（2路）
电源启动 复位启动	+0.02% +0.05s +0.02% +0.03s
绝缘强度	100MΩ/min 以上
耐压	AC2000V 50Hz/60Hz
抗干扰	用噪声抗干扰模拟器的方波干扰：+2kV（电源端子间）、+500V（输入端间）
工作寿命	机械寿命100万次以上，电气寿命10万次以上（AC250V 5A 电阻负载）

三、智能低压电器的发展方向

随着低压电器生产技术的不断发展，以智能化、模块化、可通信为主要特征的新一代智能化低压电器将成为市场主流产品。从智能低压电器的功能特点来看，其自动化、数字化程度高，融合信息化、网络化元素更加符合社会发展的需求，国内低压电器从中低端向高端发展是必然趋势，顾客需求的多样化将促使低压电器产品规格品种的复杂化与产品的定制化。

低压电器智能化还将考虑节能减排、绿色环保，由政府、行业制定环保设计标准和低压电器产品的能效标准。结合新一代信息技术，如人工智能、大数据、云计算、物联网等综合应用，改善控制效果，使产品具有更高的可靠性与准确性。先进的低压电器技术和节能技术将成为世界科技发展的前沿和技术研究的热点。

思考题与习题

1-1　熔断器在电路中的作用是什么？它有哪些主要组成部件？

1-2　熔断器有哪些主要参数？熔断器的额定电流与熔体的额定电流有什么不同？

1-3　为什么有些熔断器中充填石英砂？

1-4　熔断器与热继电器用于保护三相笼型异步电动机时，能不能互相取代？为什么？

1-5　什么是主令电器？它有哪些品种？

1-6　行程开关、万能转换开关及主令控制器在电路中各起什么作用？

1-7　交流接触器在吸合的瞬间为什么产生较大的冲击电流？为什么直流电磁机构的吸力特性随气隙变化较大？

1-8　空气阻尼式时间继电器的延时原理与调整方法如何？

1-9　如果误把220V交流接触器接入220V直流电源，会出现什么情况？如果误把24V直流继电器接入24V交流电源，又会出现什么情况？为什么？

1-10　试说明热继电器的工作原理和优缺点。

1-11　三角形联结的电动机为什么要选用带断相保护装置的热继电器？

1-12　热继电器有哪些常见故障？应怎样处理？

1-13　断路器在电路中的作用是什么？

1-14　断路器中有哪些脱扣器？各起什么作用？

1-15　过电流继电器和欠电流继电器有什么主要区别？

1-16　智能低压电器的功能特点包含哪些？

第二章

电气电路的基本控制原则和基本控制环节

　　电气设备或生产机械的电气控制电路主要是以各类电动机或其他执行电器为控制对象，通过借助不同的低压电器、利用正确的控制方式来完成预定的控制任务。生产机械的工艺要求不同，控制电路设计也就有所不同，但任何复杂的控制电路都是在一些基本控制环节的基础上按照基本控制原则经过合理组合完成的，因此，基本控制单元和基本控制原则是复杂电气控制电路分析与设计的基础。

　　本章主要介绍对常用的三相异步电动机和直流电动机实现起动、运行、调速、制动的基本单元控制电路，为后续的完整电气电路分析打好基础。在介绍基本电气控制电路之前，首先要熟悉电气控制系统图的类型、规定画法及国家标准。

第一节　电气控制系统图的类型及有关标准

　　电气控制系统是由许多电气元件按照一定的要求连接而成的。将电气控制系统中各电器元件及其连接用图形方式表达出来就形成了电气控制系统图。电气控制系统图的绘制既是为了表达生产机械电气控制系统的结构、原理等设计意图，也是为了电气系统安装、调整、使用和维修的需要。

一、电气控制系统图中的图形符号和文字符号

　　在电气控制系统图中，电器元件的图形符号和文字符号都有统一的国家标准。近年来，我国采用 GB/T 4728—2008～2018《电气简图用图形符号》系列标准和 GB/T 7159—1987《电气技术中的文字符号制订通则》等标准。在绘制电气控制系统图时，必须严格遵循国家新标准。在该标准中，除按专业规定了各种图形符号外，还规定了文字符号。有些图形符号规定了几种形式，有些符号分优选形和其他形，在绘图时可根据需要选用。文字符号用于电气技术领域中的技术资料的编制，也可标注在电气设备装置和元器件上或旁边，表明电气设备、装置和元器件的名称、功能、状态和特征等。

二、电气控制系统图

　　电气控制系统图一般有三种：电气原理图、电器元件布置图和电气安装接线图。

1. 电气原理图

　　电气原理图习惯上称原理图，它是根据电路工作原理绘制的，可用于分析系统的组成和工作原理，并可为寻找故障提供帮助，同时也是编制电气安装接线图的依据。

电气原理图用来表达控制电路的工作原理，绘制时应将主电路和控制电路分开，采用电器元件展开的形式来制图。原理图包括所有电器元件的导电部件和接线端点，但并不按照电器元件的实际布置位置来绘制，也不能反映电器元件的大小和安装方式。

由于电气原理图具有结构简单、层次分明、适于研究分析电路的工作原理等优点，所以无论在设计部门还是生产现场都被广泛应用。

现以图 2-1 所示的某机床电气控制原理图为例来说明电气原理图的画法。

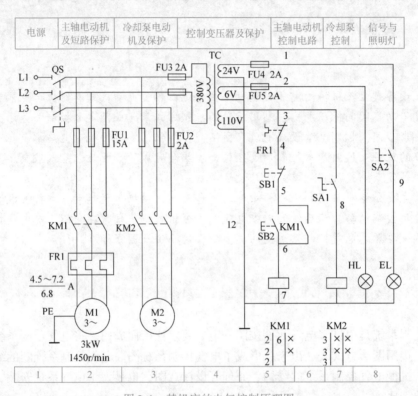

图 2-1 某机床的电气控制原理图

（1）绘制电气原理图的原则

1）电气原理图一般分主电路和辅助电路两部分。主电路是被控设备的驱动电路，是从电源、接触器主触点到电动机的强电流流通路径。辅助电路由继电器和接触器的线圈、各种电器的常开和常闭触点、照明灯、信号灯、控制变压器等电器元件组成，实现所要求的逻辑控制功能，分控制电路和其他辅助信号电路（如照明电路、保护电路）等，通常用小电流、低电压控制。

2）在电气原理图中，所有电器元件都应采用国家统一规定的图形符号和文字符号来表示。

3）在电气原理图中，各个电器元件和部件在控制电路中的位置应依据便于阅读的原则安排，同一电器元件的各个部件可以不画在一起。

4）在电气原理图中，所有电器的触点都按没有通电和没有受外力作用时的状态绘制。对于继电器、接触器的触点，按电磁线圈不通电时的状态绘制；控制器按手柄处于零位时的状态绘制；按钮、行程开关等的触点按不受外力作用时的状态绘制。

5）在电气原理图中，无论是主电路还是辅助电路均应垂直布置，电源电路绘成水平线，主电路绘制在图的左侧，控制电路绘制在图的右侧。控制电路中的耗能元件绘制在电路的最下端。

各电器元件一般应按动作顺序从上到下、从左到右依次排列，可水平布置或者垂直布置。

6）在电气原理图中，有直接电联系的交叉导线连接点要用黑圆点表示，无直接联系的交叉导线连接点不画黑圆点。

（2）原理图区域划分　图样下方的1、2、3……数字是图区编号，它是为了便于检索电气电路，方便阅读、分析，避免遗漏而设置的。图区编号也可以设置在图的上方。

图样上方的"主轴电动机及短路保护……"等字样，表明它对应的下方元件或电路的功能，使读者能清楚地知道某个元件或某部分电路的功能，以利于理解全电路的工作原理。

（3）符号位置的索引　符号位置的索引用图号、页次和图区编号的组合索引法，索引代号组如下：

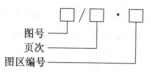

当某一元件相关的各符号元素出现在不同图号的图样上，而当每个图号仅有一页图样时，索引代号可简化成：

当某一元件相关的各符号元素出现在同一图号的图样上，而该图号有几张图样时，可省略图号，而将索引代号简化成：

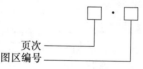

当某一元件相关的各符号元素出现在只有一张图样的不同图区时，索引代号只用图区号表示：

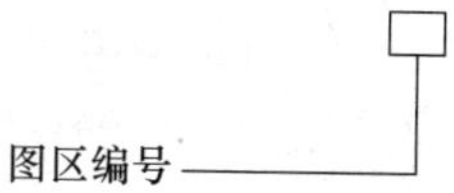

图区编号

图 2-1　KM1 线圈下方的

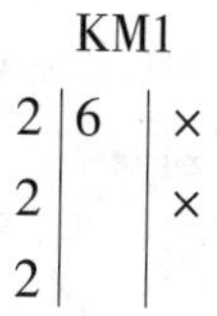

KM1

2	6	×
2		×
2		

是接触器 KM 相应触点的索引。

在电气原理图中，接触器、继电器的线圈和触点的从属关系用附图表示。在原理图中相应线圈的下方，给出触点的文字符号，并在其下面注明相应触点的索引代号，对未使用的触点用"×"表明，有时也可采用上述省去触点的表示法。

对于接触器，上述表示法中各栏的含义如下：

左栏	中栏	右栏
主触点所在图区编号	辅助常开触点所在图区编号	辅助常闭触点所在图区编号

对于继电器，上述表示法各栏的含义如下：

左栏	右栏
辅助常开触点	辅助常闭触点
所在图区编号	所在图区编号

（4）电气原理图中技术数据的标注　电器元件的数据和型号一般用小号字体注在电气符号下面，如图 2-1 中热继电器 FR1 的标注，上行表示动作电流值范围，下行表示整定值。

2. 电器元件布置图

电器元件布置图用来表示电气设备上所有电机、电器的实际位置，为电气控制设备的制造、安装、维修提供必要的档案资料。对常见的机床电气控制系统，安装于机床上的电器、安装于控制柜的电器、安装于控制面板（操纵台）的电器等均可以分别作出局部的电器布置图。在实际应用中，应根据电气设备的复杂程度将电器元件布置图集中绘制或分页绘制，以表达清楚为准。绘制电器元件布置图时，机床的轮廓线用细实线或点画线表示，所有能见到的电气设备均用粗实线绘制出简单的外形轮廓。图 2-2 为图 2-1 所示的某机床电控柜部分的电器元件布置图。

3. 电气安装接线图

电气安装接线图是为安装电气设备和电器元件进行配线或检修电器故障服务的。在图中可显示出电器设备中各元件的空间位置和接线情况，可在安装或检修时对照原理图使用。它是根据电器位置布置依据合理、经济等原则安排的。图 2-3 是根据图 2-1 电气原理图绘制的电气安装接线图，它表示机床电气设备各单元之间的接线关系，并标注出外部接线所需的数据。根据机床设备的接线图就可以进行机床电气设备的总装接线。图中方框中零部件的接线可根据电气原理图进行。对于某些较为复杂的电气设备，电气安装板上元件较多时，应画出安装板的接线图。实际工作中，接线图常与电气原理图结合起来使用。

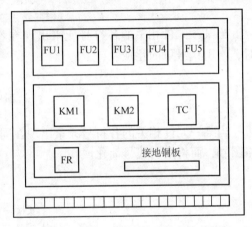

图 2-2　某机床电控柜的电器元件布置图

图 2-3a 表明了该电气设备中电源进线、操作板、照明灯、转换开关、电动机与机床安装柜接线端之间的连接关系，也标注了所采用的包塑金属软管的直径和长度，连接导线的根数、截面积。如操作板与电气安装板的连接，操作板上有 SB1、SB2、HL、EL 及 SA1、SA2 几个元件，根据图 2-1 所示电气原理图，SB1 与 SB2 有一端相连为"5"，HL 与 EL 有一端相连为"12"，线号 1、3、4、5、6、7、8、11、12 通过 $1mm^2$ 的红色线接到安装板上相应的接线端，与安装板上的元件相连；连接接地铜排时规定使用黄绿双色线；其他元件与安装板的连接关系这里不再赘述。图 2-3b 为安装板的接线图。

电气安装接线图是实际接线安装的准则和依据，它清楚地表示了各电器元件的相对位置和它们之间的电气连接，电气安装接线图不仅要把同一个电器的各个部件绘制在一起，而且各个部件的布置要尽可能符合该电器的实际情况。各电器元件的表示要与电气原理图一致，以便核对。同一控制柜中的各电器元件之间的连接可以直接进行，不在同一个控制柜内的各电器元件之间的导线连接必须通过接线端子进行。在电气安装接线图中，分支导线应在各电器元件接线

电气接线
注意事项

端上引出，而不能在端子以外的地方连接。除此之外，应该详细标明导线和所穿管子的型号、规格等。

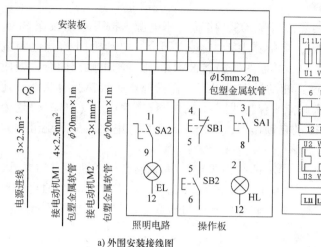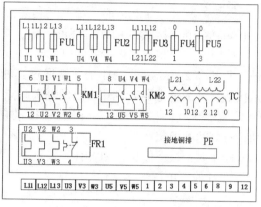

a) 外围安装接线图   b) 安装板接线图

图 2-3　某机床的电气安装接线图

第二节　三相笼型异步电动机全压起动和正反转控制

三相异步电动机具有结构简单、运行可靠、坚固耐用、价格便宜、维修方便、转动惯量小等一系列特点，因此，在工矿企业中得到了广泛的应用。三相异步电动机的控制电路大多由接触器、继电器、刀开关及按钮等有触点电器组合而成。

三相异步电动机分为笼型异步电动机和绕线转子异步电动机，二者的构造不同，起动方式也不同。电动机接通电源后由静止状态逐渐加速到稳定运行状态的过程，称为电动机的起动。若将额定电压直接加到三相异步电动机的定子绕组上，使电动机起动旋转，称为直接起动或全压起动。这种方法的优点是所用电气设备少，电路简单；缺点是起动电流大（往往直接起动的起动电流为电动机额定电流的 4～7 倍），常引起电网电压明显波动而影响其他电气设备的稳定运行，所以直接起动电动机的容量受到了一定的限制。如果起动频繁，允许直接起动电动机容量不大于变压器容量的20%；对于不经常起动者，直接起动电动机容量不大于变压器容量的30%。

在变压器容量允许的情况下，笼型异步电动机应尽可能采用直接起动，这种起动方式既可以提高控制电路的可靠性，又可以减少电器的维修工作量。通常，对容量小于10kW的笼型异步电动机采用直接起动方法。

一、单向全压直接起动控制电路

图 2-4 为三相笼型异步电动机单向全压直接起动控制电路。这是一种最常用、最简单的控制电路，能实现对电动机的起动停止的自动控制、远距离控制及频繁操作等。其主电路由隔离开关 QS、熔断器 FU1、接触器 KM1 的主触点、热继电器

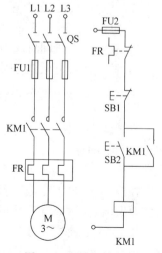

图 2-4　电动机单向全压直接起动控制电路

43

FR 的热元件和电动机 M 构成。其控制电路由起动按钮 SB2、停止按钮 SB1、接触器 KM1 的线圈及其常开辅助触点、热继电器 FR 的常闭触点和熔断器 FU2 构成。

电动机的全压
起动工作原理

1. 电路的工作原理

起动时，合上三相隔离开关 QS，接通三相电源。按下起动按钮 SB2，接触器 KM1 的线圈得电，接触器 KM1 主触点闭合，电动机 M 接通电源直接起动运行；同时，与 SB2 并联的接触器 KM1 的常开辅助触点闭合，即使松手断开 SB2，接触器 KM1 的线圈通过其辅助触点可以继续保持通电，维持吸合状态。凡是接触器（或继电器）利用自己的辅助触点来保持线圈带电的，称之为自锁（自保），这个触点称为自锁（自保）触点。由于 KM1 的自锁作用，当松开 SB2 后，电动机 M 仍能继续起动，直到达到稳定运行。

停车时，按下停止按钮 SB1，接触器 KM1 的线圈失电，其主触点和辅助触点均断开，电动机 M 脱离电源，停止运转。这时，即使松开停止按钮 SB1，由于接触器 KM1 的自锁触点断开，接触器 KM1 的线圈不会再通电，所以电动机不会自行起动。只有再次按下起动按钮 SB2 时，电动机方能再次起动运行。

2. 电路的保护环节

（1）短路保护 由熔断器 FU1、FU2 分别实现主电路与控制电路的短路保护。

（2）过载保护 通过热继电器 FR 实现电动机的长期过载保护。由于热继电器的热惯性比较大，即使热元件上流过几倍于额定电流的电流，热继电器也不会立即动作。因此在电动机起动时，由于起动时间较短，热继电器不会动作。只有在电动机长期过载情况下，FR 的热元件才会动作，使其串接在控制电路中的 FR 常闭触点断开，使接触器 KM1 线圈失电，从而切断电动机主电路，电动机停转，实现了过载保护。

（3）欠电压和失电压保护 由接触器本身的电磁机构实现。当电源电压由于某种原因而严重下降或消失时，即当电压低于接触器线圈的释放电压时，接触器电磁吸力急剧下降或消失，衔铁自行释放，各触点复位，切断电动机电源，电动机停转。如果一旦电源电压恢复正常，由于自锁解除，接触器线圈不能自行通电，电动机不会自行起动，避免了意外事故发生。只有在操作人员再次按下起动按钮 SB2 后，电动机才会起动。因此，有自锁电路的接触器控制具有欠电压与失电压保护作用。

控制电路具备了欠电压和失电压的保护能力以后，有如下三方面优点：

1）防止电压严重下降时电动机在重负载情况下的低压运行。

2）避免电动机同时起动而造成电压的严重下降。

3）防止电源电压恢复时，电动机突然起动运行，造成设备和人身事故。

二、电动机的点动控制电路

点动的含义是：操作者按下起动按钮后，电动机起动运行，松开起动按钮时，电动机就停止运行，即点一下，动一下，不点则不动。点动控制也称为短车控制或点车控制，能实现点动的控制电路称为点动控制电路。生产机械在正常生产时，需要连续运行（即长动控制或长车控制），但在试车或进行调整工作时，就需要点动控制，尤其是绕线机或桥式起重机等经常需要做调整运动的生产机械，点动控制是必不可少的。图 2-5 给出了几种点动控制电路。

图 2-5a 是最基本的点动控制电路。按下起动按钮 SB，接触器 KM 通电吸合，主触点闭合，电动机起动运行；松开起动按钮 SB，接触器 KM 断电释放，主触点断开，电动机断电停止运行。这种电路不能实现连续运行，只能实现点动控制。

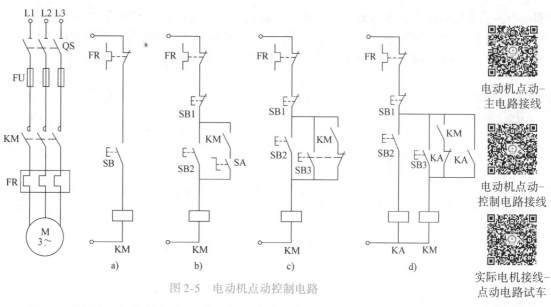

图 2-5　电动机点动控制电路

电动机点动-
主电路接线

电动机点动-
控制电路接线

实际电机接线-
点动电路试车

从点动控制到长动
控制工作原理

长动控制电路的
接线与试车

图 2-5b 是既可以实现点动又可以实现连续运行的控制电路。当需要点动时，将手动开关 SA 打开，点按 SB2 即可实现点动控制。当需要连续工作时，合上 SA，将自锁触点接入，即可实现连续运行。

图 2-5c 中增加了一个复合按钮 SB3 来实现点动控制，由按钮 SB2 实现连续控制。点动控制时，按下点动按钮 SB3，其常闭触点先断开自锁电路，常开触点后闭合，接通起动控制电路，KM 线圈通电，主触点闭合，电动机起动运行。当松开 SB3 时，KM 线圈断电，主触点断开，电动机停止运行。若需要电动机连续运行，则按下起动按钮 SB2 即可，停车时需按下停止按钮 SB1。

图 2-5d 是利用中间继电器实现点动的控制电路。利用点动起动按钮 SB2 控制中间继电器 KA，KA 的常开触点并联在 SB3 的两端，控制接触器 KM，实现电动机的点动控制；当需要连续运行控制时，按下连续运行起动按钮 SB3 即可。当需要停车时，按下停止按钮 SB1 即可。

三、电动机的正、反转控制电路

在生产实际中，往往要求生产机械的运动部件实现正、反两个方向的运动，例如，机床主轴的正、反转，工作台的前进与后退，起重机起吊重物的上升与下降，以及电梯的升、降等，其中最简单的方法是用电动机的正、反转来拖动生产机械的两个不同方向的运动。由电动机原理可知，若将接至电动机的三相电源进线中的任意两相对调，即可使电动机反转，所以可逆运行控制电路实质上是两个相反方向的单向控制电路，但为了避免误动作引起电源相间短路，应在这两个相反方向的单向运行电路上加设必要的互锁。

图 2-6 为三相笼型异步电动机正、反转控制电路。该图为利用两个接触器的常闭触点 KM1、KM2 进行相互控制，即当一个接触器通电时，利用其常闭辅助触点断开对方线圈的电路。这种利用两个接触器的常闭辅助触点互相控制的方法称为互锁，而两对起互锁作用的触点称为互锁触点。电动机的正、反转控制亦称为可逆运行控制。根据电动机可逆运行操作顺序的不同，有"正-停-反"手动控制电路与"正-反-停"手动控制电路。

1. 电动机"正-停-反"控制电路

"正-停-反"控制电路如图 2-6a 所示。当正转时，按下起动按钮 SB2，接触器 KM1 线圈得电,其主触点闭合,电动机得电起动,正向运行;当反转时,必须首先按下停止按钮 SB1,接触器 KM1 线圈失电,其主触点释放,电动机断电,然后再按反向起动按钮 SB3,接触器 KM2 线圈才能得电,其主触点闭合,电动机接入反相序电源,实现反转。

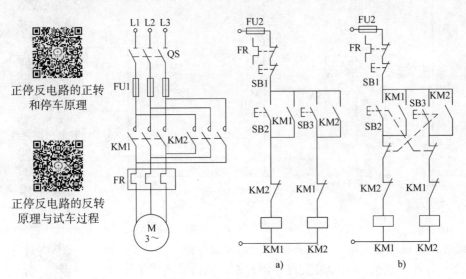

正停反电路的正转和停车原理

正停反电路的反转原理与试车过程

图 2-6 三相笼型异步电动机正、反转控制电路

2. 电动机"正-反-停"控制电路

在生产实际中,为了提高劳动生产率,减少辅助工时,常要求直接实现正、反转的变换。当电动机正转时,按下反转起动按钮,电动机即可反向运行。其控制电路如图 2-6b 所示。

在该电路中,SB2、SB3 为复合按钮。正转起动按钮 SB2 的常开触点用来使正转接触器 KM1 的线圈通电,其常闭触点则串联在反转接触器 KM2 线圈的电路中,用来使之释放。反转起动按钮 SB3 的安排与 SB2 相同。正转时,按下 SB2,首先是其常闭触点断开,切断 KM2 线圈电源,然后才使其常开触点闭合,KM1 线圈得电,电动机正转;反转时,直接按下 SB3,其常闭触点切断 KM1 线圈电源,其常开触点接通 KM2 线圈,电动机反转。图 2-6b 的线路中既有接触器的互锁,又有按钮的联锁,保证了电路可靠地工作,为电力拖动控制系统所常用。

四、自动往返行程控制电路

理解往复运动控制电路

往复运动控制电路的工作原理

电动机正、反转的自动控制是基本控制,在此基础上可演变成各种正、反转控制。其中,自动往返行程控制电路具有广泛的应用,如龙门刨床、导轨磨床等刀具的自动循环运动,实质上就是利用行程开关来检测机件往返

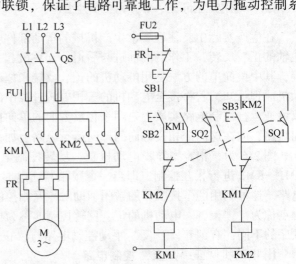

图 2-7 自动往返行程控制电路

运动位置，自动发出控制信号，进而控制电动机的正反转，使机件往复运动。图 2-7 是利用行程开关实现自动往返循环控制的典型电路。这种控制的原则通常称为行程控制原则。

在图 2-7 所示电路中，SQ1 为正向转反向行程开关，SQ2 为反向转正向行程开关。起动时，按下正向或反向起动按钮，如按下正转按钮 SB2，KM1 得电吸合并自锁，电动机正向旋转，拖动运动部件前进，当运动部件的撞块压下 SQ1 时，SQ1 常闭触点断开，切断 KM1 接触器线圈电路，同时其常开触点闭合，接通反转接触器 KM2 线圈电路，此时，电动机由正转变为反转，拖动运动部件后退，直到压下 SQ2，电动机由反转又变成正转，这样周而复始地拖动运动部件往返运动。需要停止时，按下停止按钮 SB1 即可停止运行。

在上述自动往返运动中，运动部件每经过一个循环，电动机都要进行两次制动过程，会出现较大的制动电流和机械冲击。因此，这种电路只适用于电动机容量较小、循环周期较长、电动机转轴具有足够刚性的拖动系统。另外，在选择接触器的容量时应比一般情况选择的容量大一些。

第三节　三相笼型异步电动机的减压起动控制

三相笼型异步电动机全压起动的控制电路比较简单，维修量小，但对于较大容量的笼型异步电动机（大于 10kW），如果采用全压起动，起动电流较大，过大的起动电流将会降低电动机寿命，致使变压器二次电压大幅度下降，减小电动机本身的起动转矩，甚至使电动机根本无法起动，同时还会影响同一供电回路中其他设备的正常工作。如何判断一台电动机能否全压起动呢？一般规定，电动机容量在 10kW 以下时，可直接起动。10kW 以上的异步电动机是否允许直接起动，要根据电动机容量和电源变压器容量的比值来确定。对于给定容量的电动机，一般用下面的经验公式来估计：

$$\frac{I_q}{I_N} \leqslant \frac{3}{4} + \frac{\text{电源变压器容量（kV·A）}}{4 \times \text{电动机容量（kV·A）}}$$

式中，I_q 为电动机全压起动电流（A）；I_N 为电动机额定电流（A）。

若计算结果满足上述经验公式，一般可以全压起动，否则不允许全压起动，此时应考虑采用减压起动。有时，为了限制和减小起动转矩对机械设备的冲击作用，允许全压起动的电动机也多采用减压起动。减压起动时，降低了加在电动机定子绕组上的电压，起动后再将电压恢复到额定值，使之在正常电压下运行。电枢电流和电压成正比，所以降低电压可以减小起动电流，不致在电路中产生过大的电压降，减少对电路电压的影响。

三相笼型异步电动机常用的减压起动方法有定子串电阻（或电抗器）减压起动、星形-三角形（丫-△）减压起动、自耦变压器减压起动及延边三角形减压起动。

一、定子串电阻减压起动控制

电动机起动时，在电动机的三相定子电路中串接电阻，使得电动机定子绕组电压降低，起动结束后再将电阻短接，使电动机在额定电压下正常运行。这种起动方式由于不受电动机接线形式的限制，设备简单，因而在中小型生产机械中应用较广。机床中也常用这种串电阻减压方式限制起动及制动时的电流。图 2-8 是定子串电阻减压起动控制电路。

图 2-8a 的控制电路工作原理：合上电源开关 QS，按下起动按钮 SB2，KM1、KT 线圈同时得电吸合并自锁，KM1 主触点闭合，电动机串电阻 R 减压起动，当电动机转速接近额定转速时，时间继电器 KT 延时到，其常开触点延时闭合，KM2 线圈得电。KM2 主触点短接

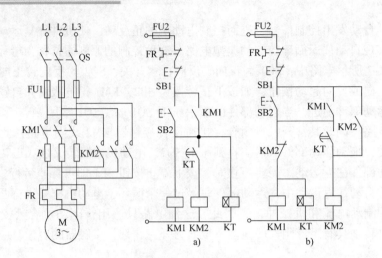

定子串电阻减压
起动控制电路

图 2-8 定子串电阻减压起动控制电路

电阻 R，于是电动机经 KM2 主触点在全压下进入稳定运行状态。

但上述电路存在两个缺点：一是时间继电器长时间得电，对电器不利；二是接触器 KM1 在与接触器 KM2 换接以后，仍然得电。这样不但造成能量的浪费，还影响了电器的使用寿命。那么，我们可以对以上电路做一下改进，如图 2-8b 所示，其原理请读者自行分析。

起动电阻一般采用由电阻丝绕制的板式电阻或铸铁电阻，电阻功率大，能够通过较大电流，但能量损耗较大，为了节省能量可采用电抗器代替电阻，但其价格较贵，成本较高。

二、星形–三角形（ \curlyvee – △ ）减压起动控制

对定子绕组额定联结为三角形的笼型异步电动机，常采用星形-三角形的减压起动方法起动。起动时，由于定子绕组星形联结状态下起动相电压为三角形联结起动相电压的 $1/\sqrt{3}$，所以起动相电流也为三角形联结相电流的 $1/\sqrt{3}$，起动线电流为三角形联结线电流的 $1/3$，起动转矩为三角形联结时起动转矩的 $1/3$。也就是说，这种起动方法只能适用于空载或轻载状态下起动。与其他减压起动相比，星形-三角形起动投资少、线路简单，但起动转矩小，并且该方法只能用于额定联结为三角形的笼型异步电动机的起动。

1. 用于 13kW 以下电动机的起动电路

星形-三角减压起动
控制电路 小功率

图 2-9 为两个接触器的星形-三角形减压起动电路。起动时，按下起动按钮 SB2，KM1、KT 线圈得电自锁，KM1 主触点闭合，电动机定子绕组接成星形减压起动，待转速上升到接近额定转速时，KT 延时到，其常开触点延时吸合，KM2 线圈得电自锁，由于其控制电路中常闭辅助触点的断开，故时间继电器失电；同时主电路中 KM2 常闭辅助触点断开，其主触点闭合，将定子绕组的接线由星形变为三角形，电动机由此进入全压正常运行状态。

该电路虽然简单，但存在一定缺点：电动机主电路中采用 KM2 常闭辅助触点来短接电动机的三相绕组末端，因触点容量小，故该电路仅适用于 13kW 以下的电动机的起动控制。

2. 用于 13kW 以上电动机的起动电路

图 2-10 是电动机功率在 13kW 以上采用三个接触器组成的星形-三角形减压起动控制电路。由于采用了三个接触器的主触点来对电动机进行星形-三角形转换，故工作更为可靠。

星形-三角减压起动
控制电路 大功率

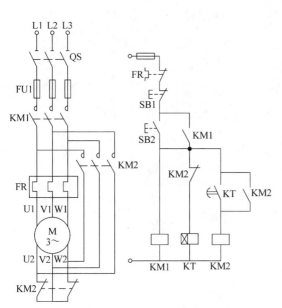

图 2-9　用于 13kW 以下电动机的星形-三角
形减压起动控制电路

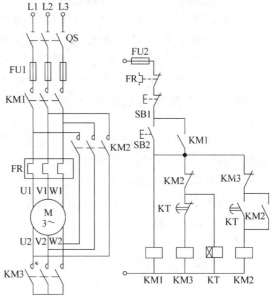

图 2-10　用于 13kW 以上电动机的星形-三角
形减压起动控制电路

起动时，合上隔离开关 QS，按下起动按钮 SB2，KM1、KM3、KT 线圈同时得电自锁，接触器 KM1、KM3 主触点吸合，电动机以星形联结起动，当转速接近额定转速时，时间继电器 KT 延时时间到，其延时断开常闭触点断开，KM3 线圈断电释放，其主触点断开，KT 延时闭合的常开触点闭合，KM2 线圈得电自锁，其主触点闭合，电动机由星形联结转换为三角形联结，电动机正常运行。同时，KM2 常闭辅助触点断开，断开 KM3、KT 线圈电路。电路中设了 KM2 与 KM3 的电气互锁。

工程上通常采用星形-三角形起动器来代替上述电路，其原理相同。常用的自动星形-三角形起动器有 QX3、LC3－D 系列，控制电动机的最大功率有 13kW、30kW 两种，图 2-10 为 QX3－13 型起动器的控制电路。

三、自耦变压器减压起动控制电路

在自耦变压器减压起动的控制电路中，电动机起动电流的限制是依据自耦变压器减压作用来实现的。电动机起动时，定子绕组得到的电压是自耦变压器的二次电压 U_2，由于自耦变压器的电压比为 $K = U_1/U_2 > 1$，所以当利用自耦变压器进行减压起动时，起动电压为额定电压的 $1/K$，电网供给的起动线电流降为 $1/K^2$，由于 $T \propto U^2$，此时的起动转矩也降为直接起动时的 $1/K^2$。因此这种起动方法也只能用于空载或轻载起动。一旦起动完毕，自耦变压器便被断开，额定电压即自耦变压器的一次电压 U_1 直接加于定子绕组，电动机进入全压正常运行。

自耦变压器减压起动方法适用于起动较大容量的、正常工作时为星形或三角形联结的电动机，起动转矩可以通过改变抽头的连接位置得到改变，因此起动时对电网的电流冲击小；它的缺点是自耦变压器价格较贵，而且不允许频繁起动。

图 2-11 为自耦变压器减压起动控制电路。起动时，合上隔离开关 QS，按下起动按钮 SB2，接触器 KM1 的线圈和时间继电器 KT 的线圈得电，KT 瞬时动作的常开触点闭合，实现自锁，接触器 KM1 主触点闭合，将电流从电源经自耦变压器二次侧接至电动机定子绕组，

49

开始减压起动。当电动机的转速接近额定转速时,时间继电器延时时间到,其延时断开常闭触点断开,使接触器 KM1 线圈断电,KM1 主触点断开,从而将自耦变压器从电网上切除,同时时间继电器延时闭合常开触点闭合,使接触器 KM2 线圈得电,于是电动机直接接到电网上正常运行。

一般工厂常用的自耦变压器起动方法是采用成品的补偿减压起动器。这种成品的补偿减压起动器包括手动、自动操作两种形式。手动操作的补偿器有 QJ3、QJ5 等型号,自动操作的补偿器有 XJ01 型和 CTZ 系列等。

XJ01 型补偿减压起动器适用于 14 ~ 28kW 电动机,其控制电路如图 2-12 所示,其工作原理为:合上刀开关 QS,HL2、HL3 亮,按下起动按

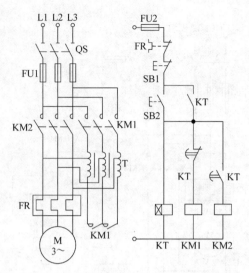

图 2-11 自耦变压器减压起动控制电路

钮 SB2,KM1、KT 线圈得电自锁,KM1 主触点闭合,将电动机定子绕组经自耦变压器接至电源开始减压起动,同时,HL3 指示灯灭,表示电动机开始减压起动;当电动机的转速接近额定转速时,时间继电器延时到,其延时闭合常开触点闭合,中间继电器 KA 线圈通电自锁,KA 常闭触点断开 KM1、KT 线圈电路,KM1 主触点断开,从而将自耦变压器从电网上切除,而 KA 常开触点闭合,使 KM2 线圈通电,其主触点闭合,电动机直接接到电网上运行,同时 HL2 指示灯灭,表示起动结束,HL1 指示灯亮,表示电动机进入全压正常运行。

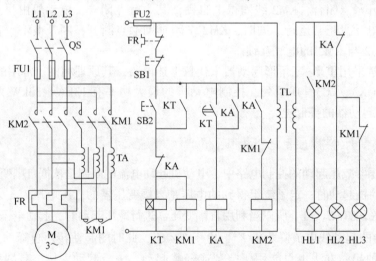

图 2-12 XJ01 型补偿器减压起动控制电路

可以看出,HL1 指示灯指示电动机进入全压正常运行情况,HL2 指示灯指示从上电至减压起动过程,HL3 指示灯指示上电至起动前这一段时间。

四、延边三角形减压起动控制电路

三相笼型异步电动机采用星形-三角形或自耦变压器减压起动,可以在不增加专用起动设备的条件下实现减压起动,但其起动转矩也会下降,仅适用于空载或轻载的状态下起动。

而延边三角形减压起动是一种既不用增加起动设备，又能提高起动转矩的起动方法。它适用于定子绕组特别设计的异步电动机，这种电动机共有 9 个或 12 个出线端。

改变延边三角形连接时，即改变定子绕组的抽头比（即 N_1 与 N_2 之比），就能够改变相电压的大小，从而改变起动转矩的大小。但一般来说，电动机的抽头比已经固定，所以仅在这些抽头比的范围内作有限的变动。

图 2-13 为延边三角形电动机定子绕组连接图，其中电动机绕组有 9 个接线端。

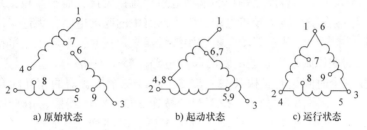

图 2-13　延边三角形电动机定子绕组连接图

延边三角形减压起动控制电路如图 2-14 所示。电路的工作原理是：合上电源开关 QS，按下起动按钮 SB2，KM1、KM3、KT 线圈同时得电并自锁，电动机联结为小三角形减压起动。当电动机转速接近于额定转速时，KT 动作，其延时断开常闭触点断开，使 KM3 线圈断电，KT 的延时闭合常开触点闭合，使 KM2 线圈通电并自锁，KM2 主触点闭合，电动机联结成大三角形正常运行。图中，KM2 和 KM3 之间有电气互锁。

由以上分析可知，笼型异步电动机采用延边三角形减压起动时，其起动转矩比星形-三角形减压起动时大，并且可以在一定的范围内进行选择。但是由于它的起动装置与电动机之间有 9 条连接导线，所以在生产现场为了节省导线往往将其起动

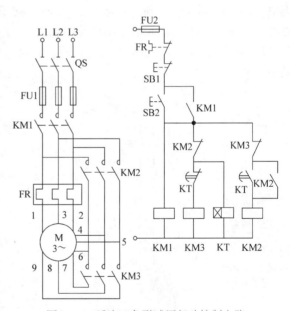

图 2-14　延边三角形减压起动控制电路

装置和电动机安装在同一工作间内，这在一定程度上限制了起动装置的使用范围。另外，虽然延边三角形减压起动的起动转矩比星形-三角形减压起动的起动转矩大，但与自耦变压器起动时最高转矩相比仍有一定差距，而且延边三角形接线的电动机的制造工艺复杂，故这种起动方法目前尚未得到广泛的应用。

第四节　三相绕线转子异步电动机的起动控制

三相绕线转子异步电动机的优点之一是转子回路可以通过集电环再外串电阻来达到减小起动电流、提高转子电路功率因数和起动转矩的目的。在一般要求起动转矩较高的场合，绕线转子异步电动机得到了广泛的应用。

按照绕线转子异步电动机转子绕组在起动过程中串接的装置不同，分为串电阻起动和串频敏变阻器起动两种控制电路。

一、转子串电阻起动控制电路

一般串接在三相转子回路中的起动电阻都为星形联结。在起动前，起动电阻全部接入电路，起动过程中，起动电阻被逐段短接。短接的方式有三相电阻不平衡短接法和三相电阻平衡短接法两种。所谓不平衡短接是每相的起动电阻轮流被短接，而平衡短接是三相的起动电阻同时被短接。串接在绕线转子异步电动机转子回路中的起动电阻，无论采用不平衡或平衡短接法，其作用基本相同。凡是起动电阻应用接触器来短接时，全部采用平衡短接法。

图 2-15 是按时间原则短接起动电阻的起动电路。转子回路三段起动电阻的短接是依靠 KT1、KT2、KT3 三个时间继电器和 KM2、KM3、KM4 三个接触器的相互配合来完成的。电路的工作原理是：合上隔离开关 QS，按下起动按钮 SB2，KM1 线圈得电自锁，电动机转子接入三段电阻起动，同时 KT1 得电动作，当 KT1 延时时间到，其延时闭合常开触点闭合，使 KM2 线圈得电并自锁，KM2 主触点闭合，短接电阻 R_1，KM2 的常开触点闭合，使 KT2 得电，当 KT2 延时时间到，其延时闭合常开触点闭合，使 KM3 线圈得电并自锁，KM3 主触点闭合，短接电阻 R_2，KM3 的常开触点闭合，使 KT3 得电，KT3 延时时间到，其延时闭合常开触点闭合，使 KM4 线圈得电并自锁，KM4 主触点闭合，短接电阻 R_3，电动机起动过程结束。

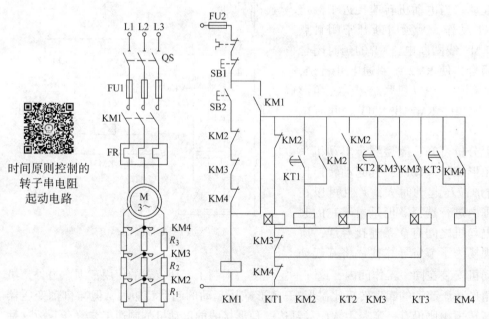

时间原则控制的转子串电阻起动电路

图 2-15 按时间原则短接起动电阻的起动电路

该电路存在两个问题：一是时间继电器损坏时，线路将无法实现电动机正常起动和运行。另一方面，在电动机起动过程中逐段减小电阻时，电流及转矩突然增大，产生不必要的机械冲击。

图 2-16 是转子绕组按电流原则短接起动电阻的起动电路。它是利用电动机转子电流在起动过程中逐渐变小这一特点来控制电阻切除的。KUC1、KUC2、KUC3 为欠电流继电器，其线圈串接在电动机转子电路中，这三个继电器的吸合电流都一样，但释放电流不一样。其

中 KUC1 的释放电流最大，KUC2 次之，KUC3 最小，刚起动时起动电流很大，KUC1、KUC2、KUC3 都吸合，它们的常闭触点断开，这时接触器 KM2、KM3、KM4 不动作，全部电阻串入，电动机开始减压起动。随着电动机转速逐渐升高电动机转子电流逐渐减小，KUC1 首先释放，它的常闭触点闭合，使接触器 KM2 通电，短接第一段转子电阻 R_1，这时转子电流又重新增加，随着转速升高，电流再一次下降，使 KUC2 释放，接触器 KM3 线圈通电，短接第二段起动电阻 R_2，如此下去，直到将转子全部电阻短接，电动机起动完毕。

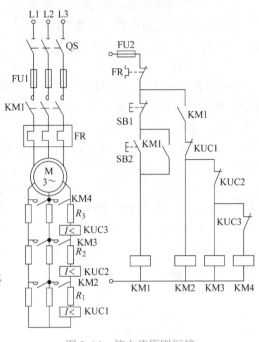

图 2-16 按电流原则短接起动电阻的起动电路

二、转子串频敏变阻器起动控制电路

由于转子串接电阻起动时，电阻逐段短接，电流和转矩突然增大，存在一定的机械冲击，同时存在串接电阻起动电路复杂，工作不可靠，而且电阻本身比较笨重、能耗大、控制箱体积大等缺点。因此从 20 世纪 60 年代开始，我国独创的频敏变阻器开始推广使用，它的阻抗能够随着转子电流频率的下降自动减小，所以它是绕线转子异步电动机较为理想的一种起动设备。常用于较大容量的绕线转子异步电动机的起动控制。

频敏变阻器是一个铁心损耗非常大的三相电抗器。它的铁心采用数片 E 形钢板叠成，上面缠绕三相绕组，绕组采用星形联结。将其串接在转子回路中，相当于转子绕组接入一个铁损较大的电抗器，这时的转子等效电路如图 2-17 所示。图中 R_d 为绕组直流电阻，R 为铁损等效电阻，L 为等效电感，R、L 值与转子电流频率相关。

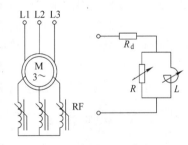

图 2-17 频敏变阻器等效电路

在起动过程中，转子频率是变化的，刚开始起动时，转速 $n=0$，转子感应电动势频率 f_2 最高 $(f_2=f_1)$，此时频敏变阻器的电抗与电阻均为最大，因此，转子电流相应受到抑制，由于定子电流取决于转子电流，从而使定子电流不致很大。又由于起动中串入转子回路的频敏变阻器的等效电阻和电抗是同步变化的，因而其转子电路的功率因数基本不变，从而保证有足够的起动转矩，这是采用频敏变阻器的另一优点。当转速逐渐上升时，转子频率逐渐减小，当电动机运行正常时，f_2 很低（为 $5\%f_1 \sim 10\%f_1$），所以其阻抗变得非常小。

由以上分析可知，在起动过程中，转子等效阻抗及转子回路感应电动势都是由大到小，从而实现了近似恒转矩的起动特性。这种起动方式在空气压缩机等设备中获得了广泛应用。

频敏变阻器有各种结构型式。RF 系列各种型号的频敏变阻器可以应用于绕线转子异步电动机的偶然起动和重复起动。重复短时工作时，常采用串接方式，不必用接触器等短接设备。在偶然起动时，一般用一个接触器，起动结束时将频敏变阻器短接。

图 2-18 是采用频敏变阻器的绕线转子异步电动机控制电路。该电路可以实现自动和手动控制。自动控制时，将开关 SA 扳向"自动"位置，当按下起动按钮 SB2，KM1、KT 线圈得电并自锁，当 KT 延时时间到，其延时闭合常开触点延时闭合，KA 线圈得电并自锁，KA 常开触点闭合，使 KM2 线圈得电，KM2 主触点将频敏变阻器短接，完成电动机的起动。开关 SA 扳到"手动"位置时，时间继电器 KT 不起作用，按下 SB3，KA 得电并自锁，KA 常开触点闭合，使 KM2 线圈得电，KM2 主触点短接 RF，起动过程结束。起动过程中，KA 的常闭触点将热继电器的发热元件 FR 短接，以免因起动时间过长而使热继电器误动作。

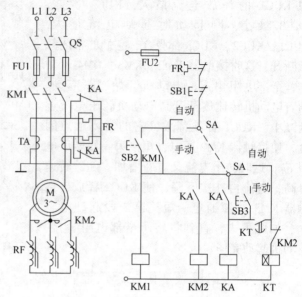

图 2-18　采用频敏变阻器的绕线转子异步电动机控制电路

第五节　三相异步电动机的制动控制

三相异步电动机由于惯性的原因从切除电源到完全停止旋转，总要经过一段时间，这往往不能适应某些生产工艺的要求。例如，万能铣床、卧式镗床及组合机床等，无论是从工艺的精确度，还是从提高生产效率及安全等方面考虑，都要求电动机能迅速停车，这就要求对电动机进行制动控制。制动方法一般有两大类：机械制动和电气制动。机械制动是用机械装置来强迫电动机迅速停车，一般采用电磁抱闸的方法；电气制动实质上是在电动机停车时，产生一个与原来旋转方向相反的制动转矩，迫使电动机转速迅速下降。本节着重介绍电气制动控制电路。它主要包括反接制动和能耗制动。

一、反接制动控制电路

反接制动是利用改变电动机电源的相序，使定子绕组产生与电动机旋转方向相反的旋转磁场，因而产生制动转矩的一种制动方法。

由于反接制动时，转子与反向旋转磁场的相对速度接近于两倍的同步转速，所以定子绕组中流过的反接制动电流相当于直接起动时电流的两倍，因此反接制动的特点之一是制动迅速、效果好，但制动电流大、机械冲击大，通常仅适用于 10kW 以下的小容量电动机。另外，为防止电动机反向起动，当电动机的速度下降到接近零时，应及时切断电源。

为了减小冲击电流，通常要求在电动机主电路中串接电阻以限制反接制动电流。这个电阻称为反接制动电阻。反接制动电阻的接线方法有对称和不对称两种接法。采用对称接法可以在限制制动转矩的同时限制制动电流；而采用不对称的接法只是限制了制动转矩，未加制动电阻的那一相，仍有较大的制动电流。

1. 电动机单向运行的反接制动控制电路

反接制动的关键是改变电动机电源的相序，并且在转速下降接近于零时，能自动将电源切除，以免引起反向起动。为此，反接制动都采用速度继电器来检测电动机转速的变化。速度继电器转速一般在120～3000r/min范围内触点动作，当转速低于100r/min时，触点复位。

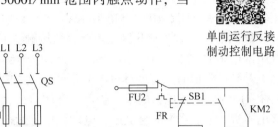

单向运行反接
制动控制电路

图2-19为电动机单向运行的反接制动控制电路。起动时，按下起动按钮SB2，接触器KM1得电并自锁，电动机全压起动。起动过程中，转速不断上升，当转速上升到120r/min以上时，速度继电器KS的常开触点闭合，为反接制动做好了准备。停车时，按下停止按钮SB1，接触器KM1线圈断电，电动机脱离电源，由于惯性，此时电动机的转速还很高，KS的常开触点依然闭合，SB1常开触点闭合，KM2线圈得电并自锁，KM2主触点闭合，电动机定子绕组接入与相序相反的三相交流电源，进入反接制动状态，转速迅速下降。当电动机转速小于100r/min时，速度继电器常开触点复位，接触器KM2线圈断电，其主触点断开，电动机失电，反接制动结束。

图2-19　电动机单向运行反接制动控制电路

2. 电动机可逆运行的反接制动控制电路

图2-20是电动机可逆运行的反接制动控制电路。正向起动：按下正转起动按钮SB2，接触器KM1得电自锁，电动机接入正序三相交流电源开始运行，速度继电器KS动作，其正转的常闭触点KS1断开，常开触点KS1闭合。由于KM1的常闭辅助触点比正转的KS1常开辅助触点动作时间早，所以正转的常开触点KS1不能使KM2线圈立即通电，只能为正向反接制动做准备。当需要制动时，按下停止按钮SB1后，KM1线圈断电，接触器KM2线圈得电，定子绕组得到反向的三相交流电源，电动机进入正向反接制动。由于速度继电器的常闭触点KS1已断开，此时反转接触器KM2线圈不能依靠其自锁触点自锁。当电动机转速接近于零时，正转常开触点KS1断开，KM2线圈失电，正向反接制动过程结

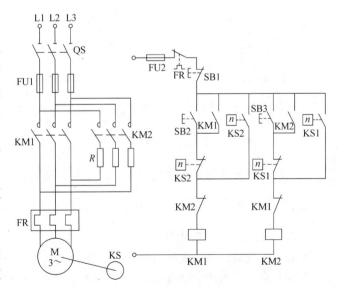

图2-20　电动机可逆运行的反接制动控制电路

束。电动机的反向反接制动请读者自行分析，此时电路的缺点是主电路没有设置限流电阻，冲击电流大。

图 2-21 是具有反接制动电阻的可逆反接制动控制电路，图中电阻 R 是反接制动电阻，也具有限制起动电流的作用。该电路工作原理如下：正向起动时，合上电源开关 QS，按下正转起动按钮 SB2，中间继电器 KA3 线圈得电自锁，其常闭触点断开，切断中间继电器 KA4 线圈电路，KA3 常开触点闭合，使接触器 KM1 线圈通电，KM1 的主触点闭合，使定子绕组经电阻 R 接通正序三相电源，电动机开始正向减压起动。随着转速升高，当电动机转速上升到一定值时，速度继电器的常开触点 KS1 闭合，中间继电器 KA1 得电并自锁，这时 KA1、KA3 中间继电器的常开触点全部闭合，接触器 KM3 线圈得电，KM3 主触点闭合，短接电阻 R，定子绕组加全电压，电动机稳定运行，电动机正向起动过程结束。若需要正向反接制动，按下停止按钮 SB1，则 KA3、KM1、KM3 线圈断电。但此时电动机转速仍然很高，速度继电器 KS 的正转常开触点 KS1 还处于闭合状态，中间继电器 KA1 线圈仍得电，所以接触器 KM1 常闭触点复位后，接触器 KM2 线圈得电，KM2 常开主触点闭合，使定子绕组经电阻 R 获得反向的三相交流电源，电动机进行正向反接制动。电动机转速迅速下降，当其转速小于 100r/min 时，KS 的正转常开触点 KS1 复位，KA1 线圈断电，接触器 KM2 线圈断电，KM2 主触点断开，反接制动过程结束。

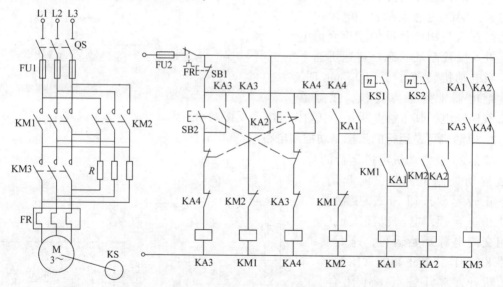

图 2-21　具有反接制动电阻的可逆反接制动控制电路

电动机反向起动和制动过程与正转时类似，请读者自行分析。

二、能耗制动控制电路

1. 单向能耗制动控制电路

所谓能耗制动，就是在电动机脱离三相交流电源之后，定子绕组上加一个直流电压，即通入直流电流，利用转子感应电流与静止磁场的相互作用以达到制动的目的。能耗制动与反接制动相比，具有消耗能量少、制动电流小等优点，但需要直流电源，控制电路复杂是其缺点。在实际使用中，可以采用时间控制原则，也可以采用速度控制原则，由时间继电器或速度继电器来完成电源的切除。

图 2-22 是时间控制原则的单向能耗制动控制电路。在电动机正常运行时，若按下停止按

钮 SB1，接触器 KM1 断电释放，电动机脱离三相交流电源，KT、KM2 线圈得电自锁，KM2 主触点闭合，直流电源加入定子绕组，电动机进行能耗制动，转速迅速下降，当电动机转速小于 100r/min 时，KT 延时时间到，其延时断开常闭触点断开，KM2 线圈断电，其主触点断开，切除直流电源；同时，KM2 辅助触点复位，KT 线圈断电，电动机能耗制动结束。

图 2-22 中时间继电器 KT 的瞬时动作常开触点的作用是考虑当 KT 线圈断线或机械卡住故障时，只要按下 SB1，电动机就能迅速制动，且保证定子绕组不致长期接入能耗制动的直流电流。

图 2-23 为速度原则控制的单向能耗制动控制电路。该电路与图 2-22 控制电路基本相同，仅在控制电路中将时间继电器 KT 换成了速度继电器 KS，并且用 KS 的常开触点取代了 KT 延时断开常闭触点。该电路中的电动机在刚刚脱离三相交流电源时，由于电动机转子的速度很高，速度继电器 KS 的常开触点处于闭合状态，所以接触器 KM2 线圈能够依靠 SB1 按钮的按下而通电自锁。直流电源接入电动机两相定子绕组，电动机进入能耗制动。当电动机转速小于 100r/min 时，KS 常开触点复位，接触器 KM2 线圈断电释放，切除直流电源，能耗制动结束。

2. 电动机可逆运行能耗制动控制电路

图 2-24 是电动机按时间原则控制的可逆运行能耗制动控制电路。在电动机

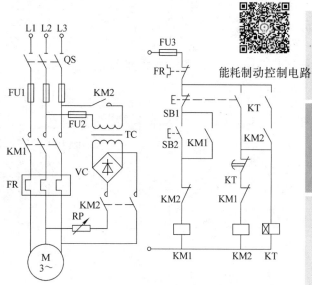

图 2-22　按时间控制原则的单向能耗制动控制电路

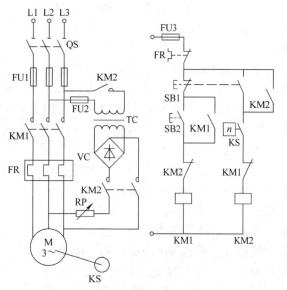

图 2-23　按速度控制原则的单向能耗制动控制电路

正向运行过程中，若按下停止按钮 SB1，KM1 断电释放，KM3 和 KT 线圈得电自锁，KM3 常开主触点闭合，使直流电压加至定子绕组，电动机进行正向能耗制动。电动机正向转速迅速下降，当转速小于 100r/min 时，KT 延时时间到，其延时断开常闭触点断开，KM3 断电释放，切除直流电源，电动机正向能耗制动结束；同时 KM3 常开辅助触点复位，KT 线圈断电。反向起动与反向能耗制动的过程与上述正向情况相同。

按时间原则控制的能耗制动一般适用于负载转速比较稳定的生产机械上。对于那些能通过传动系统来实现负载速度变换或者加工零件经常更换的生产机械，采用速度原则控制能耗制动较为合适。电动机可逆运行能耗制动可以采用速度继电器取代时间继电器的速度原则，同样能达到制动的目的。读者可自行设计电路。

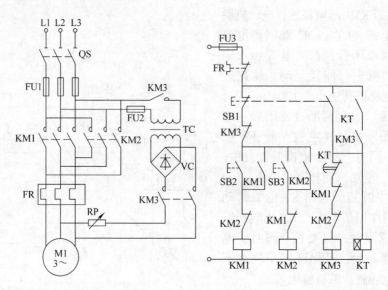

图 2-24 电动机可逆运行能耗制动控制电路

3. 无变压器的单管能耗制动控制电路

前面介绍的能耗制动均为带变压器的单相桥式整流电路，其制动效果较好。对于功率较大的电动机则应采用三相整流电路，但所需设备多、成本高。对于 20kW 以下电动机，在制动要求不高时，可采用无变压器单管能耗制动控制电路，这样设备简单、体积小、成本低。图 2-25 为无变压器单管能耗制动控制电路。制动时，按下停止按钮 SB1，KM1 线圈断电，其主触点断开三相电源，同时 KT、KM2 线圈得电并自锁，KM2 主触点闭合，接入整流电源，经整流二极管 VD 构成回路，电动机实现制动。当转速接近于零时，KT 延时时间到，其延时断开常闭触点断开，KM2 线圈断电，直流电源被切除，能耗制动结束。

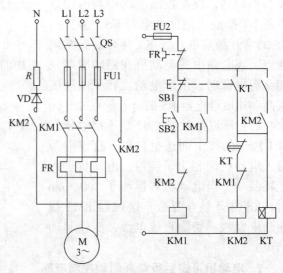

图 2-25 单管能耗制动控制电路

通常，能耗制动适用于电动机容量较大和起动、制动频繁的场合，反接制动适用于电动机容量较小而制动要求迅速的场合。

第六节 三相笼型异步电动机的调速控制

在很多领域中，如钢铁行业的轧钢机、鼓风机、机床行业中的车床、数控加工中心等，都要求三相笼型异步电动机的转速可调。从广义上讲，电动机的调速可分为两大类，即定速电动机与变速箱配合的调速方式和采用可调速的电动机。前者一般都采用机械式或液压控制的变速器变速，调速范围小且效率低。对电动机直接调速是目前较好的调速方法，调速方案有很多种，无级调速优于分档的有级调速。下面先介绍异步电动机的基本调速原理，然后介绍常规的有级调速电气控制电路。

一、三相笼型异步电动机的有级调速控制原理

三相异步电动机的转速公式为

$$n = \frac{60f_1(1-s)}{p}$$

式中，f_1 为电源频率；s 为转差率；p 为磁极对数。

由上式可以看出，要改变电动机转速有三种方法：变频调速、变转差率调速和变磁极对数调速。其中，变转差率调速的方法可通过调定子电压、改变转子电路中的电阻以及采用串级调速、电磁转差离合器调速等来实现。

对于绕线转子异步电动机，有级调速常采用转子电路串电阻的调速方法，无级调速常采用串级调速系统。

无论对笼型或绕线转子异步电动机，变频调速均可以通过连续改变电源频率来平滑改变其转速，实现无级调速。调速控制原理较复杂，但具有起动电流小、加减速度可调节、节能效果显著、电动机可以高速化和小型化、防爆容易、保护功能齐全等优点。随着控制技术和电力电子技术的发展，变频器的使用越来越广泛。具体的变频控制方法将在专门的课程中讲授。

笼型异步电动机设计有专门的变磁极对数电动机产品系列，一般称为多速电动机。

变磁极对数电动机在使用中要通过接触器的触点切换来改变电动机绕组的接线方式，实现电动机磁极对数的切换，达到改变转速的目的。普通三相异步电动机磁极对数是不能随意改变的，可变磁极的电动机有双速、三速和四速电动机，双速电动机装有一套绕组，而三速、四速电动机则装有两套绕组。由于电动机的磁极对数是整数，所以这种调速方法是有级的。变磁极对数调速原则上对笼型异步电动机和绕线转子异步电动机都适用，但对绕线转子异步电动机，若要改变转子磁极对数使之与定子磁极对数一致，结构会相当复杂，故一般不采用变磁极对数的调速方法。而笼型异步电动机转子磁极对数具有与定子磁极对数相等的特性，因而只要改变定子磁极对数就可以变极，所以变磁极对数仅适用于三相笼型异步电动机。

图 2-26 是 4/2 极的双速异步电动机定子绕组接线示意图，该双速电动机共有 6 个接线端子。图 2-26a 是将绕组接成三角形联结。电动机定子绕组的 U1、V1、W1 接三相交流电源，定子绕组的 U2、V2、W2 悬空，此时每相绕组中的 1、2 线圈串联，电流如图 2-26a 中箭头所示，电动机以四极运行，为低速。图2-26b 是将绕组接成双星形联结。电动机定子绕组的 U1、V1、W1 连在一起，U2、V2、W2 接三相交流电源，此时每相绕组中的 1、2 线圈并联，电流从 U2、V2、W2 流进，从 U1、V1、W1 流出，电动机为两极、高速运行。

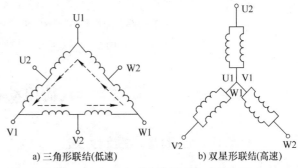

a) 三角形联结(低速)　　　b) 双星形联结(高速)

图 2-26　4/2 极的双速异步电动机定子
绕组接线示意图

二、双速电动机控制电路

1. 手动控制的双速电动机控制电路

手动控制的双速电动机控制电路如图2-27a所示。先合上电源隔离开关QS，按下低速起动按钮SB2，低速接触器KM1线圈得电并自锁，KM1主触点闭合，电动机定子绕组为三角形联结，电动机低速运行。如果想高速运行时，按下高速起动按钮SB3，低速接触器KM1线圈断电，其主触点断开，常闭辅助触点复位，高速接触器KM2和KM3线圈得电并自锁，其主触点闭合，电动机定子绕组为双星形联结，电动机高速运行。电动机的高速运行由KM2和KM3两个接触器来控制，只有当两个接触器线圈都得电时，电动机才允许高速运行。

2. 时间继电器自动控制的双速电动机控制电路

时间继电器自动控制的双速电动机控制电路如图2-27b所示。低速时，按下低速起动按钮SB2，接触器KM1线圈得电，其主触点闭合，电动机定子绕组为三角形联结，电动机低速运行。高速时，按下高速起动按钮SB3，时间继电器KT线圈首先得电，它的常开瞬动触点KT瞬时闭合，接触器KM1线圈得电，其主触点闭合，电动机定子绕组联成三角形，电动机先以低速起动。一段延时后，时间继电器KT动作，其延时断开常闭触点断开，接触器KM1线圈断电，KM1主触点断开，KT的延时闭合常开触点闭合，接触器KM2线圈得电，接触器KM3线圈也得电，KM2、KM3的主触点闭合，电动机定子绕组为双星形联结，以高速运转。

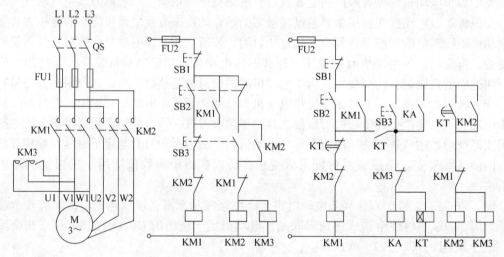

a) 手动控制的双速电动机控制电路   b) 自动控制的双速电动机控制电路

图2-27 双速电动机控制电路

第七节 直流电动机的控制

一、直流电动机的基本控制方法

直流电动机具有良好的起动、制动与调速性能，容易实现各种运行状态的自动控制。直流电动机按励磁方式可以分为串励、并励、复励和他励四种，其控制电路基本相同。虽然其制造成本和维护费用比交流电动机高，但在控制系统对电动机的调速和起动性能要求较高的场合仍得到广泛应用。例如，在轧钢机和龙门刨床等重型机床上的主传动机构中，某些电力牵引和起重设备、电力机车都以直流电动机为主拖动系统。本节仅讨论他励或并励直流电动机的起动、反转和制动的自动控制电路。

1. 直流电动机的起动控制

直流电动机起动控制的要求与交流电动机相同，即在保证足够大的起动转矩下，尽可能地减小起动电流。

直流电动机的起动特点之一是起动冲击电流大，可达额定电流的 $10 \sim 20$ 倍。这样大的电流可能导致电动机换向器和电枢绕组的损坏，同时对电源也是沉重的负担，大电流产生的转矩和加速度对机械部件也将产生强烈的冲击，在选择起动方案时必须予以充分考虑，一般不允许直接起动。因此，一般采用在电枢回路中串电阻起动，以减小起动电流。

另一特点是他励和并励直流电动机在弱磁或零磁时会产生"飞车"，因而在施加电枢电源前，应先接入或至少同时施加额定励磁电压，这样一方面可减少起动电流，另一方面可防止"飞车"事故。为了防止弱磁或零磁时产生"飞车"，励磁回路中应设置弱磁保护环节。

2. 直流电动机的正反转控制

直流电动机的电磁转矩公式为 $T = C_T \Phi I_d$

式中，C_T 为转矩常数；Φ 为主磁通；I_d 为电枢电流。

由上式可知，改变直流电动机的转向有两种方法：一种是保持电动机励磁绕组端电压的极性不变（即 Φ 不变），改变电枢绕组端电压的极性（即改变 I_d 的方向）；另一种是保持电枢绕组端电压极性不变，而改变励磁绕组端电压的极性，使得励磁磁场反向，从而使电磁转矩反向。

若采用第一种方法，由于主电路电流较大，切换后相对电流为原来的两倍，故要求接触器的容量也大，这就要求接触器的灭弧能力非常强，给使用带来不便。因此，有触点控制电路常采用改变直流电动机励磁电压的极性来改变电动机转向的方法。因为通常电动机的励磁仅为额定电流的 $2\% \sim 5\%$，故在励磁反向时对电动机造成的影响较小。为了避免改变励磁电压方向过程中因 $\Phi = 0$ 造成的"飞车"事故，通常要求改变励磁方向的同时要切断电枢绕组电源。另外必须加设阻容吸收装置来消除励磁绕组因触点切换产生的感应电动势。

3. 调速控制

直流电动机最突出的优点是能在很大的范围内具有平滑、平稳的调速性能。由直流电动机的调速公式可知：要改变电动机的转速，可以通过改变电枢电压、电枢回路电阻、励磁电流或者以上任何两种的结合进行调速。

4. 制动控制

与交流电动机类似，直流电动机的电气制动方法有能耗制动、反接制动和再生发电制动等几种方式。

（1）能耗制动　在电动机具有较高转速时，切断其电枢电源而保持其励磁为额定状态不变，这时电动机因惯性而继续旋转，成为直流发电机。如果用一个电阻 R 使电枢回路成为闭合回路，则将在此回路中产生电流和制动转矩，使拖动系统的动能转化成电能并在转子回路电阻中以热能形式消耗掉，故此种制动方式称为能耗制动。由于能耗制动较为平稳，故在机床的直流拖动系统中应用较为广泛。

（2）反接制动　反接制动是保持励磁不变，而将反极性的电源接到电枢绕组上，从而产生制动转矩，迫使电动机迅速停车的一种制动方式。与异步电动机相同，在反接制动时要注意以下两点：其一是要限制过大的制动电流；其二是要防止电动机反向再起动。其方法也与异步电动机相似，即采用限流电阻以限制反接制动电流，采用速度继电器检测速度信号以防止电动机反向再起动。在理论上，反接制动也可以采用改变励磁电压的极性来实现。但在实际中，因存在"失磁飞车"的问题，处理起来极为不便而不宜采用。

（3）再生发电制动　该制动方式应用于类似重物下降的过程中，如吊车下放重物或电力机车下坡时发生。此时，电枢及励磁电源处于某一定值，电动机转速超过了理想空载转速，电枢的反电动势也将大于电枢的供电电压，电枢电流反向，产生制动转矩，使电动机转速限制在一个高于理想空载转速的稳定转速上，而不会无限增加。

二、他励（包括并励）直流电动机的控制电路

1. 电枢回路串电阻起动与调速控制电路

电枢回路串电阻起动与调速控制电路如图 2-28 所示。该电路利用主令控制器 SA 来实现直流电动机的起动、调速和停车控制。其工作原理如下。

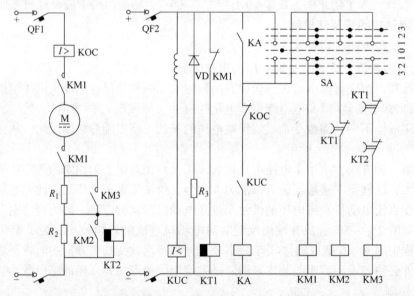

图 2-28　他励直流电动机电枢回路串电阻起动与调速控制电路

（1）起动前的准备　将主令控制器 SA 的手柄置零位，分别合上主电路及控制电路的断路器 QF1、QF2，电动机的并励绕组中流过额定励磁电流，欠电流继电器 KUC 的常开触点闭合，使 KA 通过 SA 的最左边第一对触点通电吸合并自锁。主电路过电流继电器 KOC 不动作，与此同时，断电延时时间继电器 KT1 的线圈也得电，其断电延时闭合的常闭触点立即分开，以保证起动时电阻 R_1 和 R_2 都串入主电路。

（2）起动　起动时，将 SA 的手柄由零位扳到"3"位，SA 的左边第一对触点断开，其他三对触点闭合。这时 KM1 得电，主触点闭合使电动机 M 串 R_1 与 R_2 起动，同时 KT1 断电，由于起动电阻 R_1 上有压降，使时间继电器 KT2 通电，串联在 KM3 线圈电路中的断电延时的常闭触点立即断开。当 KT1 延时到，其断电延时的常闭触点闭合，使得 KM2 线圈得电。KM2 的主触点闭合，切除起动电阻 R_2，电动机进一步加速。同时，KT2 线圈被短接，经过一定延时，其断电延时的常闭触点闭合，使得 KM3 线圈得电，KM3 主触点闭合，切除最后一段电阻 R_1，电动机再次加速进入全电压运行，起动过程结束。

（3）调速　如果想让电动机运行于低速，将 SA 扳到"1"或"2"位，电动机在电枢中串两段或一段电阻运行，其转速低于主令控制器处在"3"位时的转速。其调速过程读者可自行分析。

（4）保护环节　电动机发生过载和短路时，主电路过电流继电器 KOC 立即动作，它切断 KA 的通电回路，于是 KM1、KM2、KM3 均断电，使电动机脱离电源。

欠电流继电器 KUC 是当励磁线圈断路时，通过其常开触点切断 KA 线圈电路，起到失磁保护作用。

主令开关 SA 手柄处于零位时起动，KA 才可能接通，避免了电动机的自起动，同时也保证了电动机在任何情况下总是从低速到高速的自然、安全加速过程，这就是零位保护作用。由于 SA 具有防止因停电以后突然来电而产生的"自起动"，也起到零电压保护作用。

电路中二极管 VD 与 R_3 串联构成励磁绕组的吸收电路，其作用是在停车时防止由于过大的自感电动势引起励磁绕组的绝缘击穿，并保护其他元件。

2. 变励磁调速控制电路

图 2-29 所示电路为 T4163 坐标镗床主传动电路的一部分。

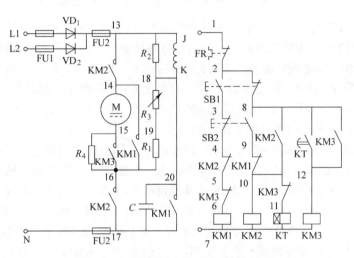

图 2-29　改变励磁电流调速的控制电路

电动机的直流电源采用两相零式整流电路，电阻 R_4 兼有起动和制动限流的作用。R_3 为调速电阻。电阻 R_2 用于释放励磁绕组的自感电动势，以免接触器断开瞬间因过高的自感电动势而引起励磁绕组绝缘击穿。其工作原理如下。

（1）起动　按下起动按钮 SB2，KM2 和 KT 线圈得电自锁，电动机 M 串电阻 R_4 减压起动，一段延时后，KT 延时闭合的常开触点闭合，使 KM3 线圈得电自锁，KM3 主触点闭合切除起动电阻 R_4，电动机全压运行，起动过程结束。

（2）调速　在正常运行状态下，调节电阻 R_3，可以改变励磁电流的大小，从而改变磁通，即可改变电动机的转速。

（3）停车及制动　在正常运行状态下，按下停止按钮 SB1，接触器 KM2 和 KM3 线圈断电，其主触点断开，切断电动机电源，同时 KM1 线圈得电，其主触点闭合，电动机和 R_4 接成一个回路开始能耗制动，KM1 的另一常开触点闭合，短接电容 C，使电源电压全部加在励磁绕组两端，实现制动过程中的强励磁作用，加强制动效果。松开按钮 SB1，制动结束，电路又处于准备工作状态。

3. 改变励磁电压极性的正反转控制电路

图 2-30 所示为 M52125A 型导轨磨床的部分电路。其工作原理如下。

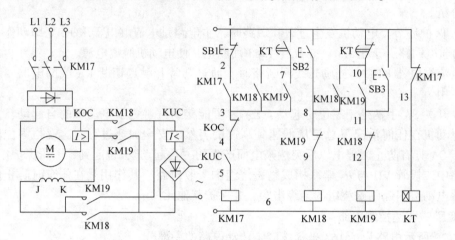

图 2-30　改变励磁电压极性的正反转控制电路

（1）正转　闭合电源开关，则时间继电器 KT 得电延时并会动作，按下正向起动按钮 SB2，KM18 线圈得电，其常开触点闭合，励磁电路接通，欠电流继电器 KUC 线圈得电，其触点动作，为 KM17 得电做好准备；当 KT 延时时间到，KM17 线圈得电并自锁，KM17 主触点闭合，电动机接通电枢电源。KM17 的常闭触点使 KT 线圈断电，同时由于 KT 的延时断开常闭触点闭合，KM18 自锁。此时电动机的励磁电流由 K 到 J，电动机正转。可以看出，起动过程中满足了励磁先得电而电枢后得电的要求。

（2）停车　按下停止按钮 SB1，KM17 线圈断电，其主触点切断电动机的电枢电源，常闭触点闭合，使 KT 线圈得电。在延时时间内，KT 的延时闭合常开触点断开，主电路是不可能供电的，同样在延时时间内，KM18 继续维持吸合状态，使励磁回路保持正常供电，KT 延时时间到，其常闭触点断开，切断 KM18 的自锁回路，励磁失电，停车过程结束。可以看出，在整个停车控制中，满足了先切断电枢电源、后切断励磁电源这一控制要求。

（3）反转　与正转过程相同，按下反向起动按钮 SB3，KM19 得电自锁，先接通励磁电源，这时励磁电流方向是由 J 到 K，与正转时相反，KT 延时时间到，KT 延时闭合常开触点闭合，KM17 线圈得电并自锁，KM17 主触点接通电动机电枢电源，电动机反转。

该电路必须先停车，然后再反转。

4. 具有能耗制动的正反转控制电路

具有能耗制动的正反转控制电路如图 2-31 所示。电路中的电阻 R_1 和 R_2 兼有限流和调速的作用。

（1）起动前的准备　将 SA 置于 0 位。合上断路器 QF1 和 QF2，电动机的励磁绕组中流过额定的励磁电流，欠电流继电器 KUC 得电动作，其常开触点 KUC 闭合，中间继电器 KA 得电并自锁。主电路中过电流继电器 KOC 不动作，与此同时，断电延时时间继电器 KT1 的线圈也得电，其延时闭合常闭触点 KT1 立即断开，使得接触器 KM2 和 KM3 不能通电，保证起动时串入 R_1 和 R_2。

（2）起动与调速　将 SA 的手柄向右由 0 位扳到 1 位，KM_L 线圈得电，其常开辅助触点闭合使 KM1 线圈得电，KM_L、KM1 主触点闭合，电动机接通电源，串入 R_1、R_2 减压起动，此时电枢电压为左正右负，电动机正转。同时，KM_L 常闭辅助触点断开，使 KT1 线圈断电

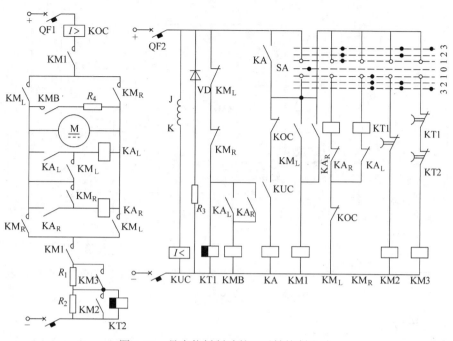

图2-31　具有能耗制动的正反转控制电路

并开始延时，KM_L 常开辅助触点闭合，使得 KA_L 线圈得电，其触点动作，为接通 KMB 线圈做准备。起动电阻 R_2 上的电压降使并联在其两端的 KT2 线圈得电，其延时闭合常闭触点立即断开。当 KT1 延时时间到，其延时闭合常闭触点 KT1 闭合，为电动机进一步加速做准备。需要电动机加速时，将 SA 手柄向左由"1"位扳到"2"位，KM2 线圈得电。KM2 的主触点闭合，切除起动电阻 R_2，电动机进一步加速；同时，KT2 线圈被短接，KT2 开始断电延时，延时到，其延时闭合常闭触点 KT2 闭合，为接触器 KM3 线圈得电做准备。将 SA 手柄向左由"2"位搬到"3"位，KM3 线圈得电，KM3 的主触点闭合，切除电阻 R_2，电动机再次加速，进入全压运行，起动过程结束。

（3）制动　当停车制动时，将主令控制器 SA 手柄由正转位置扳到 0 位，这时 KM_L 线圈断电，断开电枢电源，但电动机因惯性仍按原方向旋转，在励磁保持的情况下，电枢导体切割磁场而产生感应电动势，使 KA_L 中仍有电流而不释放，同时由于 KM_L 的断电接通 KMB，其主触点闭合，接通包括 R_4 在内的能耗制动电路，使电动机进入制动状态，其电枢电动势也随着转速的下降而降低。当转速降到一定数值时，KA_L 释放，制动结束。电路恢复到原始状态，准备重新起动。

当用主令控制器手柄从正转扳到反转时，电路本身能保证先进行能耗制动，后改变转向。这是利用继电器 KA_L 在制动结束以前一直是吸合的，断开了反转接触器 KM_R 线圈的回路，所以即使主令控制器 SA 处于反转第 3 档，也不能接通反转接触器 KM_R。当主令控制器从反转瞬间扳到正转时，情况类似。

5. 反接制动的控制电路

反接制动的控制电路如图 2-32 所示。图中 R_4 为反接制动限流电阻，R_3 为电动机停车时励磁绕组的放电电阻。其工作原理如下。

（1）起动前的准备　合上断路器 QF，励磁绕组获得励磁电压。同时，时间继电器 KT1、KT2 线圈得电吸合，其延时闭合常闭触点立即断开，接触器 KM4 和 KM5 线圈处于断电状

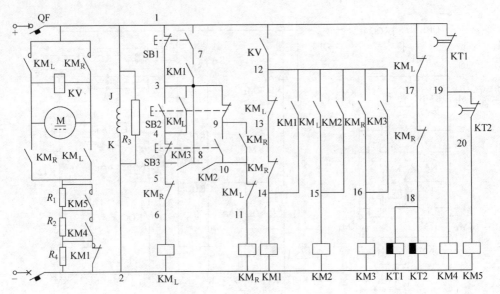

图 2-32　反接制动控制电路

态。此时电路处于准备工作状态。

（2）起动　按下正向起动按钮 SB2，接触器 KM$_L$ 线圈得电吸合，其主触点闭合，直流电动机电枢回路串电阻 R_1 和 R_2 减压起动，KM$_L$ 常闭触点断开，时间继电器 KT1 和 KT2 断电，经过一定的延时时间后，KT1 延时闭合常闭触点先闭合，然后 KT2 延时闭合常闭触点闭合，接触器 KM4 和 KM5 先后得电吸合，先后切除电阻 R_2 和 R_1，直流电动机进入正常运行。

由于起动时电动机的反电动势为零，电压继电器 KV 不会动作，所以接触器 KM1、KM2（或 KM3）都不会动作，当电动机建立反电动势后，电压继电器 KV 吸合，其常开触点闭合，接触器 KM2 得电吸合自锁，其常开触点闭合，为反接制动做好了准备。

（3）制动　若要使电动机停车，按下停止按钮 SB1，正向接触器 KM$_L$ 线圈断电释放，其主触点断开，切除电枢电源。此时，电动机由于惯性继续运行，反电动势仍然很高，电压继电器 KV 不会释放，因此当 KM$_L$ 失电后，KM1 线圈得电自锁，其常开触点闭合，使接触器 KM$_R$ 得电，电枢通反向电流，产生制动转矩，使电动机串入 R_4 进行反接制动，转速迅速下降。随着转速下降电压继电器 KV 释放，其触点断开，使 KM1 线圈失电，则电枢电路短接 R_4，同时，KM2 和 KM$_R$ 线圈也断电释放，整个起动过程结束。

反向运行及制动的动作过程与正向类似，不再重复。

第八节　电气控制系统的保护环节

电气控制系统既要满足生产工艺要求，还要保证设备长期、安全、可靠地运行，因此任何电气控制系统中都要设置必要的保护环节，用来保护电动机、电气控制设备、电网以及人身的安全。

电气控制系统中常用的保护环节有短路保护、过载保护、零电压保护、欠电压保护和弱磁保护等。

一、短路保护

电动机绕组的绝缘、导线的绝缘损坏或线路发生故障时，都可能造成短路现象，产生的短路电流会引起电气设备绝缘损坏并且产生强大的电动力使电气设备损坏。因此要求一旦发生短路故障时，控制电路能迅速地切除电源。常用的短路保护元件有熔断器和断路器。

二、过载保护

电动机长期超载运行，其绕组温升将超过允许值，电动机的绝缘材料就会变脆，寿命减少，严重时使电动机损坏。过载电流越大，达到允许温升的时间就越短。常用的过载保护元件是热继电器。当电动机为额定电流时，电动机为额定温度，热继电器不会动作，在过载电流较小时，热继电器要经过较长时间才动作，但当过载电流较大时，热继电器则经过较短时间就会动作。通常1.5倍额定电流以内，如果过电流时间短，对电动机的影响不大，如果过电流时间长，那么就要用热继电器进行过载保护。

由于热惯性的原因，热继电器不会受电动机短时过载冲击电流或短路电流的影响而瞬时动作，所以在使用热继电器作过载保护的同时，还必须有短路保护。进行短路保护的熔断器熔体的额定电流不能大于4倍热继电器发热元件的额定电流。

三、过电流保护

对于三相笼型异步电动机，由于其短时过电流不会产生严重后果，故可不设置过电流保护。过电流现象一般由不正确的起动和过载引起，在电动机运行中产生过电流比发生短路的可能性更大，尤其是在频繁正、反转起动的重复短时工作制电动机中更是如此。在直流电动机和绕线转子异步电动机控制电路中，过电流继电器也起着短路保护的作用，一般过电流的动作值为起动电流的1.2倍。这种保护电流值比短路时小，一般不超过$2.5I_N$，在过电流情况下，电器元件并不是马上损坏，只要在达到最大允许温升之前，电流值能恢复正常，还是允许的。过电流保护广泛用于直流电动机或绕线转子异步电动机中。

短路、过载、过电流保护虽然都属于电流型保护，但由于故障电流、动作值、保护特性、保护要求以及使用元件不同，它们之间是不能相互取代的。

四、零电压及欠电压保护

在电动机的运行过程中，电源电压由于某种原因消失又恢复时，如果电动机自行起动，可能使生产设备损坏或造成人身事故。对电网来说，如果同时有许多电动机及其他用电设备，自行起动会引起过电流及瞬间电网电压下降。为了防止电网失电后恢复供电时电动机自行起动的保护称为零电压保护。

在电动机的运行过程中，由于电源电压过分地降低（$60\% U_N \sim 80\% U_N$及以下），将引起一些电器释放，造成控制系统的不正常工作，因此而设置的保护环节称为欠电压保护。通常采用欠电压继电器或设置专门的零电压继电器来实现。图2-33中的中间继电器起零电压保护作用，欠电压继电器KUV起欠电压保护作用。在许多机床中不是用控制开关操作，而是用按钮操作的。利用按钮的自动恢复作用和接触器的自锁作用，可不必另加设零电压保护继电器。

图2-33所示为电气控制系统的各种保护环节。有时并非所有的保护环节都需要，但短路保护、过载保护、零电压保护一般不能缺少。图中的保护环节及使用的元件如下。

1）短路保护——熔断器FU1和FU2。

2）过载保护——热继电器FR。

3）过电流保护——过电流继电器KOC1、KOC2。

4）零电压保护——中间继电器KA。

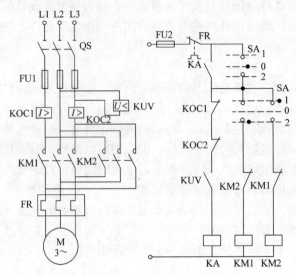

图 2-33　电气控制电路中常用的保护环节

5）欠电压保护——欠电压继电器 KUV。

6）互锁保护——KM1 和 KM2 互锁触点。

五、弱磁和失磁保护

直流电动机只有在一定强度的磁场下才能起动，若磁场太弱，电动机的起动电流就会很大，如果正在运行时磁场突然减弱或消失，电动机转速就会迅速升高，甚至发生"飞车"。因此需要采取弱磁保护。弱磁保护一般由串入电动机励磁回路的欠电流继电器来实现，在电动机运行中，如果励磁电流消失或降低太多，欠电流继电器就会释放，其触点切断主电路接触器线圈的电源，使电动机断电停车。

思考题与习题

2-1　指出文字符号 QS、FU、KM、KA、KOC、KUC、KT、SB、SQ 的意义，并作出相应的图形符号。

2-2　在电气原理图中，电器元件的技术数据如何标注？

2-3　试设计带有热继电器过载保护的笼型异步电动机的控制电路。

2-4　试设计时间继电器控制笼型异步电动机定子串电阻的起动控制电路。

2-5　分析三相异步电动机星形－三角形减压起动控制电路，并指明该起动方法的优缺点及适用场合。

2-6　试画出笼型异步电动机用自耦变压器起动的控制电路。

2-7　试分析绕线转子异步电动机转子串电阻的起动控制电路。

2-8　什么叫反接制动？什么叫能耗制动？它们各有什么特点及适用场合？

2-9　试说明直流电动机的控制特点和起动方法。

2-10　电气控制系统有哪些常用的保护环节？

2-11　直流电动机通常采用哪几种电气制动方法？

2-12　设计一个控制电路，三台异步电动机起动时，M1 先起动，经过 15s 后，M2 自行起动，运行 15s 后，M1 停止并同时使 M3 自行起动，再运行 15s 后，电动机全部停止。

2-13　设计一小车运行的控制电路，小车由异步电动机拖动，其动作顺序如下：

（1）小车由原位开始前进，到终端后自动停止。

（2）在终端停留 2min 后自动返回原位停止。

（3）要求在前进或后退途中任意位置都能停止或再次起动。

2-14　按下述要求设计双速笼型异步电动机控制电路。

（1）用一个主令控制器控制电动机的高速、低速起动以及电动机的停止。

（2）高速起动时，电动机先接成低速，然后经延时后自动换接到高速。

（3）具有短路保护与过载保护。

2-15　一台四级皮带运输机，由四台笼型异步电动机 M1、M2、M3、M4 拖动，按下述要求设计电路：

（1）起动时，要求按 M1→M2→M3→M4 顺序起动。

（2）正常停车时，要求按 M4→M3→M2→M1 顺序停车。

（3）上述动作按时间原则控制时间间隔。

典型生产机械电气控制电路分析

生产机械种类繁多，其拖动控制方式和控制电路各不相同。本章我们将通过分析几种典型机床的电气控制电路，从而进一步掌握控制电路的组成、典型环节的应用及分析控制电路的方法，从中找出规律，逐步提高阅读电气原理图的能力，为独立设计打下基础。

电气控制电路
分析基础

第一节　电气控制电路分析基础

一、电气控制电路分析的内容

分析电气控制电路，主要是对各种技术资料进行分析，掌握其工作原理和使用方法，满足现场维修的需要。主要包括以下几方面的内容。

1. 设备说明书

设备说明书由机械（包括液压）与电气两部分组成。在分析时，首先要阅读这两部分说明书，了解以下内容。

1）设备的构造，主要技术指标，机械、液压气动部分的工作原理、主要性能指标、规格和运动要求等。

2）电气传动方式，电动机、执行电器元件等数目、规格型号、安装位置、用途及控制要求。

3）设备的使用方法，各操作手柄、开关、旋钮、指示装置的布置以及在控制电路中的作用。

4）弄清楚与机械、液压部分直接关联的电器元件（行程开关、电磁阀、电磁离合器及传感器等）的位置、工作状态及与机械、液压部分的关系，在控制中的作用等。

2. 电气控制原理图

它是电路分析的主要内容，电气控制系统的原理图由主电路、控制电路、指示照明电路、保护及联锁环节及特殊控制电路等部分组成。

在分析具体电路图时，必须与阅读其他技术资料结合起来。例如，各种电动机及执行元件的控制方式、位置及作用，各种与机械有关的位置开关、主令电器的状态等，只有通过阅读说明书才能了解。

在分析电路图过程中，还可以通过所选用的电器元件的技术参数，分析出控制电路的主要参数和技术指标，如可估计出各部分的电流、电压值，以便在调试或检修中合理地使用仪表。

二、电路图阅读分析的方法与步骤

在仔细阅读了设备说明书，了解了电气控制系统的总体结构、电动机和电器元件的分布状况及控制要求等内容之后，便可以分析电路图了。

1. 分析主电路

从主电路入手，根据每台电动机和执行电器的控制要求去分析各电动机和执行电器的控制内容。分析主电路时，可采用从下往上看，即从用电设备开始，经控制元件至电源，看哪个电器控制哪个执行电器。试依次分析第二章中讨论过的电动机起动、正反转、调速及制动等基本控制环节。

2. 分析控制电路

根据主电路中各电动机和执行电器的控制要求，逐一找出控制电路中的控制环节，用第二章中学过的基本控制环节的知识将控制电路"化整为零"，按功能不同划分成若干个局部控制电路来进行分析。采用从左到右，从上到下的原则分析控制电路。如果控制电路较复杂，则可先排除照明、保护等与控制关系不密切的电路，以便集中精力分析主要部分，一定要分析透彻控制电路。分析控制电路的最基本的方法是"查线读图"法。

3. 分析指示照明等辅助电路

辅助电路包括执行元器件的工作状态显示、电源显示、参数测定、照明和故障报警等部分，这些电路中很多部分是由控制电路的元器件来控制的，所以在分析辅助电路时，还要回过头来对照控制电路进行分析。

4. 分析联锁与保护环节

生产机械对于安全性、可靠性有很高的要求，所以在电气控制电路的分析过程中，电气联锁和电气保护环节是一个重要内容，不能遗漏。

5. 分析特殊控制环节

在某些控制电路中，还设置了一些与主电路、控制电路关系不密切，相对独立的某些特殊环节，如产品计数装置、自动检测系统、晶闸管触发电路及自动调温装置等。这些部分往往自成一个小系统，其分析方法可参照上述分析过程，并灵活运用所学过的电子技术、变流技术、自控系统、检测与转换等知识逐一分析。

6. 总体检查

经过"化整为零"逐步分析每一局部电路的工作原理以及各部分之间的控制关系之后，还必须用"集零为整"的方法将电气原理图、电气安装接线图和电器元件布置图结合起来，进一步研究电路的整体控制功能，检查整个控制电路，看是否有遗漏。

第二节 典型车床的电气控制电路分析

车床是一种应用极为广泛的金属切削机床，在机械加工中广泛使用，根据其结构和用途不同，分成卧式车床、立式车床、六角车床及仿形车床等。车床主要用于车削外圆、内孔、端面、螺纹定型表面和回转体的端面等，并可装上钻头、绞刀等刀具进行孔加工。

一、卧式车床的主要结构及运动形式

卧式车床的外形如图 3-1 所示，它由床身、主轴箱、尾座、进给箱、丝杠、光杠、刀架、溜板箱、中滑板、小滑板及操作手柄等组成。主轴箱固定安装在床身的左端，其内装有主轴和变速传动机构。床身的右侧装有尾座,其上可装后顶尖以支撑工件的一端。工件通过卡盘等夹具装在主轴的前端,由电动机经变速机构传动旋转,实现主运动并获得所需转速。刀架的纵横向进给运动由主轴箱经挂轮架、进给箱、光杠或丝杠、溜板箱传动。

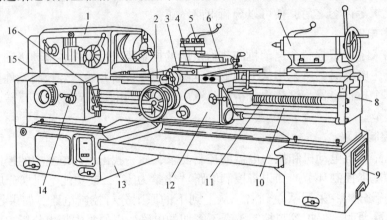

图 3-1 卧式车床的外形图

1—主轴箱 2—床鞍 3—中滑板 4—转盘 5—方刀架 6—小滑板 7—尾座 8—床身 9—右床座
10—光杠 11—丝杠 12—溜板箱 13—左床座 14—进给箱 15—挂轮架 16—操作手柄

为了加工各种旋转表面,车床必须具有切削运动和辅助运动。切削运动包括主运动和进给运动,除此之外的所有运动均称为辅助运动。

主运动是主轴通过卡盘或顶尖带动工件做旋转运动,它消耗绝大部分能量。进给运动是溜板带动刀架的纵向和横向的直线运动,其运动方式有手动和自动两种,它消耗的能量很小。车床的辅助运动是指刀架的快速移动及工件的夹紧与放松。

二、卧式车床的电力拖动及控制要求

根据卧式车床加工的需要,其电气控制电路应满足如下几点要求:

1)主轴转速和进给速度可调。

车削加工时,应根据工件的材料性质、尺寸、工艺要求、加工方式、冷却条件及刀具种类来选择切削速度,因此要求主轴转速能在相当大的范围内进行调节。

中小型卧式车床主轴转速的调节方法有两种:

一种是电气调速;另一种是用变速箱来进行机械调速。

加工螺纹时,要求保证工件的旋转速度与刀具的移动速度之间具有严格的比例关系。为此,车床溜板箱与主轴之间通过齿轮来连接,所以进给运动和主轴旋转运动由同一台电动机来拖动的,而刀具的进给是通过挂轮箱、进给箱传递,通过二者的配合来实现的。

不同型号的卧式车床,其主电动机的工作要求不同,因而具有不同的控制电路。

2)主轴电动机的起动、停车应能实现自动控制。一般中小型车床均采用直接起动,当电动机的容量较大时,常采用星-三角减压起动,该车床由于负载较小,且电动机在空载情况下起动,所以主电动机采用直接起动方式。为实现快速停车,一般采用机械或电气制动。

3)冷却泵电动机。由于加工时,刀具、工件切削区的温度相当高,应设专用电动机拖动冷却泵工作。要求在起动主轴电动机以后,根据需要再起动冷却泵电动机。

4)快速移动电动机。为提高工作效率,刀架快速移动由一台快速移动电动机来拖动,可根据使用需要随时手动控制起停。

5）控制电路应有必要的保护及照明等电路。

三、C6140 卧式车床的电气控制电路分析

C6140 卧式车床属于中小型车床。其型号中 C—车床，6—落地及卧式车床组，1—卧式车床系，40—最大车削直径为 400mm（床身最大车削直径的 1/10）。该车床的主电动机的电力拖动要求如下：主电动机完成主轴旋转和刀架进给运动的驱动，电动机功率 7.5kW，采用直接起动方式，主轴采用机械方式调速，其正反转也采用机械方法来实现。正转 24 级，转速 10 ~ 1400r/min；反转 12 级，转速 14 ~ 1580r/min。主轴转速经挂轮箱将动力传递到走刀箱，纵向走刀级数 64，进给范围 0.08 ~ 1.59mm/r，横向进给级数 64，进给范围 0.04 ~ 0.79mm/r。为缩短工时，提高工作效率，主电动机采用机械制动方式。

图 3-2 是 C6140 车床的电气控制原理图。

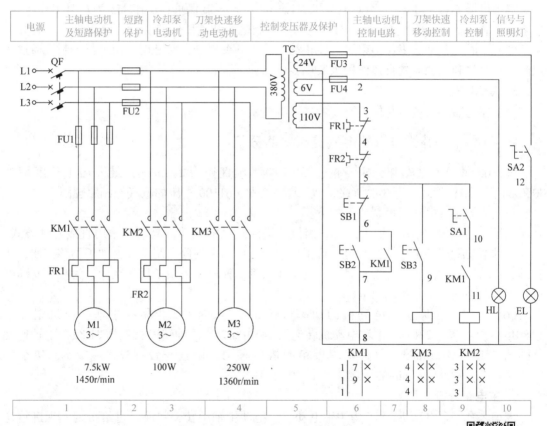

图 3-2　C6140 车床的电气控制原理图

1. 主电路分析

主电路共有三台电动机。M1 为主轴电动机，带动主轴旋转和刀架移动；M2 为冷却泵电动机；M3 为刀架快速移动电动机。

三相交流电源通过开关 QF 引入。接触器 KM1 的主触点控制 M1 的起动和停止，接触器 KM2 的主触点控制 M2 的起动和停止，接触器 KM3 的主触点控制 M3 的起动和停止。

2. 控制电路分析

该控制电路设有控制变压器，控制电路由交流 110V 电源供电。

电路工作原理：合上电源开关 QF，按下起动按钮 SB2，接触器 KM1 线圈得电自锁。其

C6140 卧式车床的
电气控制电路分析

主触点闭合，主轴电动机 M1 起动。由于 9 区的 KM1 的辅助常开触点已闭合，合上转换开关 SA1，接触器 KM2 得电吸合，冷却泵电动机 M2 起动。当加工完毕时，需要停车，按停止按钮 SB1，接触器 KM1 线圈失电，其常开触点断开，主轴电动机 M1 失电，开始电磁抱闸制动。同时由于位于 9 区的 KM1 辅助触点失电，KM2 线圈失电，冷却泵电动机 M2 断电。从电动机 M2 起动过程可以看出，M2 与 M1 电动机之间有顺序起动联锁。

当需要拖动刀架快速移动时，点按 SB3，接触器 KM3 线圈得电，其主触点闭合，电动机 M3 得电拖动溜板箱带动刀架快速移动，当移动到位时松开 SB3，M3 失电。

3. 辅助电路分析

照明和指示电路的电源由控制变压器 TC 二次侧输出 24V 和 6V 电源供电。EL 为机床的低压照明灯，由转换开关 SA2 控制，HL 为电源信号灯。

4. 保护环节分析

热继电器 FR1 和 FR2 分别对电动机 M1、M2 进行过载保护；由于 M3 为短时工作状态，故未设过载保护。熔断器 FU 分别对主电路、控制电路和辅助电路实行短路保护。大多数机床工作开始时的起动或工作结束时的停止都不采用开关操纵，而是用按钮进行控制。通过按钮的自动复位和接触器的自锁作用来实现零压保护。

5. 总体检查

分析完之后，再进行总体检查，看是否有遗漏。

四、C61100 卧式车床的电气控制电路分析

C61100 属于大型车床，床身的最大工件回转直径为 1000mm，最大加工长度可达 3000mm。其结构形式与图 3-1 所述相似。图 3-3 是 C61100 车床的电气控制原理图。

该车床的主轴电动机控制要求如下：

主轴电动机 M1 完成主轴主运动和溜板箱进给运动的驱动，电动机采用直接起动方式。要求主轴电动机能够正反转，并可进行正反两个方向的电气停车制动。为加工调整方便，还应具有点动控制功能。为缩短工时，提高工作效率，该机床采用了反接制动，为减小制动电流，定子回路串入了限流电阻 R。

C61100 卧式车床主轴电动机的功率可达 30kW，如某厂产品的主轴电动机型号为 Y180L-4，功率为 22kW，主轴电动机转速为 1450r/min，主轴转速级数为 21 级，主轴速度范围为 3.15 ~ 315r/min。为实现溜板箱的快速移动，设置一台 YS90S-2 型、功率为 1.5kW、转速为 2800r/min 的快速移动电动机。

1. 主电路分析

该车床有三台电动机，M1 为主轴电动机，拖动主轴旋转，并通过进给机构实现进给运动。M2 为冷却泵电动机，提供冷却液。M3 为快速移动电动机，拖动刀架快速移动。

开关 QF 将三相电源引入，FU1 为主电动机 M1 的短路保护用熔断器；FR1 为 M1 的过载保护用热继电器；R 为限流电阻，在点动时防止连续的起动电流造成电动机的过载；通过电流互感器 TA 接入的电流表 A 用来监视主轴电动机绕组的工作电流；熔断器 FU2 为 M2 的短路保护；接触器 KM4、KM5 为 M2、M3 起动用接触器；FR2 为 M2 的过载保护热继电器；因 M3 为短时工作方式，故不设过载保护。

2. 控制电路分析

（1）主轴电动机 M1 的点动控制　若需要检修或调整车床时，要求 M1 点动控制。电路中 KM1 为 M1 的正转接触器，KM2 为 M1 的反转接触器，KA 为中间继电器。工作原理如下：

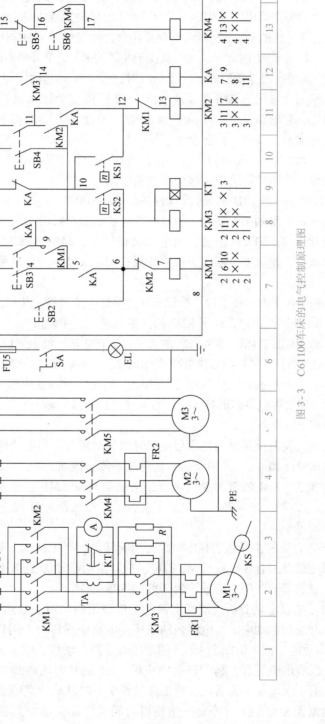

图3-3 C61100车床的电气控制原理图

合电源开关 QF，按下点动起动按扭 SB2，接触器 KM1 的线圈得电，它的主触点闭合，电动机定子绕组经限流电阻 R 和电源接通，电动机开始减压起动。松开 SB2，KM1 线圈断电，电动机停车。在点动过程中，中间继电器 KA 不通电，因此 KM1 不会自锁。

（2）主轴电动机 M1 的正、反转控制线路

1）正转：合电源开关 QF，按下正向起动按钮 SB3，接触器 KM3 线圈首先得电，KM3 的主触点闭合将限流电阻 R 短接，位于 12 区的辅助触点也同时闭合，使中间继电器 KA 的线圈得电，位于 7 区的 KA 的辅助常开触点闭合，使接触器 KM1 得电，电动机在全压直接起动。由于位于 7 区的 KM1 的常开触点以及位于 8 区的 KA 的常开触点闭合，使得 KM1 线圈自锁。

2）反转：当电动机处于停车状态时，按下反向起动按钮 SB4 时，KM3 首先得电，KM3 的主触点闭合将限流电阻 R 短接，位于 12 区的辅助触点也同时闭合，使中间继电器 KA 的线圈得电，它的辅助触点（位于 11 区的）闭合，使 KM2 得电吸合，电动机接入与正转时相序相反的电源，使电动机在全压下反向起动。同理，由于 KM2 的辅助常开触点（11 区）和 KA 的常开触点（8 区和 11 区）的闭合使得 KM2 自锁。KM2 和 KM1 的常闭触点分别串在对方的接触器线圈的回路中，起到了互锁作用。

（3）主电动机 M1 的反接制动控制　C61100 车床采用速度继电器实现反接制动。当电动机的转速制动到接近零时，用速度继电器的触点及时切断电源。

电动机的正向反接制动：当电动机正转时，接触器 KM1、KM3 和继电器 KA 线圈都处于得电状态，速度继电器的正转常开触点 KS1（10—12）也是闭合的，这样就为正向反接制动做好准备。

当需要停车时，按下停止按钮 SB1，所有连接在停止按钮后的电器元件均失电，即 KM3、KM1、KA 线圈均失电，由于 KM3 的主触点断开，电阻 R 串入主电路；由于 KM1 的失电，断开了电动机的正序电源；同时 KA 的失电，使它的常闭触点复位。松开 SB1 后，SB1 的常闭触点恢复，这样就使反转接触器线圈通过 SB1→FR1→KA→KS1→KM1→KM2（1–2–3–10–12–13）电路得电，电动机接入逆序电源，开始正向限流反接制动状态。当电动机的转速小于 100r/min 以下时，速度继电器的正转常开触点 KS1（10—12）断开，切断了 KM2 线圈的通电回路，电动机脱离电源停车。

电动机反向反接制动过程与正转时的制动相似。当电动机反转时，速度继电器的反转常开触点 KS2（10—6）是闭合的，这时按下停止按钮 SB1，反转接触器 KM2 立即失电。当松开 SB1 按钮，SB1 的常闭触点恢复，接触器线圈 KM1 通过 SB1→FR1→KA→KS2→KM2→KM1（1–2–3–10–6–7）电路得电，正转接触器 KM1 吸合将电源反接并串入电阻 R 使电动机制动停车。

（4）刀架的快速移动和冷却泵控制　转动刀架手柄压下限位开关 SQ，使接触器 KM5 吸合，其主触点闭合，电动机 M3 得电，拖动溜板带动刀架快速移动。电动机 M2 为冷却泵电动机，它的起动和停止通过按钮 SB6 和 SB5 控制。

（5）监视电路分析　监视主轴电动机绕组的电流表是通过电源互感器接入的。为防止电动机起动和制动电流对电流表的损坏，电路中采用一个时间继电器 KT。当起动时，虽然 KT 线圈通电，但 KT 的延时断开的常闭触点尚未动作，电流表被 KT 的延时断开的常闭触点短接，没有电流流过。起动过程结束后，KT 延时时间刚到，其延时断开的常闭触点打开，此时才有电流流经电流表。实现工作过程中对电动机负载的监测。制动时，原来接入主电动机的电流表 A 由于按下停止按钮使得时间继电器失电，其延时断开的常闭触点立即复位，所以电流表也被短接，不会造成电流表的损坏。

（6）照明电路 照明灯采用 24V 的安全电压供电，由开关 SA 控制。

第三节 X6132 型卧式万能铣床的电气控制电路分析

铣床是用铣刀进行铣削加工的机床，可以用来加工机械零件的平面、斜面、沟槽等型面，在装上分度头以后，可以加工直齿轮和螺旋面；装上回转圆工作台，则可以加工凸轮和弧形槽等回转体。铣床的用途广泛，在金属切削机床使用数量上，仅次于车床。按结构形式的不同，可分为立式铣床、卧式铣床、龙门铣床、仿型铣床以及各种专用铣床。各种铣床在结构、传动形式、控制方式等方面有许多相似之处，下面仅以 X6132 型卧式万能铣床为例，对铣床电气控制电路进行分析。

一、X6132 型卧式万能铣床的主要结构及运动形式

X6132 型号的含义：X—铣床，6—卧式万能铣床组，1—万能升降台铣床系，32—铣床工作台面宽度为 320mm。X6132 万能铣床的主轴转速高，调速范围宽、调速平稳操作方便，工作台装有完整的自动循环加工装置，是目前广泛应用的卧式万能升降台铣床。

X6132 卧式万能铣床的结构如图 3-4 所示。它由床身、悬梁、刀杆支架、工作台、溜板和升降台等部件组成。床身固定在底座上，它是整个机床的主体，用来安装和连接机床其他的部件。床身内装有主轴传动机构和变速操纵机构。在床身上部装有水平导轨，其上装有带有刀杆支架（一个或两个）的悬梁，悬梁可沿水平导轨移动。刀杆支架用来支承铣刀心轴的一端，铣刀心轴的另一端固定在主轴上，由主轴带动其旋转。刀杆支架也可沿悬梁做水平移动，以便按需要调整铣刀位置。床身的前面装有垂直导轨，升降台可以沿着垂直导轨做

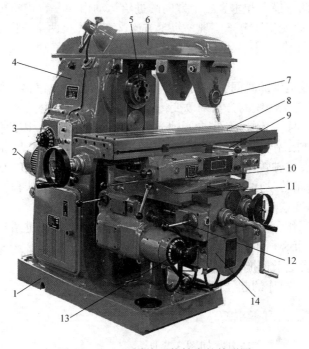

图 3-4 X6132 卧式万能铣床的外形图

1—底座 2—主轴电动机 3—主轴变速机构 4—床身 5—主轴 6—悬梁
7—刀杆支架 8—纵向工作台 9—纵向操纵手柄 10—回转台 11—横向工作台
12—升降及横向操纵手柄 13—进给变速手柄及数字盘 14—升降台

上、下运动。在升降台上部装有水平导轨，其上装有可沿平行于主轴轴线方向移动的溜板，溜板上部有可转动的回转台。工作台装在回转台上部的导轨上，并能在导轨上做垂直于主轴轴线方向的移动。工作台上有用于固定工件的燕尾槽。

通过以上描述，可以看出该铣床可以实现七个方向的运动，即：升降台的上下移动，一般称为垂直运动；溜板沿水平导轨做平行于主轴轴线方向的前后运动，一般称横向进给；工作台沿回转台上的导轨做垂直于轴线方向的左右移动，一般称纵向移动。此外，由于回转盘可绕中心转过一个角度（45°），因此工作台在水平面上除了能在平行于或垂直于主轴轴线方向进给外，还能在倾斜方向进给，以加工螺旋槽。故称万能铣床。

X6132 型铣床有三种运动，即主运动、进给运动和辅助运动。主运动：主轴带动铣刀的旋转运动；进给运动：加工过程中工作台带动工件在三个相互垂直方向上的直线运动；辅助运动：工作台在三个互相垂直方向上的快速直线运动，以及工作台的旋转运动。

二、X6132 型卧式万能铣床的电力拖动及控制要求

根据上面的结构分析以及运动情况分析可知，X6132 型万能铣床对电力拖动控制的主要要求是：

1）X6132 型万能铣床的主运动和进给运动之间，没有速度比例协调的要求，所以主轴与工作台各自采用单独的笼型异步电动机拖动。

2）由于主轴电动机空载起动，故采用直接起动。为完成顺铣和逆铣，要求有正反转。可根据铣刀的种类在加工前预先选择转向，在加工过程中不必变换转向。

3）为了减小负载波动对铣刀转速的影响，以保证加工质量，主轴上装有飞轮，其转动惯量较大。为提高工作效率，要求主轴电动机有停车制动控制。

4）工作台的纵向、横向和垂直三个方向的进给运动由同一台进给电动机拖动，三个方向的选择由操纵手柄改变传动链来实现，每个方向又有正、反两个方向的运动，可以通过改变 M2 的相序实现正反转。同一时间只允许工作台向一个方向移动，故三个方向的运动之间应有完善的联锁保护。

5）为了缩短调整运动的时间，提高生产率，工作台设有快速移动控制，X6132 型万能铣床通过吸合一个快速电磁铁的方法来改变传动链的传动比从而实现快速移动。

6）圆工作台旋转时，工作台不能向其他方向移动，反之亦然。因此使用圆工作台时，要求圆工作台旋转运动与工作台的上下、左右、前后三个方向的直线运动之间有联锁保护控制。

7）铣床加工需要主轴转速与进给速度有较宽的调节范围。X6132 型铣床采用机械方式变速，通过改变变速箱传动比来实现的。为保证变速时齿轮易于啮合，减小齿轮槽面的冲击，要求主轴或进给变速时电动机进行冲动（短时转动）控制。

8）主轴旋转与工作台进给之间也应有起停顺序联锁控制，即进给运动要在铣刀旋转之后才能进行，加工结束必须在铣刀停转前停止进给运动。

9）冷却泵由一台电动机拖动，供给铣削时的冷却液。

10）为操作方便，机床的起、停要求两处控制。

三、X6132 型卧式万能铣床控制电路分析

X6132 型万能铣床电气控制电路如图 3-5 所示。

（一）主电路分析

万能铣床主电路共有三台电动机，其中 M1 为主轴拖动电动机，M2 为工作台进给拖动电动机，M3 为冷却泵电动机。QF 为电源开关，各电动机的控制过程分析如下：

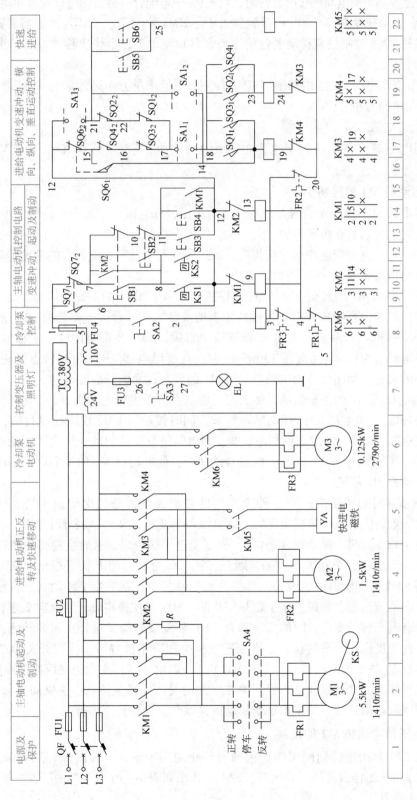

图 3 - 5 X6132型万能铣床电气控制电路

1）M1 受 KM1 控制，转向选择开关 SA4 用来预选主轴旋转方向。KM2 实现 M1 的反接制动。当主轴变速冲动需要电动机短时旋转时，由 KM2 得电配合机械机构进行变速冲动控制。

2）工作台进给拖动电动机 M2 由接触器 KM3、KM4 控制正、反转运动。当需要快速移动时，由接触器 KM5 控制快速移动电磁铁（离合器）使得工作台快速移动，KM5 断开时为正常速度移动。

3）冷却泵拖动电动机 M3 由接触器 KM6 控制，只要求单方向运转。

（二）控制电路分析

1. 控制电路电源

因为控制电器较多，所以控制电路电压为 110V，由控制变压器 TC 的 110V 二次侧供给。

2. 主轴电动机 M1 的控制

控制电路中的 SB3 和 SB4 是两处控制的起动按钮，SB1 和 SB2 是两处控制的停止按钮，为方便操作，它们分别装在机床两地。SQ6 是工作台进给变速的行程开关。SQ7 是主轴变速冲动行程开关，它与机械变速冲动手柄相连，通过弹性联轴器和变速机构的齿轮传动链完成主轴传动，可使主轴获得 18 级不同的转速。

（1）主轴电动机 M1 的起动 分析电路时注意 SQ7 处于图上的不受力状态。起动前，先根据加工要求，把转换开关 SA4 扳到主轴所需要的旋转方向，合上电源开关 QF，然后按下起动按钮 SB3（或 SB4），接触器 KM1 的线圈得电自锁，KM1 主触点闭合，主轴电动机 M1直接起动。当电动机 M1 的转速高于 120r/min 时，速度继电器 KS 的常开触点（正转 KS1、反转 KS2）会因离心力而闭合，为主轴电动机 M1 的停车制动做好准备。

（2）主轴电动机 M1 的停车制动 加工完工件，当需要主轴电动机 M1 停转时，按停止按钮 SB1（或 SB2），接触器 KM1 线圈断电释放，同时接触器 KM2 线圈得电自锁，KM2 主触点闭合，使主轴电动机 M1 的电源相序改变，串电阻进行反接制动。当主轴电动机转速低于 100r/min 时，速度继电器 KS 的常开触点自动断开，使电动机 M1 的反向电源切断，制动过程结束，电动机 M1 停转。

（3）主轴变速时的冲动控制 主轴变速时的冲动控制，是利用变速手柄、行程开关 SQ7 和变速数字盘的机电联合控制实现的。既可以停车变速，又可以运行时变速。

当需要对主轴变速时，操作过程是：a）先把变速手柄拉出，这时变速操纵机构会触动行程开关 SQ7，使之处于受力状态：$SQ7_2$ 断开、$SQ7_1$ 闭合，与图上状态相反，从电路图可以看出接触器 KM2 线圈瞬时得电吸合，如果主轴电动机 M1 原来处于转动状态，则会立即反接制动并反向低速运行，如果原来主轴是停止的，SQ7 就使得主轴开始反向低速转动。主轴的低速转动有利于转动变速盘时的齿轮啮合。b）转动变速盘，选择所需的转速，再把变速手柄以较快的速度推回原来的位置。当变速手柄推回原来位置时，行程开关 SQ7 恢复不受力状态。接触器 KM2 又断电释放，主轴电动机 M1 断电停转，主轴的变速冲动操作结束。

总之，主轴变速冲动过程就是行程开关 SQ7 短时受压又恢复原状、主轴短时低速运转，与机械变速严密配合的过程。当主轴重新起动后，就会按新的转速运行。

3. 工作台进给电动机 M2 的控制

转换开关 SA1 是用来控制圆工作台接通与停止的主令电器，其内部有三对触点 $SA1_1$、$SA1_2$ 和 $SA1_3$，当圆工作台使用或停用时，SA1 的状态如表 3-1 所示（"＋"表示触头接通，"－"表示触头断开）。

表 3-1　圆工作台转换开关工作状态

触点	位　置	
	接通圆工作台	断开圆工作台
$SA1_1$	−	+
$SA1_2$	+	−
$SA1_3$	−	+

由表 3-1 可以看出，在不需要圆工作台旋转时，转换开关 SA1 的触头 $SA1_1$ 和 $SA1_3$ 闭合，常开触头 $SA1_2$ 断开。

万能铣床要求在主轴电动机起动后，才能起动进给电动机。所以电路原理图设计为主轴电动机 M1 的控制接触器 KM1 动作后，由其辅助常开触点（从 12 号线）把工作台进给运动控制电路的电源接通，即 KM1 得电，工作台才能运动。

工作台的运动方向有上下、左右、前后六个方向。

（1）工作台左右（纵向）运动的控制　工作台左右运动是用工作台进给电动机 M2 来拖动的，由工作台纵向操纵手柄来控制。此手柄是复式的，一个安装在工作台底座的顶面中央部位，另一个安装在工作台底座的左下方。手柄有三个位置：向右、向左、中间。工作台纵向操纵手柄在不同位置会压到两个行程开关 SQ1、SQ2，这些行程开关的工作状态见表 3-2。

表 3-2　工作台纵向行程开关工作状态

触点	纵向操纵手柄		
	向左	中间（停）	向右
$SQ1_1$	−	−	+
$SQ1_2$	+	+	−
$SQ2_1$	+	−	−
$SQ2_2$	−	+	+

工作台移动的前提条件是"主轴已起动"，即 12 号线得电。

如将工作台移动手柄扳到中间位置时，纵向传动丝杠的离合器脱开，行程开关 $SQ1_1$、$SQ2_1$ 均不受力，符合原理图 3-5 中 SQ1（含 $SQ1_1$、$SQ1_2$）、SQ2（含 $SQ2_1$、$SQ2_2$）的图中所示状态。这时 KM3、KM4 均不得电，进给电动机 M2 断电，工作台不运动。

工作台向右移动：把手柄扳到向右，这时，手柄的联动机构一方面与纵向传动丝杠的离合器接合，另一方面压下行程开关 SQ1，其触点动作，图 3-5 中 $SQ1_1$ 闭合、$SQ1_2$ 断开，电流从 12 号线流经 $SQ6_2 \rightarrow SQ4_2 \rightarrow SQ3_2 \rightarrow SA1_1 \rightarrow SQ1_1$ 后使接触器 KM3 线圈得电，其主触点闭合，电动机 M2 正转。

工作台向左移动：把手柄扳到向左，这时，手柄的联动机构一方面与纵向传动丝杠的离合器接合，另一方面压下行程开关 SQ2，其触点动作，图 3-5 中 $SQ2_1$ 闭合、$SQ2_2$ 断开，电流从 12 号线流经 $SQ6_2 \rightarrow SQ4_2 \rightarrow SQ3_2 \rightarrow SA1_1 \rightarrow SQ2_1$ 使接触器 KM4 线圈得电，其主触点闭合，电动机 M2 反转。

工作台左右运动的行程可通过调整安装在工作台两端的机械挡铁位置来控制，当工作台纵向运动到极限位置时，挡铁撞动纵向操纵手柄，使它回到中间位置，工作台停止运动，从而实现纵向运动的终端保护。

（2）工作台的上下（升降）和前后（横向）运动的控制　工作台的上下运动和前后运

动由十字复式操纵手柄来控制。操纵手柄的联动机构与行程开关 SQ3 和 SQ4 相连接，行程开关装在工作台的左侧，此手柄有五个位置，即上、下、前、后和中间位置。工作台横向、升降行程开关工作状态见表 3-3。

表 3-3　工作台横向、升降行程开关工作状态

触点	升降及横向操纵手柄		
	向前 向下	中间 （停）	向后 向上
SQ3$_1$	+	−	−
SQ3$_2$	−	+	+
SQ4$_1$	−	−	+
SQ4$_2$	+	+	−

读原理图仍需注意，工作台运动的前提条件是"主轴已起动"，即 12 号线得电。

当十字手柄处于中间位置时，行程开关 SQ3 和 SQ4 处于不受力状态，符合原理图 3-5 中 SQ3（含 SQ3$_1$、SQ3$_2$）、SQ4（含 SQ4$_1$、SQ4$_2$）的图中所示。这时 KM3、KM4 均不得电，进给电动机 M2 断电，工作台不运动。

工作台向上运动：在主轴起动后，需要工作台向上进给运动时，将十字手柄扳至"向上"位置，其联动机械一方面接合垂直传动丝杠的离合器，为垂直运动做好准备；另一方面压下行程开关 SQ4，使其常闭触点 SQ4$_2$ 断开，常开触点 SQ4$_1$ 闭合，电流从 12 号线经 SA1$_3$→SQ2$_2$→SQ1$_2$→SA1$_1$→SQ4$_1$ 使得接触器 KM4 线圈得电，KM4 主触点闭合，电动机 M2 反转，工作台向上运动。

工作台向下运动：当操纵手柄扳"向下"位置，其联动机械一方面使垂直传动丝杠的离合器接合，为垂直运动做好准备；另一方面压合行程开关 SQ3，其常闭触点 SQ3$_2$ 断开，常开触点 SQ3$_1$ 闭合，电流从 12 号线经 SA1$_3$→SQ2$_2$→SQ1$_2$→SA1$_1$→SQ3$_1$ 使得接触器 KM3 线圈得电，KM3 主触点闭合，电动机 M2 正转，工作台向上运动。

工作台向后运动：当操纵手柄扳"向后"位置时，其联动机械一方面使横向传动丝杠的离合器接合，为横向运动做好准备。另一方面压下行程开关 SQ4，使其常闭触点 SQ4$_2$ 断开，常开触点 SQ4$_1$ 闭合，电流从 12 号线经 SA1$_3$→SQ2$_2$→SQ1$_2$→SA1$_1$→SQ4$_1$ 使得接触器 KM4 线圈得电，KM4 主触点闭合，电动机 M2 反转，工作台向后运动。

工作台向前运动：将手柄扳"向前"位置时，机械联锁机构也会将横向传动丝杠的离合器接合，为横向运动做好准备。同时压下行程开关 SQ3，其常闭触点 SQ3$_2$ 断开，常开触点 SQ3$_1$ 闭合，电流从 12 号线经 SA1$_3$→SQ2$_2$→SQ1$_2$→SA1$_1$→SQ3$_1$ 使得接触器 KM3 线圈得电，KM3 主触点闭合，电动机 M2 正转，工作台向上运动。

对电路分析来说，工作台的"向前"与"向下"运动使用的是同一个电流通路；而"向后"与"向上"运动在控制电路上也没有区别。与十字手柄联动的机械机构会相应切换垂直运动和横向运动传动链，区分两种不同的运动。

十字手柄的五个位置是联锁的，各方向的进给不能同时接通。当工作台运动到上、下、前、后极限位置时，床身上安装的挡铁会撞动十字手柄使之回到中间位置，迫使工作台停止运动。

（3）工作台进给运动时的变速冲动控制　工作台在以上六个方向的运动均可以实现多个速度的运行。其变速过程与主轴变速过程相类似。在改变工作台进给速度时，为了使齿轮易于啮合，也需要进给电动机 M2 瞬时冲动一下。变速必须在进给电动机停止时进行。变速

时，先起动主轴电动机 M1，再将蘑菇形进给变速手轮向外拉出并转动手轮，调整所需的进给速度，然后再把蘑菇形手轮用力向外拉到极限位置并立即推回原位，就在把蘑菇形手轮用力拉到极限位置瞬间，其连杆机构瞬时压下行程开关 SQ6，使 $SQ6_2$ 断开、$SQ6_1$ 闭合，电流经 $12 \rightarrow SA1_3 \rightarrow SQ2_2 \rightarrow SQ1_2 \rightarrow SQ3_2 \rightarrow SQ4_2 \rightarrow SQ6_1$ 使得接触器 KM3 线圈得电，进给电动机 M2 正转，由于变速时间很短，故进给电动机 M2 也只是瞬时接通即瞬时冲动一下，从而保证变速齿轮易于啮合。当手柄推回原位后，行程开关 SQ6 复位，接触器 KM3 线圈断电释放，进给电动机 M2 瞬时冲动结束。

（4）工作台的快速移动控制 在纵向、横向和垂直六个方向上工作台均可以快速移动，快速移动是由快速移动电磁铁 YA 控制的。动作过程如下：

主轴电动机 M1 起动后，将进给操纵手柄扳到需要的位置，工作台按照选定的速度和方向做进给运动。若需要快速移动时，按下快速移动按钮 SB5（或 SB6），使接触器 KM5 线圈得电，KM5 主触头闭合，电磁铁 YA 线圈就会得电吸合，通过杠杆使磨擦离合器合上，减少中间传动装置，使工作台按原运动方向做快速移动；当松开快速移动按钮 SB5（或 SB6）时，电磁铁 YA 断电，磨擦离合器分离，快速移动停止，工作台仍按原进给速度继续运动。工作台快速移动是点动控制。

若要求快速移动在主轴电动机不转情况下进行，应将主轴电动机 M1 的转换开关 SA4 扳在"停止"位置，然后按起动按钮 SB3（或 SB4），使得 KM1 得电，再操作十字手柄按需要方向起动进给电动机 M2，进给电动机起动后，按下 SB5（或 SB6），工作台就可在主轴电动机不转的情况下获得快速移动。

（5）工作台各运动方向的联锁 由于工作台在同一时间内，只允许向一个方向运动，这种联锁是利用机械和电气的方法来实现的。例如工作台向左、向右控制，是同一手柄操作的，手柄本身起到左右运动的机械联锁作用。同理，工作台的横向和升降运动四个方向的联锁，是由十字手柄本身来实现的。而工作台的纵向与横向、升降运动的联锁，则是利用电气方法来实现的。由纵向进给操作手柄控制的 $SQ1_2 - SQ2_2$ 和横向、升降进给操作手柄控制的 $SQ3_2 - SQ4_2$ 组成的两条并联支路控制接触器 KM3 和 KM4 的线圈，若两个手柄都扳动，会把这两个支路都断开，使 KM3 或 KM4 都不能工作，达到联锁目的，防止两个手柄同时操作而损坏机构。

（6）圆工作台控制 为了扩大机床的加工能力，可在工作台上安装圆工作台。在使用圆工作台时，工作台纵向及十字操作手柄都应置于中间位置。在机床起动前，先将圆工作台转换开关 SA1 扳到"接通圆工作台"位置，此时 $SA1_2$ 闭合，$SA1_1$ 和 $SA1_3$ 断开，当按下主轴起动按钮 SB3 或 SB4，主轴电动机便起动，而进给电动机也因接触器 KM3 得电而旋转，电流的路径为 $12 \rightarrow SQ6_2 \rightarrow SQ4_2 \rightarrow SQ3_2 \rightarrow SQ1_2 \rightarrow SQ2_2 \rightarrow SA1_2 \rightarrow KM3$ 线圈 $\rightarrow KM4$ 常闭触点 $\rightarrow 20$。电动机 M2 正转，并带动圆工作台单向运转，其旋转速度也可通过蘑菇形变速手轮进行调节。由于圆工作台的控制电路中串联了 SQ1～SQ4 的常闭触点，所以扳动工作台任一方向的进给操作手柄，都将使圆工作台停止转动，起到圆工作台转动与工作台三个方向移动的联锁保护作用。

4. 冷却泵电动机 M3 的控制

将转换开关 SA2 合上，接触器 KM6 线圈得电吸合，冷却泵电动机 M3 起动，通过机械机构将冷却液输送到机床切削部分。

5. 照明电路

机床照明电路由变压器 TC 供给 36V 安全电压，并由开关 SA3 控制。

6. 保护环节

由 FU1、FU2 实现主电路的短路保护，FU3 作为照明电路的短路保护，FU4 实现控制电路的短路保护。

M1、M2、M3 为连续工作制电动机，由 FR1、FR2、FR3 实现过载保护，热继电器的常闭触点串在控制电路中，当主轴电动机 M1、进给电动机 M2 或冷却泵电动机 M3 中的任一台过载时，FR1、FR2 或 FR3 动作切断整个控制电路的电源。

四、X6132 卧式万能铣床电气控制电路的特点

从上述分析，可知 X6132 卧式万能铣床电气控制电路有以下特点：

1）电气控制电路与机械配合相当密切，因此分析中要详细了解机械机构与电气控制的关系。

2）运动速度的调整主要是通过机械方法，因此简化了电气控制系统中的调速控制电路，但机械结构就相对比较复杂。

3）控制电路中设置了变速冲动控制，从而使变速顺利进行。

4）采用两地控制，操作方便。

5）具有完整的电气联锁，并具有短路、零压、过载及行程限位保护环节，工作可靠。

第四节　T618 型卧式镗床的电气控制电路分析

镗床是冷加工中使用比较普通的设备，它是一种精密加工机床，主要用于加工工件的精密圆柱孔系。这些孔的轴线往往要求严格地平行或垂直，相互间的距离也要求很准确。这些要求都是钻床难以达到的。而镗床本身刚性好，其可动部分在导轨上的活动间隙很小，且有附加支撑，所以，能满足上述加工要求。

按其结构形式不同，镗床可以分为卧式镗床和立式镗床两种。按用途的不同，镗床可分为卧式镗床、坐标镗床、金刚镗床及专门化镗床等。其中以卧式镗床应用最为广泛，它是一种用于加工各种复杂的大型工件，如箱体零件、机体等，是一种功能很广的机床。除了镗孔外，还可以进行钻、扩、绞孔，以及车削内外螺纹、用丝锥攻螺纹、车外圆柱面和端面。安装了端面铣刀与圆柱面铣刀后，还可以完成铣削平面等多种工作。因此，在卧式镗床上，工件一次安装后，即能完成大部分表面的加工，有时甚至可以完成全部加工，这在加工大型及笨重的工件时，具有特别重要意义。

一、卧式镗床的主要结构及运动情况

T618 型号含义：T—镗床，61—卧式镗床组和系，8—最大镗杆直径为 80mm。卧式镗床的外形如图 3-6 所示。床身是由整体的铸件制成，床身的一端装有固定不动的前立柱，在前立柱的垂直导轨上装有镗头架，它可以沿导轨上下移动。镗头架上安装了主轴部件、变速箱、进给箱与操纵机构等部件。切削刀具安装在镗轴前端的锥孔里，或装在花盘的刀具溜板上。在工作过程中，镗轴一面旋转，一面

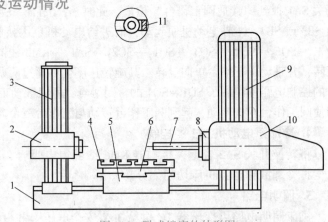

图 3-6　卧式镗床的外形图

1—床身　2—尾座　3—后立柱　4—工作台　5—下溜板　6—上溜板　7—镗轴　8—花盘　9—前立柱　10—镗头架　11—刀具溜板

沿轴线做进给运动。花盘只能旋转，装在它上面的刀具溜板可在垂直于主轴轴线方向的径向做进给运动。花盘主轴是空心轴，镗轴穿过其中空心部分，通过各自的传动链传动，因此可独立转动。一般情况下，仅使用镗轴加工就可以了，只有在车削端面时才使用花盘。

卧式镗床后立柱上安装有尾架，用来夹持装夹在镗轴上的镗杆的末端。它可随镗头架同时升降，并且其轴心线与镗头架轴心线保持在同一直线上。后立柱可沿床身导轨在镗轴轴线方向上调整位置。

工作台放在床身中部的导轨上，工作台在溜板上面，下溜板安装在床身导轨上，并可沿床身导轨做水平运动。上溜板又可沿下溜板上的导轨水平移动，工作台相对于上溜板可做回转运动。这样，工作台就可在床身上做前、后、左、右任一个方向的直线运动，并可做回旋运动。再配合镗头架的垂直移动，就可以在工件上加工一系列与轴线相平行或垂直的孔。

二、卧式镗床电力拖动及控制要求

由以上结构分析可知，卧式镗床的运动大致有三种：

主运动：镗轴的旋转运动与花盘的旋转运动。

进给运动：镗轴的轴向进给，花盘刀具沿溜板的径向进给，镗头架的垂直进给，工作台的横向进给与纵向进给；

辅助运动：工作台的回旋，后立柱的纵向移动、尾架的垂直移动及各部分的快速移动。

T618 型卧式镗床是使用最为广泛的一种镗床，它对电力拖动及控制有如下要求：

1）由于进给运动直接影响切削量，而切削量又与主轴转速、刀具、工件材料、加工精度等因素有关，所以一般卧式镗床主运动与进给运动由一台主轴电动机拖动。由于主运动和进给运动均要求有较大的调速范围，且要求恒功率调速，T618 采用双速电动机作为主拖动电动机，主电动机功率 5.5kW，要求高速运行时必须经低速起动，并采用机电联合调速，简化机床的传动机构且扩大调速范围。主轴转速分 18 级，调速范围 8 ~ 1000r/min。

2）由于进给运动有几个相反方向（主轴轴向、花盘径向、主轴垂直运动、工作台横向、纵向）的运动，所以要求主电动机能正反转。

3）为机床调整方便，主轴能做正反向低速点动。

4）为使主轴迅速准确停车，主轴电动机应具有制动措施，本机床采用电磁铁带动的机械制动装置。

5）为缩短时间，要求各工作进给能快速运动，由一台 2.2kW 的电动机来拖动。

6）由于镗床运动部件较多，应设置必要的联锁和保护，并使操作尽量集中。

三、T618 型卧式镗床的电气控制电路分析

T618 型卧式镗床电气控制电路如图 3-7 所示。

1. 主电路分析

T618 型卧式镗床有两台电动机，M1 为主电动机，M2 为快速移动电动机。其中 M1 为一台 4/2 极的双速电动机。

电动机 M1 由 5 只接触器控制。其中 KM1、KM2 为电动机正反转控制接触器，KM3 为低速起动接触器，接触器 KM4、KM5 用于电动机的高速起动运行。KM3 通电时，将电动机定子绕组接成三角形，电动机为 4 极低速运行；KM4、KM5 通电时，将电动机定子绕组接成双星形，电动机为 2 极高速运行。FU1 用于电路总的短路保护，FR 用作电动机 M1 的长期过载保护。

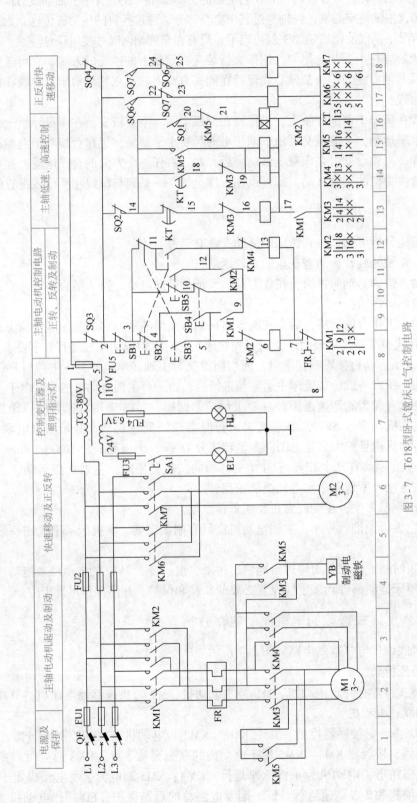

图3-7 T618型卧式镗床电气控制电路

电动机 M2 由接触器 KM6、KM7 实现正反转控制，FU2 用于电动机 M2 的短路保护。因快速移动时所需时间很短，所以 M2 实行点动控制，且无需过载保护。

2. 控制电路分析

合上电源开关 QF 后，变压器 TC 向控制电路供电，控制电路主要用于实现主轴电动机正反转控制、点动控制、制动控制及转速控制，实现快速移动电动机的点动控制。

控制电路中行程开关 SQ1 与主轴变速手柄通过机械相连，当手柄打向高速时，通过机械机构压住 SQ1，SQ1 的常开触点闭合，常闭触点断开；行程开关 SQ2 也与主轴变速手柄相连，当进行变速操作，把主轴变速手柄拉出来时，SQ2 被压下，其常开触点闭合，常闭触点断开；行程开关 SQ3 与主轴及镗头架的进给手柄相连，当主轴及镗头架进给时，SQ3 被压下，常开触点闭合，常闭触点断开；行程开关 SQ4 与工作台及主轴箱的进给手柄相连，当工作台及主轴箱进给时，SQ4 被压下，常开触点闭合，常闭触点断开；行程开关 SQ6、SQ7 与快速移动手柄相连，当快速移动时，SQ6 或 SQ7 被压下，常开触点闭合，常闭触点断开。

（1）主轴电动机的点动控制 主轴点动时，将变速手柄置于低速位置，行程开关 SQ1 不受力，其触点不动作，即常开触点 SQ1（14—20）断开。当按下 SB4（复合按钮）时，其常开触点使得 KM1 线圈得电，其常闭触点切断 KM1 线圈的自锁回路，由于 KM1 的辅助常开触点闭合，从而使 KM3 线圈得电。反映到主电路制动电磁铁 YB 也得电，松开电动机的转轴，则主轴电动机 M1 接成三角形低速正向起动；当松开 SB4 时，KM1、KM3、YB 线圈断电，电动机脱离三相电源，同时电磁铁抱闸制动，电动机很快停止转动。

同理，当按下 SB5（复合按钮）时，KM2、KM3、YB 线圈得电，电动机低速反向起动；当松开 SB5 时，KM2、KM3、YB 线圈断电，电磁抱闸制动，电动机很快停止转动。

（2）主轴电动机的起动控制

1）低速起动控制。主轴低速起动时，主轴变速手柄置于低速，行程开关 SQ1 不受力，其触点不动作，即常开触点 SQ1（14—20）断开。当按下 SB3（复合按钮）时，接触器 KM1 得电自锁，自锁电路为 3→10→9→5→6→7→8 形成回路，同时 KM1 的辅助常开触点（17—8）闭合，从而 KM3、YB 线圈得电，电动机正向连续运行。

同理当按下 SB2（复合按钮）时，KM2 线圈得电，KM2 的辅助常开触点（12—9）闭合，电路经 3→10→9→12→13→7→8 形成自锁，同时 KM2 的辅助常开触点（17—8）闭合，从而使得 KM3、YB 线圈得电，电动机反向连续运行。

2）高速起动控制。主轴变速手柄位于高速位置［SQ1（14—20）闭合］。当按下起动按钮 SB3 时，KM1 得电、KM1 的辅助常开触点（9—5）闭合自锁，KM1 的辅助常开触点（17—8）闭合，KM3、YB 线圈得电，同时时间继电器 KT 线圈得电，时间继电器计时开始，由于 KM1、KM3、YB 线圈的闭合，电动机低速正转起动，电动机以低速运行到 KT 的计时时间到时，KT 的延时断开常闭触点（14—15）断开，KT 的延时闭合常开触头（14—18）闭合，使得 KM3 线圈失电，KM3 的主触头断开，常闭触头（18—19）闭合，KM4、KM5 线圈得电并自锁，电动机接成双星形正向高速运行；同理，按下反向起动按钮 SB2 时，电动机反向高速运行。

（3）主轴电动机的停车和制动控制 T618 型卧式镗床采用电磁操作的机械制动装置，主电路中的 YB 为制动电磁铁的线圈，无论 M1 正转或反转，YB 线圈均通电吸合，松开电动机轴上的制动轮，电动机自由起动，当按下停止按钮 SB1 时，KM1、KM3、YB 线圈均断电，在强力弹簧的作用下，将制动带紧箍在制动轮上，电动机迅速停车。

（4）主轴变速和进给变速控制 主轴变速和进给变速可以在电动机 M1 运行时进行。当主轴变速手柄拉出时，限位开关 SQ2 被压下，其常闭触点（2—14）断开，所有接在其后的电器元件 KM3、KM4、KM5、KT、YB 均断电，电动机 M1 停车，当主轴速度选择好后，退回原来的位置，限位开关 SQ2 复位，其常闭触点（2—14）闭合，电动机 M1 便自动低速起动运行。同理，需要进给变速时，拉出变速操纵手柄，限位开关 SQ2 被压下而断开，电动机 M1 停车，选好合适的进给量后，退回原来的位置，限位开关 SQ2 复位，电动机 M1 便自动低速起动运行。

在操作时，可能会碰到变速手柄推不上的情况，可以来回推动几次，使手柄通过弹簧装置作用于限位开关 SQ2，使其反复通断几次，以便电动机 M1 产生低速冲动，顺利与齿轮啮合。

（5）镗头架、工作台快速移动的控制　为缩短辅助时间，提高生产率，由快速电动机 M2 经传动机构拖动镗头架和工作台做各种快速移动。运动部件及运动方向的预选由装在工作台前方的操作手柄进行，而控制则是由镗头架的快速操作手柄进行操作的。当扳动快速操作手柄时，将压合行程开关 SQ6 或 SQ7，接触器 KM6 或 KM7 通电，实现 M2 的快速正转或快速反转控制。电动机带动相应的传动机构拖动预选的运动部件快速移动。将快速移动手柄扳回原位时，行程开关 SQ6 或 SQ7 不再受压，KM6 或 KM7 断电，电动机 M2 停转，快速移动结束。

3. 照明电路

控制变压器的一组二次绕组向照明电路提供 36V 安全电压。照明灯 EL 由开关 SA1 控制。熔断器 FU3 做照明电路的短路保护，FU4 用作指示电路的短路保护。

4. 机床的联锁和保护

T618 卧式镗床工作台或主轴箱在自动进给时，不允许主轴或平旋盘刀架进行自动进给，否则将发生事故。为此设置了两个行程开关 SQ3 和 SQ4，以实现联锁保护。如前所述：行程开关 SQ3 与主轴及镗头架的进给手柄相连，行程开关 SQ4 与工作台及主轴箱的进给手柄相连，当二者有一个进给时，可以正常进行；如果两个都置于进给的位置时，SQ3 和 SQ4 的常闭触点（1—2）均断开，电动机 M1 和 M2 无法上电起动，这就避免了误操作而造成的事故。同时主电动机 M1 的正反转控制电路、高低速控制电路、快速进给电动机的控制电路也都设有联锁环节，以防止误操作而造成事故。

四、T618 卧式万能镗床电气控制电路的特点

1）主轴与进给电动机 M1 为双速电动机，低速时由接触器 KM3 控制，将定子绕组接成三角形，高速时由接触器 KM4、KM5 控制，将定子绕组接成双星形。高低速转换由主轴孔盘变速机构内的限位行程开关 SQ1 控制。低速时，可直接起动。高速时，先低速起动，而后自动转换为高速运行的二级控制，以减小起动电流。

2）电动机 M1 能可逆运行，并可正反向点动及制动。

3）主轴和进给变速均可在运行中进行。只要进行变速，M1 电动机就停止，变速完成后，可自动低速起动，使变速过程顺利进行。

4）主轴箱及工作台与主轴以单独的电动机 M2 拖动其快速移动。它们之间的进给有机械和电气联琐保护。

第五节　起重机械电气控制电路分析

一、起重机械概述

1. 用途和分类

起重机是专门用来起吊和短距离搬移重物的一种大型生产机械，通常也称为吊车、行车

或天车，广泛应用于工矿企业、车站、港口、仓库及建筑工地等场所。按其结构的不同，起重机可分为桥式起重机、门式起重机、塔式起重机、旋转起重机及缆索起重机等；按起吊的重量的不同，起重机可分为小型（5～10t）、中型（10～50t）和重型（50t以上）三级。其中，以桥式起重机的应用最为广泛，并具有一定的代表性，下面重点介绍桥式起重机及其相关知识。

2. 桥式起重机的结构及运动情况

桥式起重机由桥架、装有提升机构的小车、大车移行机构及操纵室等几部分组成，其结构示意图如图3-8所示。

（1）桥架　桥架由主梁9、端梁7等几部分组成。主梁跨架在车间上空，其两端连有端梁，主梁外侧装有走台并设有安全栏杆。桥架上装有大车拖动电动机6、交流磁力控制盘3、起吊机构和小车运行轨道以及辅助滑线架。桥架的一头装有驾驶室，另一头装有引入电源的主滑线。

（2）大车移行机构　大车移行机构是由驱动电动机、制动器、传动轴（减

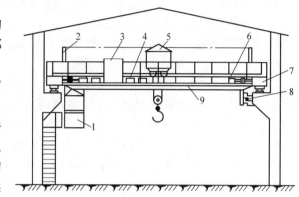

图3-8　桥式起重机结构示意图

1—驾驶室　2—辅助滑线架　3—交流磁力控制盘　4—电阻箱
5—起重小车　6—大车拖动电动机
7—端梁　8—主滑线　9—主梁

速器）和车轮等几部分组成。其驱动方式有集中驱动和分别驱动两种。整个起重机在大车移行机构的驱动下，可沿车间长度方向前后移动。

（3）小车运行机构　小车运行机构由小车架、小车移行机构和提升机构组成。小车架由钢板焊成，其上装有小车移行机构、提升机构、栏杆及提升限位开关。小车可沿桥架主梁上的轨道左右移行。在小车运动方向的两端装有缓冲器和限位开关，小车移行机构由电动机、减速器、卷筒及制动器等组成，电动机经减速后带动主动轮使小车运动。提升机构由电动机、减速器、卷筒及制动器等组成，提升电动机通过制动轮、联轴节与减速器连接，减速器输出轴与起吊卷筒相连。

通过对桥式起重机的结构分析可知，其运动形式有由大车拖动电动机驱动的前后运动、由小车拖动电动机驱动的左右运动以及由提升电动机驱动的重物升降运动三种形式，每种运动都要求有极限位置保护。

3. 桥式起重机对电力拖动和电气控制的要求

通常情况下，起重机械的工作条件十分恶劣，而且工作环境变化大，大都是在粉尘大、高温、高湿度或室外露天场所等环境中使用。其工作负载属于重复短时工作制。由于起重机的工作性质是间歇的（时开时停，有时轻载，有时重载），这就要求电动机经常处于起动、制动和反向工作状态，同时能承受较大的机械冲击，并有一定的调速要求。为此，专门设计了起重用电动机，它分为交流和直流两大类，交流起重用异步电动机有绕线转子式和笼型两种，一般在中小型起重机上用交流异步电动机，在大型起重机上一般用直流电动机。

为了提高起重的生产率及可靠性，对其电力拖动和自动控制等方面都提出了较高要求，具体如下所述。

1）空钩能快速升降，以减少上升和下降时间，轻载的提升速度应大于额定负载的提升速度。

2）具有一定的调速范围，对于普通起重机调速范围一般为3∶1，而要求高的地方则达

到 5:1 ~ 10:1。

3）在开始提升或重物接近预定位置附近时，都需要低速运行，因此应将速度分为几档，以便灵活操作。

4）提升第一档的作用是为了消除传动间隙，使钢丝绳张紧，为避免过大的机械冲击，这一档电动机的起动转矩不能过大，一般限制在额定转矩的一半以下。

5）在负载下降时，根据重物的大小，拖动电动机的转矩可以是电动转矩，也可以是制动转矩，两者之间的转换是自动进行的。

6）为确保安全，要采用电气与机械双重制动，既减小机械抱闸的磨损，又可防止突然断电而使重物自由下落造成设备和人身事故。

7）要有完备的电气保护与联锁环节。由于起重机使用很广泛，所以它的控制设备已经标准化。根据拖动电动机容量的大小，常用的控制方式有两种：一种是采用凸轮控制器直接去控制电动机的起停、正反转、调速和制动。这种控制方式由于受到控制器触点容量的限制，故只适用于小容量起重电动机的控制。另一种是采用主令控制器与磁力控制屏配合的控制方式，适用于容量较大，调速要求较高的起重电动机和工作十分繁重的起重机。对于15t以上的桥式起重机，一般同时采用两种控制方式，主提升机构采用主令控制器配合控制屏控制的方式，而大车、小车移行机构和副提升机构则采用凸轮控制器控制方式。

二、凸轮控制器控制电路分析

凸轮控制器控制电路具有线路简单、维护方便和价格低廉等优点，通常用于中小型起重机的平移机构电动机和小型提升机构电动机的控制。

图 3-9 是采用 KT14 –25J/1 与 KT14 – 60J/1 型凸轮控制器直接控制起重机平移或提升机构的起停、正反转、调速与制动的电路原理图。

1. 电动机的工作特点

本起重机械采用了三相交流绕线转子异步电动机作为提升机构的拖动电动机，被控制的绕线转子异步电动机的转子串接了不对称电阻，有利于减少转子电阻的段数及控制触点的数量。提升重物时，控制器的第 1 档为预备级，用于张紧钢丝绳，在 2、3、4、5 档时提升速度逐渐提高。图 3-10 为凸轮控制器控制的电动机机械特性。

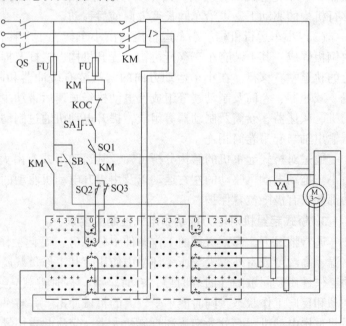

图 3-9　凸轮控制器控制电路

从特性曲线上工作点的变化，我们可以分析出其控制特点。

下放重物时，由于负载较重，电动机工作在发电制动状态，为此操作重物下降时应将控制器手柄从 0 位迅速扳至第 5 档，中间不允许停留。反向操作时，应从下降第 5 档快速扳至

0位，以免引起重物的高速下落而造成事故。

对于轻载提升，第1档为起动级，第2、3、4、5档提升速度逐渐提高，但提升速度变化不大。下降时，若吊物太轻而不足以克服摩擦转矩时，电动机工作在强力下降状态，即电磁转矩与重物重力矩方向一致。

从上述分析可知，该控制电路不能获得重载或轻载的低速下降。在下降操作中需要准确定位时（如装配中），可采用点动操作方式，即将控制器手柄扳至下降第1档后立即扳回0位，经多次点动，并配合电磁抱闸便能实现准确定位。

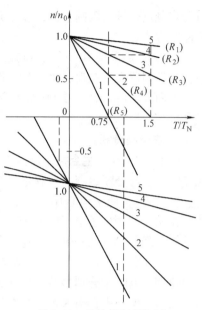

图 3-10　凸轮控制器控制
电动机的机械特性

2. 电路分析

（1）主电路分析　QS为电源开关，KOC为过电流继电器，用于过载保护，YA为三相电磁制动抱闸的电磁铁，YA断电时，在强力弹簧作用下制动器抱闸紧紧抱住电动机转轴进行制动，YA通电时，电磁铁的电磁吸力使抱闸松开。三相电动机由接触器KM实现起动和停止控制，电动机转子回路串联了几段三相不对称电阻。在控制器的不同控制位置，凸轮控制器控制转子各相电路接入不同的电阻，以得到不同的转速，从而实现一定范围的调速。

在电动机定子回路中，三相电源进线中有一相直接引入，其他两相经凸轮控制器控制。由图3-9可知，控制器手柄位于左边1~5档与位于右边1~5档的区别是两相电源互换，从而实现电动机电源的相序的改变，达到正转与反转的控制目的。电磁铁YA与电动机同时得电或失电，从而实现停电制动的目的。凸轮控制器操作手柄使电动机的定子和转子电路同时处在左边或右边对应各档控制位置。左右两边1~5档转子回路接线完全一样。当操作手柄处于第1档时，由图3-9可知接转子的各对触点都不接通，转子电路电阻全部接入，电动机转速最低。而处在第5档时，5对触点全部接通，转子电路电阻全部短接，电动机转速最高。

由此可见，凸轮控制器的控制触点串联在电动机的定子、转子回路中，用来直接控制电动机的工作状态。

（2）控制电路分析　凸轮控制器的另外三对触点串接在接触器KM的控制电路中。当操作手柄处于0位时，触点1—2、3—4、4—5接通，此时若按下SB，则接触器得电吸合并自锁，电源接通，电动机的运行状态由凸轮控制器控制。

（3）保护联锁环节分析　本控制电路有过电流、失电压、短路、安全门、极限位置及紧急操作等保护环节。其中，主电路的过电流保护由串接在主电路中的过电流继电器KOC实现，其控制触点串接在接触器KM的控制电路中，一旦发生过电流，KOC动作，KM失电而切断控制电路电源，起重机便停止工作。由接触器KM线圈和0位触点串联来实现失电压保护。操作中一旦断电，接触器释放，必须将操作手柄扳回0位，并重新按下起动按钮方能工作。控制电路的短路保护是由FU实现的，串联在控制电路中的SA1、SQ1、SQ2及SQ3分别是紧急操作、安全门开关及提升机构上极限位置与下极限位置保护限位开关。

三、主令控制器控制电路分析

由凸轮控制器组成的起重机控制电路虽然具有线路简单、操作维护方便及经济等优点，但受到触点容量的限制，调速性能并不理想，因此，常采用主令控制器与磁力控制屏相配合的控制方式。

图3-11是采用主令控制器与磁力控制屏相配合的控制电路。控制系统中只有尺寸较小的主令控制器安装在驾驶室，其余设备如控制屏、电阻箱及制动器等均安装在桥架上。

下面分析由LK1-12/90型主令控制器与PQR10A系列磁力控制屏组成的桥式起重机主提升机构的控制系统。

1. 主电路分析

LK1-12/90型主令控制器共有12对触点，提升、下降各有6个控制位置。通过12对触点的闭合与分断组合去控制定子回路与转子回路的接触器，决定电动机的工作状态（转向、转速等），使主钩上升、下降，高速及低速运行。

在图3-11中，QS1为主电路的开关，KM0与KM1为吊钩电动机正反转控制接触器（控制吊钩升降），YA为三相制动电磁铁，KOC1为过电流保护继电器，电动机转子电路中共有7段对称连接的电阻，其中前2段为反接制动电阻，由接触器KM3、KM4控制；后4段为起动加速调速电阻，分别由接触器KM5~KM8控制；最后一段为固定的软化特性电阻，一直串接在转子电路中；当KM3~KM8依次闭合时，电动机的转子回路中所串入的电阻依次减小。与主令控制器各控制位置相对应的电动机的机械特性如图3-12所示。

2. 控制电路分析

（1）正转提升控制　先合上QS1、QS2，主电路、控制电路得电，当主令控制器操作手柄置于0位时，SA-1（表示SA的第1对触点，以下类同）闭合，使电压继电器KV吸合并自锁，控制电路便处于准备工作状态。当控制手柄处于工作位置时，虽然SA-1断开，但不影响KV的吸合状态。但当电源断电后，却必须使控制手柄回到0位后才能再次起动。这就是零位保护作用。如图3-11所示，正转提升有6个控制位置，当主令控制器操作手柄转到上升第1位时，SA-3、SA-4、SA-6、SA-7闭合，接触器KM0、KM2、KM3得电吸合，电动机接上正转电源，制动电磁铁同时通电，松开电磁抱闸，由于转子电路中KM3的触点短接一段电阻，所以电动机是工作在第一象限特性曲线1上（见图3-12），对应的电磁转矩较小，一般吊不起重物，只做张紧钢丝绳和消除齿轮间隙的预备起动级。

当控制手柄依次转到上升第2、3、4、5、6位时，控制器触点SA-8~SA-12相继闭合，依次使KM4、KM5、KM6、KM7、KM8通电吸合，对应的转子电路逐渐短接各段电阻，电动机的工作点从第2条特性向第3、第4、第5并最终向第6条特性过渡，提升速度逐渐增加，可获得5种提升速度。

主令控制器手柄在提升位置时，SA-3触点始终闭合，限位开关SQ1串入控制电路起到上升限位保护作用。当达到上升的上限时，所有接触器全部断电，电动机在制动电磁铁的作用下使重物停在空中。

（2）下降操作控制　由图3-12可知，下降控制也有6个位置，根据吊钩上负载的大小和控制要求，分三种情况。

1）C位（第1档）。用于重物稳定停于空中或在空中做平移运动。由图3-11可知，此时主令控制器的SA-3、SA-6、SA-7、SA-8闭合，使KM0、KM3、KM4通电吸合，电动机定于正向通电，转子短接两段电阻，产生一个提升转矩。而此时KM2未通电，因此电磁抱闸对电动机起制动作用，此时电磁抱闸制动力矩加上电动机产生的提升转矩与吊钩上重物力矩相平衡，使重物能安全停留在空中。

该操作档的另一个作用是在下放重物时，控制手柄由下降任一位置扳回0位时，都要经

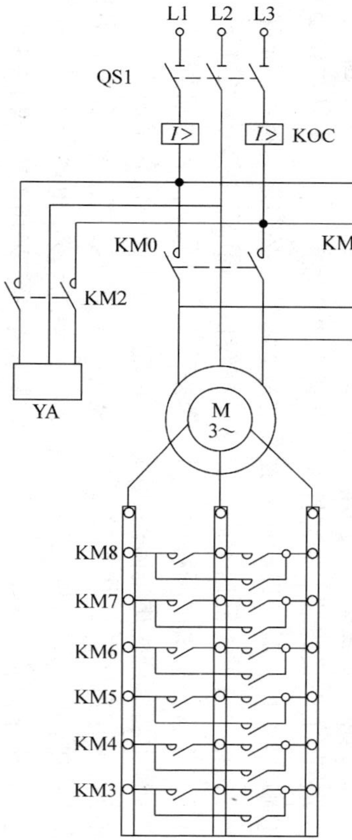

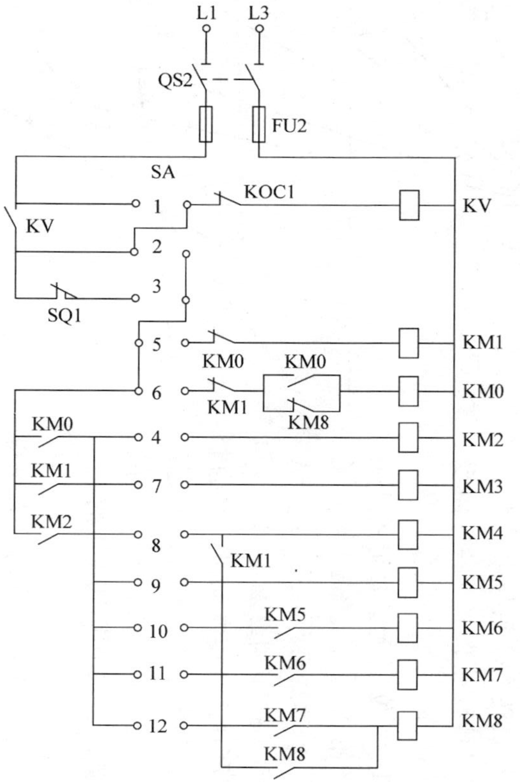

图 3-11　主令控制器与磁力控制屏相配合的控制电路

SA		下降						零位	上升					
		强力			制动									
		5	4	3	2	1	1C	0	1	2	3	4	5	6
o 1									+	+	+	+	+	+
o 2										+	+	+	+	+
o 3								+						
o 4	KM2				+	+	+							
o 5	KM1			+	+	+			+	+	+	+	+	+
o 6	KM0	+	+	+										
o 7	KM3								+	+	+	+	+	+
o 8	KM4	+	+							+	+	+	+	+
o 9	KM5	+									+	+	+	+
o 10	KM6											+	+	+
o 11	KM7												+	+
o 12	KM8	+			+									+
	KV	+	+	+	+	+	+		+	+	+	+	+	+

+表示触点闭合

过第1档，这时既有电动机的倒拉反接制动，又有电磁抱闸的机械制动，在两者共同作用下，可以防止重物的溜钩，以实现准确停车。

下降 C 位电动机转子电阻与提升第 2 位相同，所以该档机械特性为上升特性曲线 2 及其在第四象限的延伸。

2）下降第 1、2 位用于重物低速下降。操作手柄在下降第 1、2 位，SA－4 闭合，KM2 和 YA 通电，制动器松开，SA－8、SA－7 相继断开，KM4、KM3 相继断电释放，电动机转子电阻逐渐加入，使电动机产生的制动力矩减小，进而使电动机工作在不同速度的倒拉反接制动状态。获得两级重载下降速度，其机械特性如图 3-12 中第四象限的 1、2 两条特性曲线所示。

必须注意，只有在重物下降时，为获得低速才能用这两档，倘若空钩或下放轻物时操作手柄置于第 1、2 位，非但不能下降，还会由于电动机产生的提升转矩大于负载转矩

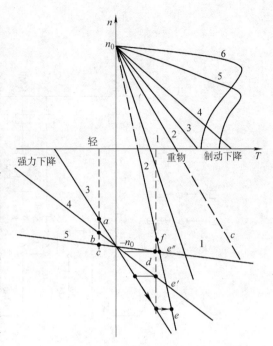

图 3-12　磁力控制屏控制的电动机的机械特性

而上升。此时，应立即将手柄推至强力下降控制位置。为防止误操作而产生空钩或轻载在第 1、2 位不下降、反而上升超过上极限位置，操作手柄在下降第 1、2 位置时 SA－3 应闭合，将上升限位保护限位开关 SQ1 串入控制电路，以实现上升极限位置保护作用。

3）下降第 3、4、5 位为强力下降。当操作手柄在下降第 3、4、5 位置时，KM1 及 KM2 得电吸合，电动机定子反向通电，同时电磁抱闸松开，电动机产生的电磁转矩与吊钩负载力矩方向一致，强迫推动吊钩下降，故称为强力下降，适用于空钩或轻物下降，因为提升机构存在一定摩擦阻力，空钩或轻载时的负载力矩不足以克服摩擦转矩自动下降。

从第 3 位到第 5 位，转子电阻依次被切除，可以获得三种强力下降速度，电动机的工作特性对应于图 3-12 中第三象限的 3、4、5 三条特性曲线。

3. 控制电路的保护环节

由于起重机控制是一种远距离控制，很可能发生判断失误。例如，实际上是一个重物下降，而司机估计不足，以为是轻物，将操作手柄扳到下降第 5 位，在电磁转矩及重物力矩的共同作用下，电动机的工作状态沿下降特性 5 过渡到第四象限的 d 点，电动机转速超过同步转速而进入发电制动状态。这时，以高速下放重物是危险的，必须迅速将手柄从第 5 位转到下降第 1 或第 2 位，以获得重物低速下降。但是，在转位过程中手柄必须经过下降的第 4、第 3 位，电动机的工作状态将沿下降特性 4 到下降特性 3 一直到 e 点再过渡到 f 点，才稳定下来。而在转位过程中将会产生更危险的超高速，可能发生人身及设备事故。为避免因判断错误而引起的重物高速下降危险，从下降第 5 位回转第 2 位或第 1 位的过程中，希望从特性 5 上的 d 点直接过渡到 f 点稳定下来，即希望在转换过程中，转子电路中不串入电阻，使电动机工作点变化保持在下降特性 5 上。为此，在控制电路中，采用 KM1 和 KM8 常开触点串联，使 KM8 通电后自锁，转换中经 4、3 位时，KM8 保持吸合，电动机始终运行在下降特性 5 上，由 d 点经 e 点平稳过渡到 f 点，最后稳定在低速下降状态，避免超高速下降出现的危

险。在 KM8 自锁触点回路中串入 KM1 触点的目的是不影响上升操作的调速性能。

在下降第 3 位转到第 2 位时，SA-5 断开，SA-6 接通，KM1 断电，KM0 通电吸合，电动机由电动状态进入反接制动状态。为了避免反接时的冲击电流和保证正确进入第 2 位的反接特性，应使 KM8 立即断开，以加入反接制动电阻，并且要求只有在 KM8 断开之后，KM0 才能闭合。采用 KM8 常闭触点和 KM0 常开触点并联的联锁触点，以保证在 KM8 常闭触点复位后，KM0 才能吸合并自锁。此环节也可防止由于 KM8 主触点因电流过大而烧结，使转子短路，造成提升操作时直接起动的危险。

控制电路中采用了 KM0、KM1、KM2 常开触点并联，是为了在下降第 2 位、第 3 位转换过程中，避免高速下降瞬间机械制动引起强烈振动而损坏设备和发生人身事故。因 KM0 与 KM1 之间采用了电气互锁，一个释放后，另一个才能接通。换接过程中必然有一瞬间两个接触器均不通电，这就会造成 KM2 突然失电而发生突然的机械制动。采用三个触点并联，则可避免以上情况。

为了保证各级电阻按顺序切除，在每个加速电阻接触器电路中都串入了上一级接触器的常开辅助触点，因此只有上一级接触器投入工作后，后一级接触器才能吸合，以防止工作顺序错乱。此外，该电路还具有零位保护、零电压保护、过电流保护及上限位置保护的作用。

思考题与习题

3-1　电气控制系统分析的任务是什么？包括哪些内容？应达到什么要求？

3-2　在电气控制系统分析中，主要分析哪些技术资料和文件？各有什么用途？

3-3　分析电气原理图的步骤是什么？一般多采用哪种分析方法？

3-4　C6140 型车床主轴的正反转是如何实现的？电路有哪些保护？

3-5　C61100 卧式车床的电气控制原理图中的电流互感器有何作用？

3-6　X6132 型万能铣床控制电路中的变速冲动有什么意义？说明其工作过程。

3-7　说明 X6132 型万能铣床的主轴制动过程，以及主轴运动与工作台运动的联锁关系。

3-8　说明 X6132 型万能铣床控制电路中工作台的七种运动的工作原理及联锁保护。

3-9　说明 T618 型镗床的电气控制电路中主轴的正反转控制过程及制动过程。

3-10　说明 T618 型镗床的电气控制电路中主轴低速起动过程和由低速向高速运行的控制过程。

3-11　说明 T618 型镗床的主轴变速与进给变速过程。

3-12　起重机有哪几种分类？

3-13　桥式起重机的包含哪些部件？对电力拖动和电器控制的要求是什么？

3-14　起重机有哪几种控制方式？在使用场合上有何区别？

3-15　说明凸轮控制器控制的起重机有哪些保护？它的提升过程如何实现？

3-16　说明主令控制器与磁力控制屏相配合控制的起重机有哪些保护？提升机构如何工作？

第四章

电气控制系统的设计

电气控制系统的设计主要包括原理设计和工艺设计两个方面。原理设计决定着生产机械设备的合理性与先进性，工艺设计决定了电气控制系统是否具有生产可行性、经济性、美观性、使用维修方便等特点，所以电气控制系统设计要全面考虑这两方面的内容。

本章在前面各章分析的基础上，在熟练掌握典型环节控制电路、具有对一般电气控制电路分析能力之后，讨论电气控制系统的设计过程和具有共性的设计问题。

第一节　电气控制系统设计的基本内容

生产机械种类繁多，其动作时序也各不相同，所以电气控制方案也各不相同。设计工作的首要问题是树立正确的设计思想和工程实践的观点。

电气控制系统设计的基本任务是根据控制要求设计、编制出设备制造、使用和以后维修中所必需的图样、资料等。图样包括电气原理图、电气系统的组件划分图、元器件布置图、电气安装接线图、电气箱图、控制面板图、电器元件安装底板图和非标准件加工图等；另外，还要编制外购件目录、单台材料消耗清单、设备说明书等文字资料。设计内容主要包含原理设计与工艺设计两个部分。下面以电力拖动控制设备为例，说明其设计内容及相应的设计步骤。

1. 电气原理设计内容

电气控制系统原理设计的主要内容如下。

1）拟订电气设计任务书。设计任务书是整个电气控制系统的设计依据。电气控制系统的设计任务书中主要包括：设备名称、用途、基本结构、动作要求及工艺过程介绍；电力拖动的方式及控制要求；联锁、保护要求；自动化程度、稳定性及抗干扰要求；操作台、照明、信号指示、报警方式要求；设备验收标准等。

2）确定电力拖动方案，选择电动机，确定控制方式。根据零件加工精度、加工效率要求、生产机械的结构、运动部件的数量、运动要求、负载性质、调速要求及投资额等条件确定电动机的类型、数量和传动方式，并拟订电动机起动、运行、调速、转向及制动等控制方案。电力拖动方案的确定主要从拖动方式、调速方案、电动机调速性质与负载特性适应性三个方面考虑，控制方式应实现拖动方案的控制要求。随着现代电气技术的迅速发展，生产机械电力拖动的控制方式从传统的继电器-接触器控制向 PLC 控制、CNC 控制及计算机网络控制等方面发展，控制方式越来越多。控制方式的选择应在经济、安全的前提下，最大限度地满足工艺的要求。

3）设计电气控制原理图，计算主要技术参数。

4）选择电器元件，制订元器件明细表。

5）编写设计说明书和使用说明书。

2. 电气工艺设计内容

进行工艺设计主要是为了便于组织电气控制系统的制造，从而实现原理设计提出的各项技术指标，并为设备的调试、维护与使用提供相关的图样资料。工艺设计的主要内容如下。

1）设计电气总布置图、总安装图与总接线图。

2）设计组件布置图、安装图和接线图。

3）设计电气箱、操作台及非标准零部件。

4）列出元器件清单。

5）编写使用维护说明书。

第二节　电气控制电路的基本设计方法和步骤

电气控制电路设计是原理设计的核心内容，各项设计指标通过它来实现，而且它又是工艺设计和各种技术资料的依据。

一、电气控制电路的基本设计方法

电气控制电路设计的方法主要有经验设计法和逻辑设计法两种。

1. 经验设计法

经验设计法是根据生产工艺的要求选择适当的基本控制环节（单元电路）或将比较成熟的电路按其联锁条件组合起来，并经补充和修改，综合成满足控制要求的完整电路。当没有现成的典型环节时，可根据控制要求边分析边设计。

经验设计法的优点是设计方法简单，无固定的设计程序，它是在熟练掌握各种电气控制电路的基本环节和具备一定的阅读分析电气控制电路能力的基础上进行的，容易为初学者所掌握，对于具备一定工作经验的电气技术人员来说，能较快地完成设计任务，因此在电气设计中被普遍采用。其缺点是设计出的方案不一定是最佳方案，当经验不足或考虑不周全时会影响电路工作的可靠性。为此，应反复审核电路工作情况，有条件时还应进行模拟试验，发现问题及时修改，直到电路动作准确无误，满足生产工艺要求为止。

2. 逻辑设计法

逻辑设计法是利用逻辑代数来进行电路设计，从生产机械的拖动要求和工艺要求出发，将控制电路中的接触器、继电器线圈的通电与断电，触点的闭合与断开，主令电器的接通与断开看成逻辑变量，根据控制要求将它们之间的关系用逻辑关系式来表达，然后再化简，做出相应的电路图。

逻辑设计法的优点是能获得理想、经济的方案，但这种设计方法难度较大，整个设计过程较复杂，不易掌握，所设计出来的电路不太直观，随着 PLC 的出现和 PLC 技术的发展，PLC 基本取代了继电器–接触器控制系统，因此，逻辑设计法的使用越来越少。

二、电气原理图设计的基本步骤

电气原理图设计的基本步骤如下。

1）根据确定的拖动方案和控制方式设计系统的原理框图。

2）设计出原理框图中各部分的具体电路。设计时，按主电路、控制电路、辅助电路及联锁与保护电路的先后顺序进行，并反复检查，逐渐修改完善。

3）绘制总原理图。

4）适当选用电器元件，并制订元器件明细表。

设计过程中，可根据控制电路的难易程度适当地应用上述步骤。

三、电气原理图设计中的注意事项

一般来说，电气原理图应满足生产机械加工工艺的要求，电路要具有安全可靠、操作和维修方便、设备投资少等特点，为此，必须正确地设计控制电路，合理地选择电器元件，从而满足生产工艺的要求。

1）尽量减少控制电路的电源种类。对于比较简单的控制电路，且电器元件不多时，往往直接采用交流 380V 或 220V 电源，不用控制电源变压器。对于比较复杂的控制电路，应采用控制电源变压器，将控制电压降到 110V 或 48V、24V。这种方案对维修、操作以及电器元件的工作可靠均有利。

对于操作比较频繁的直流电力传动的控制电路，常用 220V 或 110V 直流电源供电。直流电磁铁及电磁离合器的控制电路，常采用 24V 直流电源供电。

常用的控制电压等级见表 4-1。

表 4-1　常用控制电压等级

控制电路类型		常用的电压值/V	电源设备
较简单交流电力传动的控制电路	交流	380 220	电网
较复杂交流电力传动的控制电路		110（127） 48	控制电源变压器
照明及信号指示电路		48 24 6	控制电源变压器
直流电力传动的控制电路	直流	220 110	整流器或直流发电机
直流电磁铁及电磁离合器的控制电路		48 24 12	整流器

2）尽量减少电器的数量并尽量选用相同型号的电器元件和标准件。

3）尽量缩短连接导线的长度和数量。对于串联电路，电器元件或触点位置互换时，并不影响其工作原理，但在实际运行中，将影响电路安全并关系到导线长短。如图 4-1 所示的两种接法，两者工作原理相同，但是采用图 4-1a 接法既不安全又浪费导线，因为限位开关 SQ 的动合和动断触点靠得很近，在触点断开时，由于电弧可能造成电源短路，很不安全，而且这种接法 SQ 要引出四根导线，很不合理；图 4-1b 所示的接法较为合理，只需引出 3 根导线。

4）正确连接电器线圈。交流电压线圈通常不能串联使用，即使是两个同型号电压线圈，也不能采用串联后接在 2 倍线圈额定电压的交流电源上，以免电压分配不均引起工作不可靠，如图 4-2 所示。

在直流控制电路中，对于电感较大的电器线圈，如电磁阀、电磁铁或直流电动机励磁线圈等，不宜与同电压等级的接触器或中间继电器直接并联使用。如图 4-3a 所示，当触点 KM 断开时，电磁铁 YA 线圈两端产生较大的感应电动势，加在中间继电器 KA 的线圈上，造成 KA 的动作。为此在 YA 线圈两端并联放电电阻 R，并在 KA 支路串入 KM 常开触点，如图 4-3b 所示，这样电路就能可靠工作了。

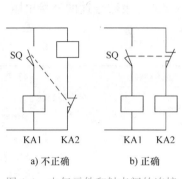

图 4-1　电气元件和触点间的连接

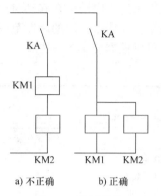

图 4-2　线圈连接

5）防止出现寄生电路。寄生电路是指在控制电路的动作过程中，意外出现不是由于误操作而产生的接通电路。图 4-4 是一个具有指示灯和过载保护的电动机正、反转控制电路。正常工作时，能完成正反向起动、停止与信号指示。但当 FR 动作断开后，电路出现了如图中虚线所示的寄生电路，使接触器 KM1 不能可靠释放而无法实现过载保护。如果将 FR 触点位置移到 SB1 上端，就可避免产生寄生电路了。

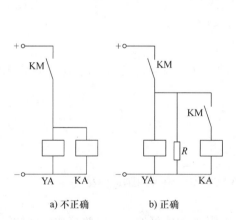

图 4-3　大电感线圈与直流继电器线圈的连接

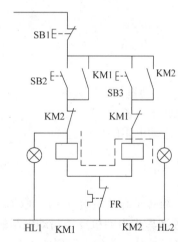

图 4-4　寄生回路

6）具有必要的保护环节。控制电路在事故情况下，应能保证操作人员、电气设备及生产机械的安全，并能有效地控制事故不再扩大。为此，在控制电路中应采取一定的保护措施。常用的有漏电保护、过载、短路、过电流、过电压、失电压、联锁与行程保护等措施，必要时还可设置相应的指示信号。

第三节　电气控制电路设计的主要参数计算和电器元件的选择

在电气控制原理电路图设计完成后，要选择各种电器。正确合理地选择电器元件是控制电路安全、可靠工作的重要保证。下面介绍电路中的主要参数的计算和常用电器元件的选择。

一、异步电动机起动、制动电阻的计算

1. 三相绕线转子异步电动机起动电阻的计算

绕线转子异步电动机在起动时，常采用转子串电阻减压起动的方法来降低起动电流，增加起动转矩，并获得一定的调速范围，因此要选择大小合适、级数合适的外接电阻。通常，电阻级数可以根据表4-2来选取。

表 4-2　电阻级数及选择

电动机容量/kW	起动电阻的级数			
	半负荷起动		全负荷起动	
	平衡短接法	不平衡短接法	平衡短接法	不平衡短接法
100 以下	2 ~ 3	4 级以上	3 ~ 4	4 级以上
100 ~ 400	3 ~ 4	4 级以上	4 ~ 5	5 级以上
400 ~ 600	4 ~ 5	5 级以上	5 ~ 6	6 级以上

下面介绍采用平衡短接法起动时的电阻阻值的计算。各级起动电阻计算公式如下：

$$R_n = k^{m-n} r$$

式中，n 为各级起动电阻的序号，$n=1$ 数值最小，为最先被短接的电阻；m 为起动电阻级数；k 为常数；r 为最后被短接的那一级电阻值。

k、r 可分别由下面两个公式计算：

$$k = \sqrt[m]{\frac{1}{s}}$$

$$r = \frac{E_2 (1-s)}{\sqrt{3} I_2} \frac{k-1}{k^m-1}$$

式中，s 为电动机额定转差率；E_2 为正常工作时电动机转子反电动势（V）；I_2 为正常工作时电动机转子电流（A）。

各相起动电阻的功率选择：

$$P = \left(\frac{1}{2} \sim \frac{1}{3}\right) I_{2S}^2 R$$

式中，I_{2S} 为转子起动电流（A），取 $I_{2S} = 1.5 I_{2N}$；R 为每相的串联电阻（Ω）。

2. 笼型异步电动机反接制动电阻的计算

反接制动时，三相定子回路中各相串联的限流电阻 R 的值可按下面经验公式近似估算：

$$R \approx k \frac{U_2}{I_s}$$

式中，U_2 为电动机定子绕组相电压（V）；I_s 为全压起动电流（A）；k 为系数，当最大反接制动电流 $I_m < I_s$ 时，取 $k = 0.13$；当 $I_m < 0.5 I_s$ 时，取 $k = 1.5$。

若反接制动时仅在两相定子绕组中串接限流电阻，则选用电阻取上述计算值的 1.5 倍。制动电阻的功率取：

$$P = \left(\frac{1}{2} \sim \frac{1}{4}\right) I_N^2 R$$

式中，I_N 为电动机额定电流；R 为每一相串接的限流电阻值。

括号中系数根据制动频繁程度适当选取。

二、笼型异步电动机能耗制动参数的计算

图 4-5 为能耗制动整流装置的原理图。

1. 能耗制动直流电流与电压的计算

从制动效果来看，直流电流越大越好，但过大的电流会引起电动机绕组发热甚至磁路饱和，因此，需要计算出比较适当的制动电流。直流制动电流 I_d 通常按下式选取：

$$I_d = (2 \sim 4)I_0 \text{ 或 } I_d = (1 \sim 2)I_N$$

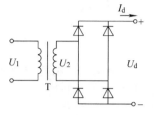

图 4-5 能耗制动整流装置

式中，I_0 为电动机空载电流；I_N 为电动机额定电流。

制动电路直流电压 U_d 为

$$U_d = I_d R$$

式中，R 为两相串联定子绕组的电阻。

2. 整流变压器参数的计算

对图 4-5 所示的单相桥式整流电路进行计算。

（1）变压器二次交流电压

$$U_2 = U_d/0.9$$

（2）变压器容量　由于变压器仅在能耗制动时工作，所以容量允许比长期工作时小。根据制动频繁程度，取计算容量的 0.25 ~ 0.5 倍。

三、控制变压器的选用

使用控制变压器可以实现电源与弱电电路的隔离、降低交流控制电路或辅助电路的电压，保证控制电路的安全性和可靠性。选择控制变压器的原则如下

1）控制变压器一、二次电压应与交流电源电压、控制电路电压及辅助电路电压要求相符。

2）保证变压器二次侧的交流电磁器件在起动时可靠吸合。

3）电路正常运行时，控制变压器的温升不应超过允许温升。

4）控制变压器容量的近似计算公式为

$$S \geq 0.6 \sum S_1 + 0.25 \sum S_2 + 0.125 \sum S_3 K$$

式中，S 为控制变压器容量（V·A）；S_1 为控制电路中电磁器件的吸持功率（V·A）；S_2 为控制电路中接触器、继电器的起动功率（V·A）；S_3 为控制电路中电磁铁的起动功率（V·A）；K 为控制电路中电磁铁工作行程 L 与额定行程 L_N 之比的修正系数。当 $L/L_N = 0.5 \sim 0.8$ 时，$K = 0.7 \sim 0.8$；当 $L/L_N = 0.85 \sim 0.9$ 时，$K = 0.85 \sim 0.95$；当 $L/L_N = 0.9$ 以上时，$K = 1$。

上式是保证控制电路中电器元件正常工作的前提条件。式中系数 0.25 和 0.125 为经验数据，当电磁铁额定行程小于 15mm，额定吸力小于 15N 时，系数 0.125 修正为 0.25。系数 0.6 的意义在于当供电电压降至 60% 时，希望控制电路中已吸合的控制电器仍能保持可靠的吸合状态。

控制变压器也可按长期运行的温升来考虑，这时变压器容量应大于或等于最大工作负荷的功率，即

$$S \geqslant \sum S_1 K_1$$

式中，S_1 为电磁器件的吸持功率（V·A）；K_1 为变压器容量的储备系数，一般取1.1~1.25。

控制变压器容量也可按下式计算：

$$S \geqslant 0.6 \sum S_1 + 1.5 \sum S_2$$

式中的 S、S_1、S_2 同前式。

四、交流接触器的选用

在不同的使用场合，针对不同的控制对象，接触器的操作条件、工作繁重程度也有所不同。使用交流接触器时，必须对接触器本身的性能及控制对象的工作情况等进行尽可能全面的了解。

一般情况下，应用交流接触器主要注意两大问题：一是与接触器线圈相关的问题，如线圈的控制电压、功耗等问题；二是与接触器触点相关的问题，如主触点及辅助触点的种类、数量、额定电流及容量等问题。另外就是考虑操作频繁程度、负载类型等因素。

交流接触器有三个常用参数：线圈的控制电压、主触点的额定电流及额定电压。

（1）主触点额定电流的选择　主触点额定电流应大于等于负载电流 I_N。对于电动机负载，可按下面的经验公式选择主触点电流：

$$I_N = \frac{P_N \times 10^3}{k U_N}$$

式中，P_N 为受控电动机的额定功率（kW）；U_N 为受控电动机的额定（线）电压（V）；k 为经验系数，一般取 1~1.4。

对于电动机负载，接触器的额定电流应大于该式计算值，如果不计算，也可查阅接触器产品相关的选型手册来选择。

对于非电动机负载，基本原则就是主触点额定电流大于等于负载电流 I_N，但要注意考虑使用中可能出现的过电流。

（2）主触点额定电压的选择　应大于被切换主电路的额定电压。

（3）线圈额定电压的选择　应等于控制电路的电压等级。例如，控制电路采用220V交流电源，就要购买220V线圈电压的接触器。如果错误地在220V交流电源上接入了380V线圈电压的接触器，就会因电压不足影响吸合。如果错误地在220V交流电源上接入线圈电压为110V的接触器，则会因所加电源电压超出额定值而将接触器烧毁。

当控制直流电动机和直流电磁铁时，应选用直流接触器。直流接触器的选用方法与交流接触器基本相同。使用中要注意：即使电压等级相同，也不要将直流接触器和交流接触器互相替代。

五、继电器的选用

1. 电磁式继电器的选用

电磁式继电器的分类及用途见表4-3，表中列出了各种常用电磁式继电器的动作特点和主要用途。对前三种继电器的选用，要先考虑如下问题：被控制的物理量能否转换成适当的电压或电流？电压、电流等级多少更合适？需要多少对触点来完成动作切换？被切换电路是直流还是交流？之后才能决定使用某一种电压、电流或中间继电器。而选用时间继电器时，则要考虑延时方式（通电延时还是断电延时）、延时精度、延时范围、电源及价格等因素，从而综合决定选用空气式、晶体管式、电动式、电子式还是数字式时间继电器。

表 4-3　电磁式继电器的分类及用途

名称	动作特点	主要用途
电压继电器	当电路中端电压达到规定值时动作	用于电动机失电压或欠电压保护、制动和反转控制等
电流继电器	当电路中通过的电流达到规定值时动作	用于电动机过载与短路保护，直流电动机磁场控制及失磁保护
中间继电器	当电路中端电压达到规定值时动作	触点数量较多，容量较大，通过它增加控制电路或起信号放大作用
时间继电器	自得到动作信号起至触点动作有一定延时	用于交流电动机的时间原则分段起动，控制各种生产过程的时间顺序

　　选用继电器时，应考虑继电器安装地点的环境温度、海拔、相对温度、污染等级及冲击、振动等条件，确定继电器的结构特征和防护类别。

　　继电器的典型用途是控制交、直流接触器的线圈，选择继电器线圈的额定电压时，要与控制电源的电压等级一致。触点的额定工作电压和额定电流一定要大于等于被控制电路的电压、电流。

　　继电器一般适用于 8h 工作制（间断长期工作制）、反复短时工作制和短时工作制。工作制不同，对继电器的过载能力要求也不同。当交流电压（或中间）继电器用于反复短时工作制时，由于吸合时有较大的起动电流，继电器的负担比长期工作制时重，选用时应充分考虑此类情况。另外，使用中的实际操作频率应低于继电器上标定的额定操作频率。

2. 热继电器的选用

　　热继电器主要用于电动机的过载保护，因此必须了解电动机的工作环境、起动情况、负载性质、工作制及允许的过载能力。选用时，应使热继电器的安秒特性位于电动机的过载特性之下，并尽可能接近，以便充分发挥电动机的过载能力，并且不受电动机的短时过载与正常起动影响。

　　1）原则上，按被保护电动机的额定电流选取热继电器。根据电动机实际负载，选取热继电器的整定电流值为电动机额定电流的 0.95 ~ 1.05 倍。对于过载能力较差的电动机，选取热继电器的额定电流为电动机额定电流的 60% ~ 80%。

　　2）对于长期工作或间断长期工作制的电动机，必须保证热继电器在电动机的起动过程中不会误动作。通常，在 6 倍额定电流下，起动时间不超过 6s 的电动机所需的热继电器按电动机的额定电流来选取。

六、熔断器的选择

　　熔断器的选择主要包括熔断器的类型、额定电压、熔断器的额定电流与熔体额定电流的确定。

1. 熔断器类型与额定电压的选择

　　根据负载保护特性和短路电流大小，以及各类熔断器的适用范围来选择熔断器的类型。根据被保护电路的电压来选择熔断器的额定电压。

2. 熔体与熔断器额定电流的确定

　　熔体额定电流大小与负载大小，负载性质密切相关。对于负载平稳、无冲击电流，如照明电路、电热电路可按负载电流大小来确定熔体的额定电流。对于笼型异步电动机，其熔断器熔体额定电流如第一章所述，为

　　对于单台电动机

$$I_{fu} = I_N(1.5 \sim 2.5)$$

多台电动机共用一个熔断器保护时

$$I_{fu} = I_N (1.5 \sim 2.5) + \sum I_N$$

轻载起动及起动时间较短时，式中系数取 1.5，重载起动及起动时间较长时，式中系数取 2.5。

熔断器额定电流按大于或等于熔体额定电流来选择。

3. 熔断器上下级的配合

为满足选择性保护的要求，应注意熔断器上下级之间的配合，一般要求上一级熔断器的熔断时间至少是下一级的 3 倍，否则将会发生越级动作，扩大停电范围。为此，当上下级采用同一型号的熔断器时，其电流等级以相差两级为宜，若上下级所用的熔断器型号不同，则根据保护特性上给出的熔断时间来选取。

第四节 电气控制装置的工艺设计

在完成原理设计和电器元件选择之后，就可进行电气工艺设计了。电气工艺设计主要包括电气控制设备总体布置，总接线图设计，各部分的电器装配图与接线图，各部分的元件目录、进出线号、主要材料清单和使用说明书等。

一、电气设备的总体布置设计

电气设备总体布置设计的任务是根据电气控制原理图将控制系统划分为若干个部件，再根据电气设备的复杂程度将每一部件划分成若干单元，并根据接线关系整理出各部分的进线和出线号，调整它们之间的连接方式。

单元划分的原则如下：

1）将功能类似的元器件组合在一起，如按钮、控制开关、指示灯、指示仪表可以集中在操作台上；接触器、继电器、熔断器、控制变压器等控制电器则集中安装在控制柜内。

2）将接线关系密切的控制电器划为同一单元，减少不同单元之间的连线。

3）强弱电分开布置，以防干扰。

4）将需要经常调节、维护的元器件和易损元器件布置在一起，以便于检查与调试。

电气控制设备的不同单元之间的接线方式通常有以下几种。

1）控制面板、电控箱（柜）、被控制设备等独立安装单元上的进出线一般采用接线端子或多孔接插件，根据电流大小和进出线数选择不同规格的接线端子或接插件，便于设备的拆装、搬运。

2）各控制单元内部，印制电路板、弱电控制组件之间的连接应采用各种类型的标准接插件，以便于调试和维修。

总体布置设计是以电气系统的总装配图与总接线图形式来表达的，图中应以示意形式反映出各部分主要部件的位置及各部分接线关系、走线方式及使用管线要求等。

总装配图和总接线图是各部件设计和协调各部件关系的依据。总体设计应集中、紧凑，同时在场地允许条件下，对发热厉害、噪声和振动大的电气部件等尽量安装在距离操作者比较远的地方或隔离起来。对于大型设备，应考虑两地操作。总电源急停控制应安装在方便而明显的位置。总体配置设计合理与否将影响到电气控制系统工作的可靠性，并关系到电气系统的制造、装配质量、调试、操作及维护是否方便。

二、绘制电器元件布置图

电器元件布置图用来描述电气设备中各电器的相对摆放位置，是依据原理图进行设置的。可按下述原则进行摆放布置。

1）注意将体积大和较重的电器元件安装在电器板的下方位置，将发热元件安装在电器板的上方，同时应注意发热元件与其他元件的距离。

2）强、弱电应分开，弱电部分应加装屏蔽和隔离，以防强电和外界的干扰。

3）需要经常维护、检修及调整的电器元件安装位置不宜过高或过低，以便于现场技术人员使用设备。

4）布置电器应考虑整齐、美观、对称。尽量使外形与结构尺寸类似的电器安装在一起，以便于加工、安装和配线。

5）布置电器元件时不宜过密，应预留布线、接线和调整操作的空间。

确定各电器元件的位置以后，就可以绘制电器元件布置图了。电器元件布置图是根据电器元件的实际排列和外形绘制的，对直接在电控箱底板或受控设备上安装的电器元件，要按产品手册标注严格的安装尺寸及其公差范围，保证各电器元件的顺利安装。

电器元件布置图设计还包括进出线方式的选择。

三、电气控制系统接线图的绘制

电气控制系统的接线图表示整套电气控制装置的全部电路连接关系，是电气安装与查线的依据，电气控制系统接线图根据电气原理图及电器元件布置图绘制，绘制时应依据以下原则。

1）接线图的绘制应符合 GB/T 6988.1—2008《电气技术用文件的编制　第1部分：规则》的规定。

2）各电器元件的外形和相对位置要与实际安装的相对位置一致。

3）电器元件及其接线座的标注与电气原理图中标注应一致，采用同样的文字符号和线号。项目代号、端子号及导线号的编制应分别符合 GB/T 5094.1—2018《工业系统、装置与设备及工业产品　结构原则与参照代号　第1部分：基本规则》、GB/T 4026—2019《人机界面标志标识的基本和安全规则　设备端子、导体终端和导体的标识》及 GB/T 4884—1985《绝缘导线的标记》等规定。

4）接线图应将同一电器元件的各带电部分（如线圈、触点等）画在一起，并用细实线框住。

5）接线图采用细线条绘制，要清楚地标示出各电器元件的接线关系和接线去向。

6）接线图中要标注出各种导线的型号、规格、截面积和颜色。

7）要接入接线端子板或多孔接插件各接线点应按线号顺序排列，并将动力线、交流控制线、直流控制线分类排开。各独立安装单元的进出线除大截面导线（电缆）外，都应经过接线端子或接插件，不得直接进出。

四、电控柜和非标准零件图的设计

简单电气控制系统的控制电器较少，可以直接安装在生产机械内部，当控制系统比较复杂或需要离开一段距离操作时，通常都需要有单独的操作面板和电气控制柜（简称电控柜），以便使用和维护。

电气控制柜设计要考虑以下几方面问题。

1）电控柜总体尺寸要根据控制面板和控制柜内各电器元件的数量来确定。

2）电控柜结构要紧凑，便于安装、调整及维修，外形美观，并与生产机械相匹配。

3）在柜体的适当部位设计通风孔、通风槽，或者安装空气调节装置，便于柜内散热。

4）为了便于电控柜的移动，应设计起吊钩或在柜体底部安装活动轮。

现代电控柜品种繁多，结构各异。常见大型电控柜是立式或工作台式结构，小型控制设备是台式或悬挂式结构。实际应用中，可以选择现有厂家的标准系列电控柜产品，也可以自行设计合适的电控柜结构。非标准的电器安装零件，如开关支架、电气安装底板、控制柜的有机玻璃面板及扶手等，应根据机械零件设计要求绘制其零件图。

五、电气控制设计清单汇总

在电气控制系统原理设计及工艺设计结束后，需根据各种图样，综合统计所需要的各种零件及材料，列出元器件清单、标准件清单及材料消耗定额表，以便生产管理部门核算工程成本，组织生产。

六、编写设计说明书和使用说明书

设计说明书和使用说明书是设计审定、调试、使用及维护过程中必不可少的技术资料。设计说明书和使用说明书的内容应包含拖动方案的选择依据，电气系统的主要原理与特点，主要参数的计算过程，所实现的各项技术指标，设备的调试要求和调试方法，设备使用、维护要求，以及使用注意事项等。

思考题与习题

4-1 电气控制系统设计主要包括哪些设计内容？

4-2 电气原理图的设计方法有几种？常用什么方法？

4-3 电气原理图的设计有哪些注意事项？

4-4 电气控制装置的工艺设计包含哪些内容？

4-5 某专用机床采用的钻孔倒角组合刀具，其加工工艺是：快进→工进→停留光刀（3s）→快退→停车。机床采用三台电动机拖动：M1 为主运动电动机，型号为 Y112M-4，容量为 4kW；M2 为工进电动机，型号为 Y90L-4，容量为 1.5kW；M3 为快速移动电动机，型号为 Y801-2，容量为 0.75kW。

设计要求：

（1）工作台工进到终点或返回原位时，均有行程开关使其自动停止，并设有限位保护。为保证工进的准确定位，要求采用制动措施。

（2）要求快速移动电动机有点动控制，但在自动加工时不起作用。

（3）设置急停按钮。

（4）要有短路、过载保护。

试画出电气原理图，并制订电器元件明细表。

4-6 某机床由两台三相笼型异步电动机 M1 与 M2 拖动，其控制要求如下：

（1）M1 容量较大，要求星形-三角形减压起动，停车具有能耗制动。

（2）M1 起动后，经过 10s 后允许 M2 起动（M2 容量较小可直接起动）。

（3）M2 停车后才允许 M1 停车。

（4）M1 与 M2 起、停都要求两地控制。

试设计电气原理图并设置必要的电气保护。

4-7 设计说明书及使用说明书应包含哪些主要内容？

第五章

FX系列可编程控制器

可编程逻辑控制器（Programmable Logical Controller），简称PLC。它是20世纪70年代以来以微处理器为核心，综合计算机技术、自动控制技术和通信技术发展起来的一种新型工业自动控制装置。由于它具有功能强、可靠性高、配置灵活、使用方便以及体积小、重量轻等优点，被广泛应用于自动控制的各个领域。

第一节　可编程控制器的基础知识

一、PLC 的定义和特点

1. 定义

美国电气制造商协会 NEMA（National Electrical Manufacturers Association）和国际电工委员会 IEC（International Electro-technical Commission）对可编程控制器分别做了定义：可编程控制器是一种专门用于工业环境的、以开关量逻辑控制为主的自动控制装置。它具有存储控制程序的存储器，能够按照控制程序，将输入的开关量（或模拟量）进行逻辑运算、定时、计数和算术运算等处理后，以开关量（或模拟量）的形式输出，控制各种类型的机械或生产过程。

早期的可编程控制器主要用于开关量逻辑控制，所以称为可编程逻辑控制器，简称 PLC。后来随着计算机技术的不断发展，其功能已不仅限于开关量逻辑控制，所以被称之为可编程控制器（Programmable Controller，PC），但这很容易和个人计算机（Personal Computer，PC）相混淆，因此，一般仍把 PLC 作为可编程控制器的简称，本书中也统一使用 PLC 的表示方法。

2. 特点

可编程控制器之所以能够得到迅速发展和广泛应用，主要是由于它具有以下特点。

（1）可靠性高，抗干扰能力强　用软件实现大量的开关量逻辑运算，克服了因继电器触点接触不良而造成的故障；输入采用直流低电压，更加可靠、安全；面向工业环境设计，采取了滤波、屏蔽、隔离等抗干扰措施，适应于各种恶劣的工业环境，远远超过了传统的继电器控制系统和一般的计算机控制系统。

（2）编程简单，易于掌握　PLC 采用梯形图方式编写程序，与继电器控制逻辑的设计相似，具有直观、简单及容易掌握等优点。

（3）功能完善，灵活方便　随着 PLC 技术的不断发展，其功能更加完善，不仅具有开关量逻辑控制和步进、计数功能，而且具有模拟量处理、温度控制、位置控制及网络通信等功能。它既可单机使用、也可联网运行，既可集中控制、也可分布控制或者集散控制，而且在运行过程中可随时修改控制逻辑，增减系统的功能。

（4）体积小、质量轻、功耗低　由于采用了单片机等集成芯片，其体积小、质量轻、结构紧凑、功耗低。

二、可编程控制器的性能指标和分类

1. 可编程控制器的主要性能指标

可编程控制器的技术性能指标主要有以下几项。

（1）输入/输出点数（I/O 点数）　I/O 点数是指可编程控制器外部输入、输出端子数的总和。它标志着可以接多少个开关按钮以及可以控制多少个负载。

（2）存储容量　存储容量是指可编程控制器内部用于存放用户程序的存储器容量。

（3）扫描速度　一般以执行 1000 步指令所需时间来衡量，单位为 ms/千步，也有以执行一步指令所需时间来计算的，单位用 μs/步。

（4）功能扩展能力　可编程控制器除了主模块之外，通常都可配备多种可扩展模块，以适应各种特殊应用的需要，如 A－D 模块、D－A 模块、位置控制模块等。

（5）指令系统　指令系统是指一台可编程控制器指令的总和，它是衡量可编程控制器功能强弱的主要指标。

2. 可编程控制器的分类

通常，PLC 产品可按结构形式、控制规模等进行分类。

（1）按结构形式分类　按结构形式不同，PLC 可以分为整体式和模块式两类。整体式的 PLC 是将电源、CPU、存储器及输入/输出单元等各个功能部件集成在一个机壳内，具有结构紧凑、体积小、价格低等优点，许多小型 PLC 多采用这种结构。模块式的 PLC 将各个功能部件做成独立模块，如电源模块、CPU 模块及 I/O 模块等，然后进行组合。

（2）按控制规模分类　按控制规模大小的不同，PLC 可以分为小型、中型和大型三种类型。

1）小型 PLC：小型 PLC 的 I/O 点数在 256 点以下，存储容量在 2K 步以内，其中输入/输出点数小于 64 点的 PLC 又称为超小型或微型 PLC。小型 PLC 具有逻辑运算、定时、计数、移位及自诊断、监控等基本功能。

2）中型 PLC：中型 PLC 的开关量 I/O 点数通常在 256～2048 点之间，用户程序存储器的容量为 2～8KB，除具有小型机的功能外，还具有较强的模拟量 I/O、数字计算及过程参数调节，如比例-积分-微分（PID）调节、数据传送与比较、数制转换、中断控制、远程 I/O 及通信联网功能。

3）大型 PLC：大型 PLC 也称为高档 PLC，I/O 点数在 2048 点以上，用户程序存储器容量在 8KB 以上，其中 I/O 点数大于 8192 点的又称为超大型 PLC。大型 PLC 除具有中型机的功能外，还具有较强的数据处理、模拟调节、特殊功能函数运算、监视、记录、打印等功能，以及强大的通信联网、中断控制、智能控制和远程控制等功能。

三、PLC 系统的组成

PLC 是一种以微处理器为核心的工业通用自动控制装置，其硬件结构与微型计算机控制系统相似，也是由硬件系统和软件系统两大部分组成。

1. PLC 的硬件结构

一套 PLC 系统在硬件上由基本单元（包含中央处理单元、存储器、输入/输出接口、内部电源）、I/O 扩展单元及外部设备组成。图 5-1a 为三菱 FX_{2N} 系列小型 PLC 产品主机及扩展单元示意图。图中，FX_{2N}-32MR 为基本单元，带有 32 个 I/O 点（16 入、16 出），M 表示主机，R 表示该单元为继电器输出型；FX_{2N}-32ER 为 32 点开关量扩展单元，E 表示该单元为扩展单元；FX_{2N}-2AD 为两路模拟量输入扩展单元；FX_{2N}-2DA 为两路模拟量输出扩展单元。图 5-1b 为三菱 FX_{3U} 系列小型产品主机及扩展单元示意图。图中，FX_{3U}-48M 为基本单元，带有 48 个 I/O 点（24 入、24 出），M 表示主机。FX_{3U} 系列 PLC 为 FX_{2N} 系列 PLC 的升级版机型，两种机型共用编程软件，而且 FX_{3U} 的主机可兼容 FX_{2N} 的扩展单元。

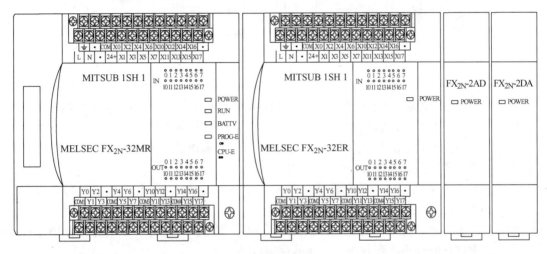

a) FX_{2N} 系列

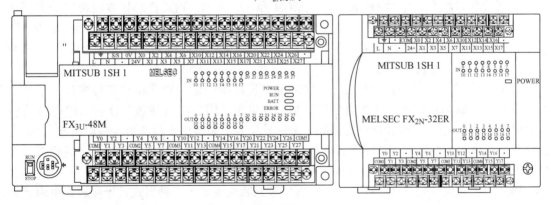

b) FX_{3U} 系列

图 5-1 三菱小型 PLC 产品示意图

图 5-2 为 PLC 的硬件结构图。

PLC 硬件的各部分功能如下。

（1）中央处理单元（CPU） 与通用计算机一样，中央处理单元是 PLC 的核心部件，PLC 的工作过程是在 CPU 的统一指挥和协调下完成的。它的主要功能有以下几点。

1）接收从编程器输入的用户程序和数据，送入存储器存储。

2）用扫描方式接收输入设备的状态信号，并存入相应的数据区（输入映像寄存器）。

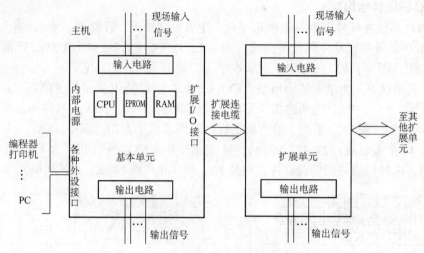

图 5-2　PLC 的硬件结构图

3）监测和诊断电源、PLC 内部电路工作状态和用户程序编程过程中的语法错误。

4）执行用户程序，完成各种数据的运算、传递和存储等功能。

5）根据数据处理的结果，刷新有关标志位的状态和输出状态寄存器的内容，以实现输出控制、制表打印或数据通信等功能。

小型 PLC 大多采用 8 位微处理器或单片机，中型 PLC 大多采用 16 位微处理器或单片机，大型 PLC 大多采用高速位片式处理器。

（2）存储器　PLC 配有两种存储器：系统存储器和用户存储器。系统存储器用于存放系统程序，用户存储器用于存放用户编制的控制程序。

常用的存储器类型有 CMOS RAM、EPROM 和 EEPROM。PLC 产品样本或说明书中所列的存储器类型及其容量是指用户程序存储器的容量，如 FX -24M 的存储器容量为 4K 步，即指用户程序存储器的容量。通常，中小型 PLC 的用户存储器存储容量在 8K 步以下，大型 PLC 的存储容量可达到或超过 256K 步。

（3）输入/输出（I/O）接口电路　实际生产过程中产生的输入信号多种多样，信号电平各不相同，而 PLC 所能处理的信号只能是标准电平，因此必须通过 I/O 接口电路将这些信号转换成 CPU 能够接收和处理的标准电平信号。为了提高抗干扰能力，一般的输入/输出模块都有光电隔离装置。在数字量 I/O 模块中广泛采用由发光二极管和光电晶体管组成的光电耦合器，在模拟量 I/O 模块中通常采用隔离放大器。

PLC 的输入接口电路通常有干接触、直流输入和交流输入三种形式，干接触式由内部的直流电源供电，小型 PLC 的直流输入电路也由内部的直流电源供电，交流输入必须外加电源。图 5-3 为 PLC 的输入接口电路原理图。

FX_{2N} 系列 PLC 的输出形式有三种：继电器输出、晶体管输出和晶闸管输出。图 5-4 为三种输出形式的输出接口电路图。

图 5-5 给出了 PLC 输出点与负载的实际连接示意图。

表 5-1 为 FX_{2N} 系列 PLC 的输出特性。

（4）电源　三菱小型 PLC 的主机内部一般配有为输入点供电的小容量直流 24V 电源，但该电源不足以带动输出负载，带直流负载需配置另外的直流电源。PLC 允许外部电源电压在额定值的 +10% ～ -15% 范围内波动。大中型 PLC 的 CPU 模块配有专门的 24V 开关稳压

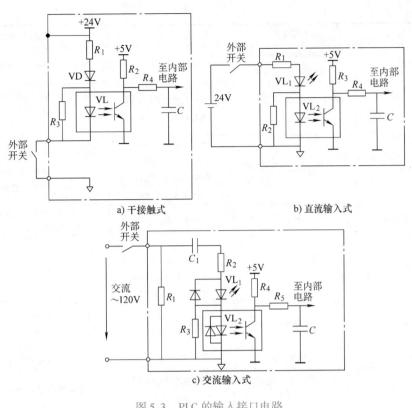

a) 干接触式   b) 直流输入式

c) 交流输入式

图 5-3   PLC 的输入接口电路

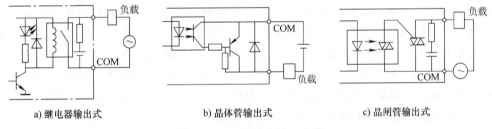

a) 继电器输出式   b) 晶体管输出式   c) 晶闸管输出式

图 5-4   PLC 的输出接口电路

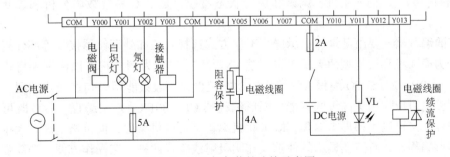

图 5-5   PLC 与负载的连接示意图

电源模块供用户选用。为了防止 PLC 内部程序和数据等重要信息的丢失，PLC 还带有锂电池作为后备电源。

表 5-1 FX_{2N} 系列 PLC 的输出特性

项　目		继电器输出	晶闸管输出	晶体管输出
外部电源		AC 250V DC 30V 以下 （需外部整流二极管）	AC 85~240V	DC 5~30V
最大负载	电阻负载	2A/1 点 8A/4 点公用， 8A/8 点公用	0.3A/1 点 0.8A/4 点 （1A/1 点 2A/4 点）	0.5A/1 点 0.8A/4 点 （0.1A/1 点 0.4A/4 点） （1A/1 点 2A/4 点）
	感性负载	80V·A	15V·A/AC 100V 30V·A/700V 50V·A/AC 100V 100V·A/AC 200V	12W/DC 24V （2.4W/DC 24V） （24W/DC 24V） [7.2W/DC 24V]
	灯负载	100W	30W（100W）	1.5W/DC 24V（0.3W/DC 24V） （3W/DC 24V）[1W/DC 24V]
开路漏电流			1mA/AC 100V 2mA/AC 200V （1.5mA/AC 100V 3mA/AC 200V）	0.1mA 以下
响应时间		约 10ms	ON 时：1ms OFF 时：10ms	ON 时：0.2ms 以下，OFF 时： 0.2ms 以下，大电流时为 0.4ms 以下
电路隔离		机械隔离	光电晶闸管隔离	光电耦合隔离
输出动作显示		继电器线圈通电时 LED 灯亮	光电晶闸管驱动时 LED 灯亮	光电耦合器驱动时 LED 灯亮

注：（ ）大电流扩展模块；［ ］接插件扩展模块输出。

（5）扩展单元　每个系列的 PLC 产品都有一系列与基本单元相匹配的扩展单元，以便根据所控制对象的控制规模大小去灵活组成电气控制系统。扩展单元内部不配备 CPU 和存储器，仅扩展输入/输出电路，各扩展单元的输入信息经扩展连接电缆进入主机总线，由主机的 CPU 统一处理，执行程序后，需要输出的信息也由扩展连接电缆送至各扩展单元的输出电路。PLC 处理模拟量输入/输出信号时，要使用模拟量扩展单元，这时的输入接口电路为 A-D 转换电路，输出接口电路为 D-A 转换电路。

（6）外部设备　小型 PLC 最常用的外部设备是编程器和 PC。编程器的功能是完成用户程序的编制、编辑、输入主机、调试和执行状态监控，是 PLC 系统故障分析和诊断的重要工具。

PLC 的编程器主要由键盘、显示屏、工作方式选择开关和外存储器接口等部件组成。按功能可分为简易型和智能型两大类，以三菱 FX_{2N} 系列 PLC 为例，它可以使用手持式简易编程器 FX_{2N}-20P-E-SETO 编程，该编程器功能较少，一般只能用语句表形式编程，且需要联机编程，也可以使用更高级的智能型图形编程器 GP-80FX-E 来编程，后者既可以用指令语句编程，又可以用梯形图编程，既可联机编程又可脱机编程，但价格更高。大中型 PLC 多采用图形编程器，有液晶显示的便携式和阴极射线管式两种，它操作方便，功能强，可与打印机、绘图仪等设备连接，但价格相对较高。

目前，很多 PLC 都可利用微型计算机作为编程工具，只要配上相应的硬件接口和软件包，就可以用包括梯形图在内的多种编程语言进行编程，同时还具有很强的监控功能。通常不同厂商的 PLC 都具有相应的编程软件。

2. PLC 的软件系统

PLC 的软件系统指 PLC 所使用的各种程序的集合。它由系统程序（系统软件）和用户程序（应用软件）组成。

（1）系统程序　系统程序包括监控程序、输入译码程序及诊断程序等。

监控程序用于管理、控制整个系统的运行。输入译码程序则是把应用程序（梯形图）输入，翻译成统一的数据格式，并根据输入接口送来的输入量进行各种算术、逻辑运算处理，并通过输出接口实现控制。诊断程序用来检查、显示本机的运行状态，以方便使用和维修。系统程序由 PLC 生产厂家提供，并固化在 EPROM 中，用户不能直接读写。

（2）用户程序　用户程序是用户根据控制要求，用 PLC 的编程语言（如梯形图）编制的应用程序。用户通过编程器或 PC 写入程序到 PLC 的 RAM 内存中，可以修改和更新。当PLC 断电时被锂电池保持。

第二节　可编程控制器的工作方式及编程语言

一、可编程控制器的工作方式

1. PLC 的扫描工作方式

可编程控制器在进入 RUN 状态之后，采用循环扫描方式工作。从第一条指令开始，在无中断或跳转控制的情况下，按程序存储的地址号递增的顺序逐条执行程序，即按顺序逐条执行程序，直到程序结束。然后再从头开始扫描，并周而复始地重复进行。

可编程控制器工作时的扫描过程如图 5-6 所示，它包括五个阶段，分别为内部处理、通信处理、输入扫描、程序执行和输出处理。PLC 完成一次扫描过程所需的时间称为扫描周期。扫描周期的长短与用户程序的长度和扫描速度有关。

内部处理阶段：CPU 检查内部各硬件是否正常，在 RUN 模式下，还要检查用户程序存储器是否正常，如果发现异常，则停机并显示报警信息。

通信处理阶段：CPU 自动检测各通信接口的状态，处理通信请求，如与编程器交换信息，与微机通信等。在 PLC 中配置了网络通信模块时，PLC 与网络进行数据交换。

当 PLC 处于 STOP 状态时，只完成内部处理和通信服务工作。当PLC 处于 RUN 状态时，除完成内部处理和通信服务的操作外，还要完成用户程序的整个执行过程：输入扫描、程序执行和输出处理。

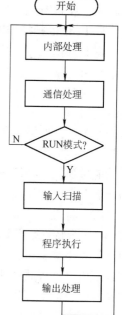

图 5-6　PLC 的扫描过程

2. PLC 的程序执行过程

PLC 的程序的执行过程一般可分为输入采样、程序执行和输出刷新三个主要阶段，如图 5-7 所示。

（1）输入采样阶段　在输入采样阶段，PLC 以扫描方式按顺序将所有输入端的输入信号状态（"0"或"1"，表现在接线端上是否承受外加电压）读入输入映像寄存器区，如图 5-7 中的①所示。这个过程称为对输入信号的采样，或称为输入刷新。

（2）程序执行阶段　在程序执行阶段，PLC 对程序按顺序进行扫描，又称为程序处理阶段。如果程序用梯形图表示，则总是按先上后下、先左后右的顺序对由接点构成的控制电路进行逻辑运算，然后根据逻辑运算的结果刷新输出映像寄存器区或系统 RAM 区对应位的状态。在程序执行阶段，只有输入映像寄存器区存放的输入采样值不会发生

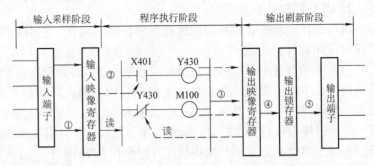

图 5-7　PLC 的程序执行过程

改变，其他各种元素在输出映像寄存器区或系统 RAM 存储区内的状态和数据都有可能随着程序的执行随时发生改变。扫描是从上到下顺序进行的，前面执行的结果可能被后面的程序所用到，从而影响后面程序的执行结果；而后面扫描的结果却不可能改变前面的扫描结果，只有到了下一个扫描周期再次扫描前面程序的时候才有可能起作用。如果程序中两个操作相互用不到对方的操作结果，那么这两个操作的程序在整个用户程序中的相对位置是无关紧要的。程序执行阶段如图 5-7 中的②、③所示。

（3）输出刷新阶段　输出刷新阶段是在执行完用户所有程序后，PLC 将输出映像寄存器中的内容送到输出锁存器中，再通过一定的方式去驱动用户设备的过程。输出刷新阶段如图 5-7 中的④、⑤所示。

以上三个阶段是 PLC 的程序执行过程。PLC 在一个工作周期中，输入扫描和输出刷新的时间一般为 4ms 左右，而程序执行时间可因程序的长度不同而不同。

3. PLC 的扫描周期

在 PLC 的实际工作过程中，每个扫描周期除了前面所讲的输入采样、程序执行和输出刷新三个阶段外，还要进行自诊断、与外设（如编程器、上位计算机）通信等处理，即一个扫描周期还应包含自诊断及与外设通信等时间。一般说来，同型号的 PLC，其自诊断所需的时间相同，如三菱 FX_{2N} 系列 PLC 的自诊断时间为 0.96ms。通信时间的长短与连接的外设多少有关系，如果没有连接外设，则通信时间为 0。输入采样与输出刷新时间取决于其 I/O 点数，而扫描用户程序所用的时间则与扫描速度及用户程序的长短有关。如果程序中包含特殊功能指令，还必须根据用户手册查表计算执行这些特殊功能指令的时间。准确地计算扫描周期的大小比较困难，为了方便用户，近期的 PLC 采取了一些措施。如在 FX_{2N} 系列 PLC 中，CPU 将最大扫描周期、最小扫描周期和当前扫描周期的值分别存入 D8012、D8011 和 D8010 三个特殊数据寄存器中（计时单位：0.1ms），用户可以通过编程器查阅、监控扫描周期的大小及变化。在 FX_{2N} 系列 PLC 中，还提供一种以恒定扫描周期扫描用户程序的运行方式。用户可将通过计算或实际测定的最大扫描周期再留点余量，作为恒定扫描周期的值存放在特殊数据寄存器 D8039 中（计时单位：1ms）。当特殊辅助继电器 M8039 线圈被接通时，PLC 按照 D8039 中存放的数据以恒定周期扫描用户程序。若实际的扫描周期小于恒定扫描周期，则 CPU 在完成本次循环后处于等待状态，直到恒定扫描周期的时间到才开始下一个扫描周期。如果实际扫描周期大于恒定扫描周期时，则按实际扫描周期运行。

4. PLC 的 I/O 响应时间

扫描操作是 PLC 区别于其他控制系统的最典型特征之一。它提供了固定的逻辑判定顺序，按指令的次序求解逻辑运算，而且每个运算的结果可立即用于后面的逻辑运算，从而消

除了复杂电路的内部竞争，使用户在编程时可以不考虑内部继电器动作的延迟。PLC采用集中I/O刷新方式，在程序执行阶段和输出刷新阶段，即使输入信号发生变化，输入映像寄存器区的内容也不会改变，不会影响本次循环的扫描结果，可导致输出信号的变化滞后于输入信号的变化，这也产生了PLC的输入、输出响应滞后现象，最大滞后时间为2~3个扫描周期。

产生输入、输出响应滞后现象的原因除了PLC的扫描工作方式外，还与输入滤波器的滞后作用有关。为了提高PLC的抗干扰能力，在每个开关量的输入端都采用光电隔离器和 RC 滤波电路等技术，其中，RC 滤波电路的滤波常数一般为10~20ms。若PLC采用继电器输出方式，输出回路中继电器触点的机械滞后作用也是引起输入、输出响应滞后现象的一个因素。

PLC的这种滞后响应在一般的工业控制系统是完全允许的，但不能适应要求I/O响应速度快的实时控制场合。为此，近期的大、中、小型PLC除了加快扫描速度，还在软、硬件上采取一些措施，以提高I/O的响应速度。在硬件方面，可选用快速响应模块、高速计数模块等；可以采用改变信息刷新方式，运用中断技术，调整输入滤波器等方法进行改进。

二、可编程控制器的编程语言

可编程控制器的编程语言有梯形图语言、助记符语言、顺序功能图语言等，其中前两种语言用得较多。

1. 梯形图语言

1）梯形图从上至下编写，每一行从左至右顺序编写。PLC程序执行顺序与梯形图的编写顺序一致。

2）图左、右边垂直线称为起始母线、终止母线。每一逻辑行必须从起始母线开始画起，终止母线可以省略。

3）梯形图中的触点有两种，即常开触点和常闭触点。这些触点可以是PLC的输入、输出或内部继电器触点，也可以是内部继电器、定时器/计数器的状态。与传统的继电器控制图一样，每一触点都有自己的特殊标记，以示区别。因每一触点的状态存入PLC内的存储单元中，可以反复读写，所以同一标记的触点可以反复使用，次数不限。

4）梯形图的最右侧必须连接输出元素。

5）梯形图中的触点可以任意串、并联，而输出线圈只能并联，不能串联。

2. 助记符语言

助记符语言是PLC命令的语句表达式。用梯形图编程虽然直观、简便，但要求PLC配置较大的显示器方可输入图形符号，这在有些小型编程器上常难以满足，所以助记符语言也是较常用的一种编程方式。不同型号的PLC，其助记符语言也不同，但其基本原理是相近的。编程时，一般先根据要求编制梯形图语言，然后再根据梯形图转换成助记符语言。

PLC中最基本的运算是逻辑运算，最常用的指令是逻辑运算指令，如与、或、非等。这些指令再加上"输入""输出""结束"等指令，就构成了PLC的基本指令。各型号PLC的指令符号不尽相同。

3. 顺序功能图语言

顺序功能图（Sequential Function Chat，SFC）是一种描述顺序控制系统功能的图解表示法，主要由"步""转移"及"有向线段"等元素组成，它将一个完整的控制过程分为若干个阶段（状态），各阶段具有不同的动作，阶段间有一定的转换条件，条件满足就实现状态转移，上一状态动作结束，下一状态动作开始。

第三节 FX$_{2N}$系列 PLC 的性能规格与内部资源

一、FX$_{2N}$系列 PLC 的性能规格

FX$_{2N}$系列 PLC 的性能规格见表 5-2。

表 5-2 FX$_{2N}$系列 PLC 的性能规格

项 目		性 能 规 格
运算控制方式		存储程序反复运算方式、中断命令
输入、输出控制方式		批处理方式（执行 END 指令时），但是有 I/O 刷新指令
程序语言		继电器符号 + 步进梯形图方式（可用 SFC 表示）
程序存储器	最大存储容量	16K 步（含注释文件寄存器最大 16K），有键盘保护功能
	内置存储器容量	8K 步 RAM（内置锂电池后备），电池寿命约 5 年，使用 RAM 卡盒约 3 年
	可选存储卡盒	RAM8K（也可配 16K）/EEPROM，8K/16K/EPROM8K（也可配 16K）步 不能使用带有实时锁存功能存储卡盒
指令种类	顺控、步进梯形图	顺控指令 27 条，步进梯形图指令 2 条
	应用指令	128 种，298 个
运算处理速度	基本指令	0.08μs/指令
	应用指令	1.52 至数百微秒/指令
输入/输出点数	扩展并用时输入点数	X000 ~ X267 184 点（8 进制编号）
	扩展并用时输出点数	Y000 ~ Y267 184 点（8 进制编号）
	扩展并用时总点数	256 点
辅助继电器	一般用①	M0 ~ M499 500 点
	保持用②	M500 ~ M1023 524 点
	保持用③	M1024 ~ M3071 2048 点
	特殊用	M8000 ~ M8255 256 点
状态寄存器	初始化	S0 ~ S9 10 点
	一般用①	S10 ~ S499 490 点
	保持用②	S500 ~ S899 400 点
	信号用③	S900 ~ S999 100 点
定时器	100ms	T0 ~ T199 200 点（0.1 ~ 3276.7s）
	10ms	T200 ~ T245 46 点（0.01 ~ 327.67s）
	1ms 乘法型③	T246 ~ T249 4 点（0.001 ~ 32.767s）
	100ms 乘法型③	T250 ~ T255 6 点（0.1 ~ 3276.7s）
计数器	16 位向上①	C0 ~ C99 100 点（0 ~ 32767 计数器）
	16 位向上②	C100 ~ C199 100 点（0 ~ 32767 计数器）
	32 位双向①	C200 ~ C219 20 点（-2147483648 ~ +2147483647 计数器）
	32 位双向②	C220 ~ C234 15 点（-2147483648 ~ +2147483647 计数器）
	32 位高速双向②	C235 ~ C255 6 点

（续）

项　目		性　能　规　格
数据寄存器（使用一对时32位）	16 位通用①	D0 ~ D199　　　　200 点
	16 位保持用②	D200 ~ D511　　　　312 点
	16 位保持用③	D512 ~ D7999　　　7488 点（D1000 以后可以 500 点为单位设置文件寄存器）
	16 位保持用	D8000 ~ D8195　　106 点
	16 位保持用	V0 ~ V7，Z0 ~ Z7　16 点
指针	JAMP，CALL 分支用	P0 ~ P127　　　　128 点
	输入中断，计时中断	I0□□ ~ I8□□　　　9 点
	计数中断	I010 ~ I060　　　　6 点
嵌套	主控	N0 ~ N7　　　　　8 点
常数	10 进制（K）	16 位：−32768 ~ +32767　　32 位：−2147483648 ~ +2147483647
	16 进制（H）	16 位：0 ~ FFFF　　　　32 位：0 ~ FFFFFFFF

①　非电池后备区，通过参数设置可变为电池后备区。

②　电池后备区，通过参数设置可变为非电池后备区。

③　电池后备固定区，区域特性不可改变。

二、FX$_{2N}$系列 PLC 的内部资源

各种不同型号和档次的 PLC 具有不同数量和功能的内部资源，但构成 PLC 基本特征的内部软元件是类似的。现以 FX$_{2N}$系列小型 PLC 为例，介绍 PLC 的内部资源。

（1）输入继电器 X　FX$_{2N}$的基本单元中的输入点按照 X000 ~ X007、X010 ~ X017……这样的八进制格式进行编号。扩展单元的输入点则接着基本单元的输入点顺序进行编号。来自现场设备的外部输入信号与硬件上的输入点一一对应，被 PLC 扫描读入后存入输入映象寄存器，表现为程序可多次调用的输入触点状态。输入继电器 X 的基本功能是可以读取外部输入信号的状态。

（2）输出继电器 Y　FX$_{2N}$的基本单元中的输出点按照 Y000 ~ Y007、Y010 ~ Y017……这样的八进制格式进行编号。扩展单元的输出点也接着基本单元的输出点顺序进行编号。PLC运行时，要接受各路 X 的输入状态，运行控制程序，然后将运行结果传送至输出继电器 Y进行输出，因此，所有输出继电器都对应一个硬件上的输出信号，用来驱动 PLC 的各路负载。输出继电器 Y 的基本功能是可以在用户程序的控制下改变负载的状态。

（3）内部继电器 M　在可编程控制器内部可多次使用，但不能输出的继电器称为内部继电器或辅助继电器。内部继电器与输出继电器的不同点是它只在程序中使用，既不能直接读取外部输入状态，也不能直接驱动外部负载。内部继电器 M 在程序中的作用相当于继电器控制系统中的中间继电器，其功能是在程序中用于中间状态暂存、移位、辅助运算或赋予特别用途。PLC 的内部继电器分为普通型、掉电保持型和赋予特殊用途型三类。

普通型继电器在断电或停止运行时线圈将失电，机内不记忆停电瞬间的状态，再来电时从失电状态开始执行程序。FX$_{2N}$系列 PLC 中普通型内部继电器按十进制编号，从 M0 ~M499，共 500 个。

掉电保持型继电器在断电或停止运行时，机内（用锂电池）记忆停电瞬间的状态，再来电时恢复停电瞬间的状态，从此时状态开始执行程序。FX$_{2N}$系列 PLC 中掉电保持型内部继电器按十进制编号，从 M500 ~ M1023，共 524 个。

赋予特殊用途的内部继电器有两类。第一类信号由 PLC 的系统程序自动产生，用户编程时可调用其触点，如特殊继电器 M8000 的功能是在程序 RUN 时保持 ON 状态，M8002 的功能是在程序 RUN 的第一个周期产生一个脉冲宽度为一个扫描周期（即一个程序执行周期）的脉冲输出，供用户初始化使用，M8011 ~ M8014 的功能是提供 10ms、100ms、1s、1min 的周期性脉冲输出。第二类信号由 PLC 的用户程序驱动，用户编程时可置位其线圈，如程序置位 M8033，则程序停止运行时输出会保持，如程序置位 M8034，则 PLC 的输出全被禁止。

（4）状态寄存器 S 状态寄存器是用于步进顺序控制时表达工序号的继电器。FX$_{2N}$系列 PLC 中状态寄存器 S 按十进制编号，从 S0 ~ S999 共 1000 点，其中 S0 ~ S9 供初始状态使用，S10 ~ S19 供返回原点使用，S20 ~ S499 为普通型，S500 ~ S899 为断电保持型，S900 ~ S999 供报警使用。状态寄存器不做工序号使用时，可作为内部继电器使用。

（5）定时器 T 定时器是将可编程控制器内的 1ms、10ms、100ms 等时钟脉冲进行加法计数，当它达到规定的设定值时，其输出点就工作。定时器利用内部时钟脉冲的可测量范围为 0.001 ~ 3276.7s。FX$_{2N}$系列 PLC 中的定时器按十进制编号，从 T0 ~ T255，共 256 个，其中 T0 ~ T199 是 100ms 普通定时器，当定时线圈的驱动输入变为 OFF 时，当前值不保持，线圈再得电时计数从零开始。在这些定时器中，只有 T192 ~ T199 可以用在子程序和中断子程序中；T200 ~ T245 为 10ms 普通定时器；T246 ~ T249 是 1ms 累积定时器，其当前值为累积数，所以当定时线圈的驱动输入为 OFF 时，当前值被保持，作为累积操作使用；T250 ~ T255 是 100ms 累积定时器。

（6）计数器 C 计数器的计数方式分为向上计数或向下计数。向上计数是在线圈得电时从零开始对被计脉冲计数，计到预置值时触点动作；向下计数则是在线圈得电时从预置值开始计数，计到零时触点动作。FX$_{2N}$系列 PLC 中的计数器按十进制编号，从 C0 ~ C255，共 256 个，其中 C0 ~ C99 是 16 位向上计数的普通计数器，当计数器线圈的驱动输入变为 OFF 时，当前值不保持，线圈再得电时计数从头开始；C100 ~ C199 是 16 位向上计数的断电保持型计数器，当计数器线圈的驱动输入为 OFF 时，当前值将被保持，线圈再得电时计数从原计数值开始，16 位向上计数的范围为 1 ~ 3276732。C200 ~ C219 是 32 位可逆计数的普通计数器；C220 ~ C234 是 32 位可逆计数的断电保持型计数器。32 位可逆计数的范围为 −2147483648 ~ +2147483648。这些计数器是可编程控制器的内部信号用的，其应答速度通常为数十赫兹以下。

其余的 C235 ~ C255 计数器均为高速计数器，这些计数器直接对来自外部的高速脉冲（如来自光电编码器、光电编码盘及光栅等）进行 32 位可逆计数，其输入脉冲可以由输入继电器 X000 ~ X007 输入，计数值不受可编程控制器的运算控制，最高计数频率为 60kHz。

（7）数据寄存器 D、V、Z 数据寄存器是存储数值数据的元件。FX$_{2N}$系列 PLC 中的数据寄存器全是 16 位的（最高位为正负位），用两个寄存器组合就可以处理 32 位（最高位为正负位）数值。数值范围可参考"计数器"的相关说明。寄存器 D 按十进制编号，从 D0 ~ D8195，共 8196 个，其中 D0 ~ D199 是通用数据寄存器，D200 ~ D511 是断电保持数据寄存器，D512 ~ D7999 是断电保持专用数据寄存器，D8000 ~ D8195 是已被系统程序赋予了特殊用途的数据寄存器。

数据寄存器之中还有称为寻址用的 V、Z 寄存器，范围为 V0 ~ V7、Z0 ~ Z7，共 16 点。

（8）常数与指针 PLC 程序中使用常数数值时，K 表示十进制整数值，H 表示十六进制数值。

PLC 程序中指针有分支用和中断用两种，分支指针 P 用于指定条件跳转或子程序调入地址；中断指针 I 用于指定输入中断、定时中断及计数中断的中断子程序。

第四节　FX$_{2N}$系列 PLC 的基本指令

一、基本器件编程方法

1. 输入触点 X

工业控制系统输入电路中的选择开关、按钮及限位开关等在梯形图中以输入触点表示，在编程时输入触点 X 可由常开 ─┤├─ 和常闭 ─┤/├─ 两种指令来编程，但梯形图中的常开或常闭指令与外电路中 X 实际接常开还是常闭触点并无对应关系，无论外电路使用什么样的按钮、旋钮及限位开关，无论使用的是这些开关的常开或常闭触点，当 PLC 处于 RUN 方式时，扫描输入只遵循如下规则：

1）梯形图中的常开触点 ─┤├─ X，与外电路中 X 的通断逻辑相一致。以输入点 X005 为例，如外接线中 X005 是导通的（无论其外部物理连接于常开还是常闭触点），程序中的 ─┤├─ X005 即处理为闭合（ON）；反之，若外部 X005 连线断开，则程序中的 ─┤├─ X005 就处理为断开（OFF）。

2）梯形图中的常闭触点 ─┤/├─ X，与外电路中 X 的通断逻辑相反。仍以输入触点 X005 为例，如外接线中 X005 是导通的（无论其外部物理连接于常开还是常闭触点），程序中的 ─┤/├─ X005 处理为断开（OFF）；反之，如外部 X005 连线断开，则程序中的 ─┤/├─ X005 就处理为闭合（ON）。

梯形图中几个触点串联表示"与"操作，几个触点并联表示"或"操作。

PLC 应用于电动机起动停车控制的接线图与梯形图如图 5-8 所示。

本例中的两个按钮 SB1、SB2 在外接线中均使用了常开触点，故对应于上述程序。如果停车按钮 SB2 的外接线使用了常闭触点，则梯形图程序中需要将常开 X001 换成常闭 X001，才能实现同样的控制功能。

甚至可以将起停两个按钮

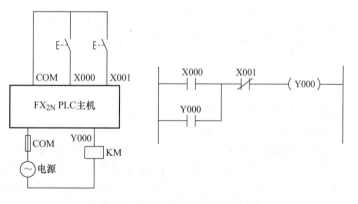

a) 采用FX$_{2N}$系列PLC的硬件接线图与程序

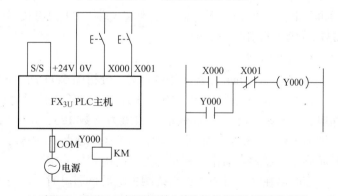

b) 采用FX$_{3U}$系列PLC(电源漏型输入接线方式)的硬件接线图与程序

图 5-8　电动机起动停车的 PLC 控制示例

119

SB1、SB2 都连接为常闭触点，相应修改软件逻辑即可，这充分体现了应用 PLC 软件控制的方便之处。

2. 输出继电器 Y、内部继电器 M

继电器具有逻辑线圈及可以多次调用的常开触点、常闭触点。图 5-9 为应用输出继电器和普通内部继电器的简单程序。

该程序的功能是：

PC 进入 RUN 方式时，输出线圈 Y000 通电，0#输出信号灯亮。

当接通输入触点 X010 后，内部继电器线圈 M100 通电，M100 的常闭触点断开，常开触点导通，因此输出端 Y000 失电，0#灯熄灭，Y001 得电，1#灯亮。

图 5-10 为掉电保持型继电器的简单程序。

输出继电器、内部继电器

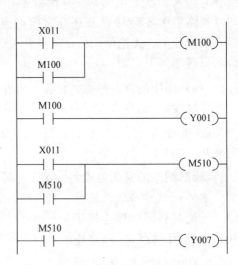

图 5-9　输出继电器和普通内部继电器的简单程序　　图 5-10　掉电保持型继电器的简单程序

图 5-10 所示程序的功能是：

初始状态（PC 进入 RUN 后）输出线圈 Y001 和 Y007 不通电，1#和 7#输出信号灯不亮。

接通输入端子 X011，梯形图中 X011 的常开触点即闭合，内部线圈 M100 通电，常开触点 M100 通电闭合，对线圈 M100 起自保作用，另一个闭合的 M100 触点则接通输出线圈 Y001，使 1#输出灯亮。与上述动作同时，M510 起类似 M100 的作用，使 7#输出灯亮，这两者的差别在于如果将 PC 置于 HALT（暂停）状态，仍然再返回 RUN 方式，或者使 PC 断电后再复电，那么 1#灯不会亮（因为输入端 X011 没有接通），但 7#灯仍然亮，这表明了线圈 M510 的锁存作用。

3. 定时器 T

首先，以 100ms 普通定时器为例，分析图 5-11 所示的定时器 T0 简单程序。

初始状态：线圈 Y000、T0 均不通电，0#输出信号灯灭，X000 闭合时，定时器 T0 线圈通电，并开始计时，K123 表示计数值为常数 123，定时时间为 $100ms \times 123 = 12.3s$，当 T0 线圈通电够 12.3s 后，定时器动作，其常开触点 T0 闭合，使 Y000 输出灯亮，从启动定时器开始到定时器触点动作，其间延迟时间由程序确定。

定时器在计时过程中，当线圈失电后再通电时，定时器相当于自动复位，重新从预置值开始计时。

FX_{2N} 系列 PLC 的定时器属于通电延时型，利用它的常闭触点可以完成断电延时的控制。

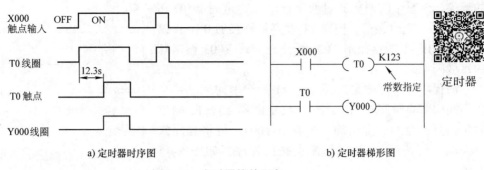

a) 定时器时序图　　　　　　　　b) 定时器梯形图

图 5-11　定时器简单程序

图 5-12 a、b 所示为同一个定时器分别用于通电延时和断电延时的例子，注意 T200 为 10ms 普通定时器。

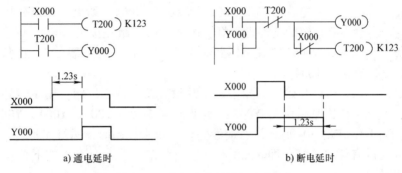

a) 通电延时　　　　　　　　b) 断电延时

图 5-12　通电延时和断电延时程序

图 5-13 所示为累积型（即断电记忆型）定时器的编程示例。当驱动输入信号 X001 接通时，T250 累积型定时器开始对 100ms 的时钟脉冲累积计数。该值与设定值 K345 相等时，定时器 T250 的输出触点动作。当累积型定时器在计数定时过程中，驱动输入 X001 断开或失电时，累积型定时器 T250 当前值寄存器中的值保持不变，再当驱动输入 X001 接通或复电时，计数定时继续进行，直到累积的时间为 34.5s 时，定时器才动作。只有当复位输入 X002 接通时，计数器才复位。

图 5-14 为一个实现 Y003 输出每秒闪烁一次（0.4s）

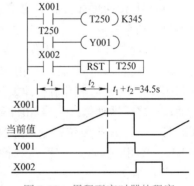

图 5-13　累积型定时器的程序

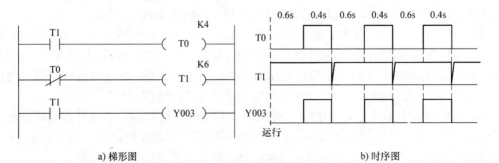

a) 梯形图　　　　　　　　b) 时序图

图 5-14　Y003 每秒闪烁的梯形图和时序图

的程序。该程序前两行通过两个通电延时定时器 T0 和 T1 产生每秒定时振荡，使得 T1 触点每秒接通 0.4s；第三行程序用 T1 触点控制 Y003 输出，实现 Y003 输出灯的每秒闪烁。

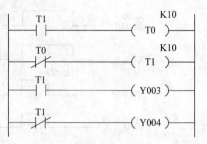

图 5-15　两盏灯交替点亮的梯形图

该程序通过修改定时器 T0、T1 的定时时间，可产生不同周期的时序输出。例如，将定时器 T0、T1 的定时时间修改为 1s，并增加一个输出 Y004，可将程序修改为两盏灯按照 1s 间隔轮流点亮的程序，如图 5-15 所示。

图 5-16 为一个抢答器的实例程序。图 5-16a 为 I/O 接线图，图 5-16b 为梯形图。

输入 X000 接开始按钮，X001 接复位按钮。当主持人按下起动按钮 X000 时，抢答开始，运行指示灯 Y000 亮，蜂鸣器 Y001 鸣响 1s 的提示音。

定时器编程举例-
每秒闪烁与两盏
灯交替点亮

三组抢答器按钮 X002、X003 和 X004，如果有一个先按下，程序将会点亮该组的抢答指示灯。例如，第三组先按下 X004，则会点亮 Y005，同时，Y005 的常闭触点会封锁第一组、第二组的抢答指示灯 Y003、Y004。

运行开始后，如果三组都没有按下抢答按钮，则 T2 定时 10s 之后，点亮超时指示灯 Y002；如果抢答成功（Y003、Y004、Y005 中有一组有抢答指示），但 T3 定时 30s 后还没有应答完毕，也点亮超时指示灯 Y002。

如果主持人没有开启抢答，即 Y000 不在运行状态，若此时有人按下抢答键，则点亮违规指示灯 Y006。

4. 计数器 C

（1）16 位递增计数器　普通 16 位递增计数器的动作时序如图 5-17 所示。计数器有计数和复位两个输入端子，图 5-17 中以 X011 为计数脉冲输入端，X010 为计数复位输入端。只有当 X010 为 OFF 时，计数器线圈 C0 才对 X011 的输入脉冲进行加 1 计数。计数器的设定值和定时器的设定值一样，可由常数 K 确定，也可间接通过指定数据寄存器来设定。每当 X011 输入信号接通上升沿，计数器当前值加 1。当计数器的当前值为 10 时，计数器 C0 触点动作。之后即使输入信号 X011 再接通，计数器的当前值保持不变。当复位输入信号 X010 接通时，执行 RST 复位指令，计数器清零复位，C0 触点恢复。需要提醒的是，设定值为 K0 和 K1 含义相同，都是在第一次计数时，输出动作。如果在计数中遇到 PLC 断电或停机，计数值将被清除。

失电保持计数器与通用计数器的区别在于：前者在失电或关机后，当前值保持不变，一旦恢复运行，计数器在原保持值的基础上继续计数，直到设定值后动作。

图 5-18 为 PLC 控制汽车左右转向灯的输入接线图和梯形图程序。图 5-18a 为 PLC 接线图，图 5-18b 为梯形图程序。该程序使用了普通计数器 C0，当方向盘打左转 X000（或右转 X002）时，左转指示灯 Y000（或右转指示灯 Y001）闪烁 6 下，当方向盘回正到中间位置时，计数器清零。程序中的定时器 T37 和 T38 用来产生 1s 的闪烁时序。

（2）32 位增减计数器　32 位增减计数器（又称为双向计数器）有加计数和减计数两种工作方式，其计数方式由特殊辅助继电器 M8200 ~ M8234 设定。设定方法为：对于 C×××，当 M8×××接通（置 1）时为减计数，当 M8×××断开（置 0）时为增计数。

图 5-19 所示为 32 位增减计数器 C200 的动作时序。用 X014 作为计数输入，驱动 C200

编程实例
抢答器

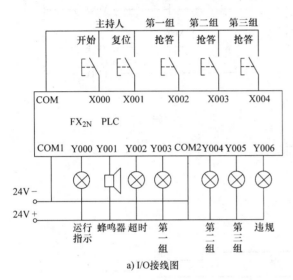

a) I/O接线图

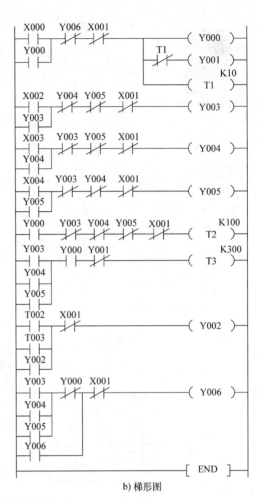

b) 梯形图

图5-16 抢答器的I/O接线图和梯形图

计数器进行计数操作，计数值为 -5。当计数器的当前值 -6 加 1 为 -5（增大）时，其触点接通（置1）；当计数器的当前值由 -5 减 1 为 -6（减小）时，其触点断开（置0）。当复位输入 X013 接通时，计数器的当前值就为0，计数器复位。

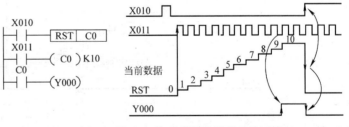

图5-17 普通16位递增计数器的动作时序

若使用断电保持型计数器，其当前值和输出触点断电再来电时均能保持断电时的状态。

（3）高速计数器 高速计数器是由特定的输入进行计数动作的，与 PLC 的扫描周期无关，采用中断处理方式进行高速计数。高速计数器共21点，地址编号为 C235～C255，但适用高速计数器输入的 PLC 输入端只有6点 X000～X005。如果这6个输入端中的一个已被某个高速计数器占用，它就不能再用于其他高速计数器（或其他用途）。另外，高速计数器还可用于比较和直接输出等高速应用功能。

21 个高速计数器均为32 位递增/递减型计数器。它的选择并不是任意的，取决于所需

编程实例
汽车转向灯

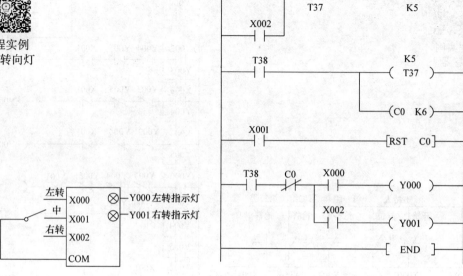

a) 输入接线图   b) 梯形图

图 5-18   PLC 控制汽车左右转向灯输入接线图和梯形图

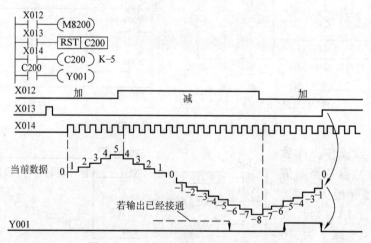

图 5-19   32 位增减计数器的动作时序

计数器的类型及高速输入端子。表 5-3 给出了各个高速计数器及其对应输入端子的名称。

表 5-3   高速计数器及其对应输入端子的名称

	1 相 1 计数输入											1 相 2 计数输入					2 相 2 计数输入				
	C235	C236	C237	C238	C239	C240	C241	C242	C243	C244	C245	C246	C247	C248	C249	C250	C251	C252	C253	C254	C255
X000	U/D						U/D			U/D		U	U		U		A	A		A	
X001		U/D					R			R		D	D		D		B	B		B	
X002			U/D					U/D			U/D		R	R		R		R		R	
X003				U/D				R	U/D		R			U		U			A		A

124

（续）

	1相1计数输入											1相2计数输入					2相2计数输入				
	C235	C236	C237	C238	C239	C240	C241	C242	C243	C244	C245	C246	C247	C248	C249	C250	C251	C252	C253	C254	C255
X004					U/D				U/D					D		D			B		B
X005						U/D			R					R		R			R		R
X006										S					S					S	
X007											S					S					S

注：U—加计数输入；D—减计数输入；A—A相输入；B—B相输入；R—复位输入；S—启动输入。

　　X006 和 X007 也是高速输入，但只能用作启动信号而不能用于高速计数。不同类型的计数器可同时使用，但它们的输入不能共用。输入端 X000 ~ X007 不能同时用于多个计数器，例如，若使用了 C251，因为 X000、X001 被占用，所以 C235、C236、C246、C247、C249、C252、C254 等计数器不能使用，其他指令也不能再使用 X000、X001。

　　图 5-20 为两个高速计数器的输入选择示意图。当 X020 接通时，选中高速计数器 C235，而由表 5-3 中可知，C235 对应的计数器输入端为 X000，计数器输入脉冲应为 X000 而不是 X020；当 X020 断开时，线圈 C235 断开，同时 C236 接通，选中计数器 C236，这时计数脉冲输入端为 X001。

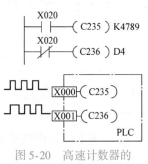

图 5-20　高速计数器的输入选择示意图

二、基本顺控指令编程法

　　FX$_{2N}$ 系列可编程控制器基本顺序控制指令的助记符、功能、对应梯形图及可用软元件见表 5-4。

表 5-4　FX$_{2N}$ 系列 PLC 的基本顺序控制指令

助记符、名称	功能	梯形图和可用软元件	助记符、名称	功能	梯形图和可用软元件
［LD］取	运算开始 a 触点	XYMSTC	［ANDP］与脉冲上升沿	上升沿检出串联连接	
［LDI］取反转	运算开始 b 触点	XYMSTC	［ANDF］与脉冲下降沿	下降沿检出串联连接	XYMSTC
［LDP］取脉冲上升沿	上升沿检出运算开始	XYMSTC	［OR］或	并联 a 触点	XYMSTC
［LDF］取脉冲下降沿	下降沿检出运算开始	XYMSTC	［ORI］或反转	并联 b 触点	XYMSTC
［AND］与	串联 a 触点	XYMSTC	［ORP］或脉冲上升沿	脉冲上升沿检出并联连接	XYMSTC
［ANI］与反转	串联 b 触点	XYMSTC	［ORF］或脉冲下降沿	脉冲下降沿检出并联连接	XYMSTC

（续）

助记符、名称	功能	梯形图和可用软元件	助记符、名称	功能	梯形图和可用软元件
[ANB] 回路块与	并联回路块的串联连接		[MCR] 主控复位	公共串联点的清除指令	
[ORB] 回路块或	串联回路块的并联连接		[MPS] 进栈	运算存储	
[OUT] 输出	线圈驱动指令	YMSTC	[MRD] 读栈	存储读出	
[SET] 置位	线圈接通保持指令	SET YMS	[MPP] 出栈	存储读出与复位	
[RST] 复位	线圈接通清除指令	RST YMSTCD	[INV] 反转	运算结果的反转	INV
[PLS] 上升沿脉冲	上升沿检出指令	PLS YM	[NOP] 空操作	无动作	清除程序流程
[PLF] 下降沿脉冲	下降沿检出指令	PLF YM	[END] 结束	顺控程序结束	顺控程序结束回到"0"
[MC] 主控	公共串联点的连接线圈指令	MC N YM			

1. 逻辑取与输出线圈驱动指令 LD、LDI、OUT

LD：取指令，用于常开触点与母线连接。

LDI：取反指令，用于常闭触点与母线连接。

OUT：线圈驱动指令，用于将逻辑运算的结果驱动一个指定线圈。OUT 指令可以连续使用若干次，相当于多个输出线圈并联。

上述三条指令的使用方法如图 5-21 所示。

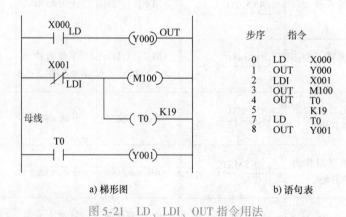

a) 梯形图　　　　　　　　　　b) 语句表

图 5-21　LD、LDI、OUT 指令用法

2. 单个触点串联指令 AND、ANI

AND：与指令。用于单个触点的串联，完成逻辑"与"运算。

ANI：与反指令。用于动断触点的串联，完成逻辑"与非"运算。

图 5-22 为这两条指令的使用方法。

X002 X000 AND
Y003
Y003 X003
M101
ANI
T1
Y004
AND
步序 指令
0 LD X002
1 AND X000 串联触点
2 OUT Y003
3 LD Y003
4 ANI X003 串联触点
5 OUT M101
6 AND T1 串联触点
7 OUT Y004 纵接输出
a) 梯形图
b) 语句表

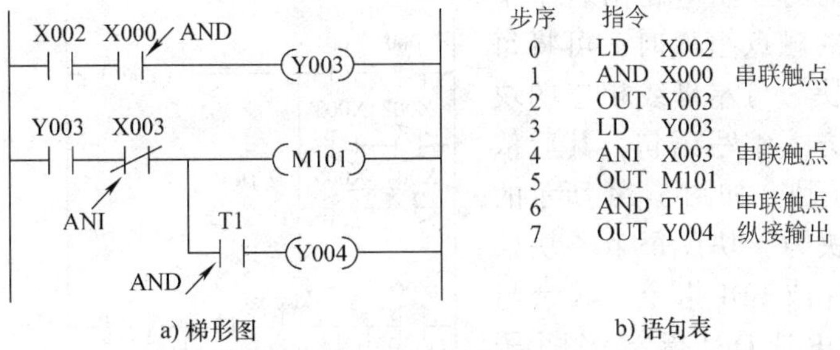

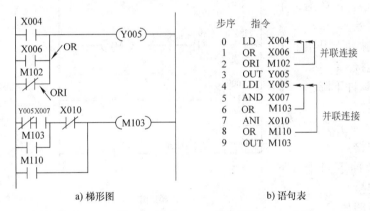

图 5-22　AND、ANI 指令用法

指令用法说明：

1）AND、ANI 指令均用于单个触点的串联，串联触点数目没有限制。该指令可以重复多次使用。指令的目标元件为 X、Y、M、T、C、S。

2）OUT 指令后，通过触点对其他线圈使用 OUT 指令称为纵接输出，如 OUT M101 指令后，再通过 T1 触点去驱动 Y4。这种纵接输出在顺序正确的前提下可以多次使用。

3. 触点并联指令 OR、ORI

OR：或指令。用于单个常开触点的并联。

ORI：或反指令。用于单个常闭触点的并联。

图 5-23 所示梯形图和助记符为该指令用法。

X004
Y005
X006
OR
M102
ORI
Y005 X007 X010
M103
M103
M110
步序 指令
0 LD X004
1 OR X006
2 ORI M102
并联连接
3 OUT Y005
4 LDI Y005
5 AND X007
6 OR M103
7 ANI X010
8 OR M110
并联连接
9 OUT M103
a) 梯形图
b) 语句表

图 5-23　OR、ORI 指令用法

指令用法说明：

1）OR、ORI 指令用于一个触点的并联连接。若将两个以上的触点串联连接电路块并联连接时，要用后文提到的 ORB 指令。

2）OR、ORI 指令并联触点时，是从该指令的当前步开始，对前面的 LD、LDI 指令并联连接。该指令并联连接的次数不限。

4. 串联电路块的并联指令 ORB 和并联电路块的串联指令 ANB

当一个梯形图的控制电路由若干个先串联、后并联的触点组成时，可将每组串联的触点看作一个块。与左母线相连的最上面的块按照触点串联的方式编写语句，下面依次并联的块称为子块，如图 5-24 所示的 A 块和 B 块。每个子块左边第一个触点用 LD 或 LDI 指令，其余串联的触点用 AND 或 ANI 指令。每个子块的语句编写完后，加一条 ORB 指令作为该指令的结尾。ORB 是将串联块并联，是块或指令。

当一个梯形图的控制电路由若干个先并联、后串联的触点组成时，可将每组并联看成一个块。与左母线相连的块按照触点并联的方式编写语句，其后依次相连的块称作子块。如图 5-24 所示的 C 块和 D 块，D 块为子块。每个子块最上面的触点用 LD 或 LDI 指令，其余与其并联的触点用 OR 或 ORI 指令。每个子块的语句编写完后，加一条 ANB 指令，表示各并联电路块的串联，ANB 将并联块相串联，为块与指令。ORB、ANB 指令的用法如图 5-24 所示。

ORB、ANB 指令均为不跟操作元件号的独立指令。

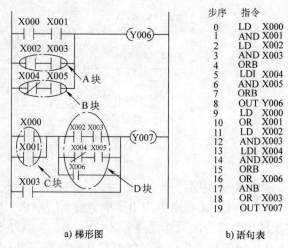

a) 梯形图　　　b) 语句表

图 5-24　ORB、ANB 指令的用法

5. 边沿触发指令

图 5-25 为采用梯形图和助记符语言表示的边沿触发指令用法。

LDP：取脉冲上升沿。上升沿检出运算开始。

LDF：取脉冲下降沿。下降沿检出运算开始。

ANDP：与脉冲上升沿。上升沿检出串联连接。

ANDF：与脉冲下降沿。下降沿检出串联连接。

ORP：或脉冲上升沿。上升沿检出并联连接。

ORF：或脉冲下降沿。下降沿检出并联连接。

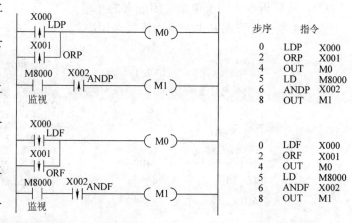

a) 梯形图　　　b) 语句表

图 5-25　边沿触发指令的用法

指令用法说明如下：

LDP、ANDP、ORP 指令是进行上升沿检出的触点指令，仅在指定位软元件的上升沿时（OFF→ON 变化时）接通一个扫描周期。

LDF、ANDF、ORF 指令是进行下降沿检出的触点指令，仅在指定位软元件的下降沿时（ON→OFF 变化时）接通一个扫描周期。

6. 多重输出电路指令 MPS、MRD、MPP

MPS（Push）：进栈指令。

MRD（Read）：读栈指令。

MPP（POP）：出栈指令。

这组指令可将连接点先存储，因此可用于连接后面的电路。PLC 中有 11 个存储运算中间结果的存储器，使用第一次 MPS 指令，该时刻的运算结果就推入栈的第一段。再次使用 MPS 指令时，当时的运算结果推入栈的第一段，先推入的数据依次向栈的下段推移。使用

MPP 指令，各数据依次向上段压移。最上段的数据在读出后就从栈内消失。MRD 是最上段所存的最新数据的读出专用指令。栈内的数据不发生下压或上托。

图 5-26 为占用 1 层堆栈的程序示例。

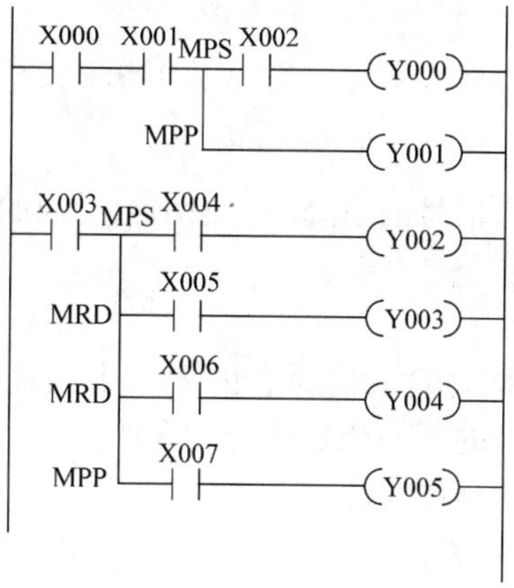

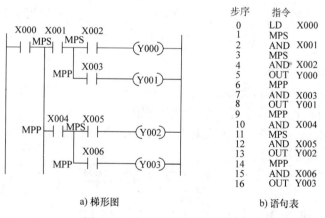

a) 梯形图

步序	指令
0	LD X000
1	AND X001
2	MPS
3	AND X002
4	OUT Y000
5	MPP
6	OUT Y001
7	LD X003
8	MPS
9	AND X004
10	OUT Y002
11	MRD
12	AND X005
13	OUT Y003
14	MRD
15	AND X006
16	OUT Y004
17	MPP
18	AND X007
19	OUT Y005

b) 语句表

图 5-26 占用 1 层堆栈的程序

图 5-27 为占用 2 层堆栈的程序示例。

使用这组指令应注意：无论何时 MPS 和 MPP 连续使用必须少于 11 次，并且 MPS 与 MPP 必须配对使用。

a) 梯形图

步序	指令
0	LD X000
1	MPS
2	AND X001
3	MPS
4	AND X002
5	OUT Y000
6	MPP
7	AND X003
8	OUT Y001
9	MPP
10	AND X004
11	MPS
12	AND X005
13	OUT Y002
14	MPP
15	AND X006
16	OUT Y003

b) 语句表

图 5-27 占用 2 层堆栈的程序

7. 置位与复位指令 SET、RST

SET、RST 指令用于对逻辑线圈 M、输出继电器 Y、状态 S 的置位、复位，也用于对数据寄存器 D 和变址寄存器 V、Z 的清零、对定时器 T 和计数器 C 逻辑线圈的复位，使它们的当前定时值和计数值清零。使用 SET 和 RST 指令，可以方便地在用户程序的任何地方对某个状态或事件设置标志和清除标志。同时也可对同一元件多次使用，且具有自保持功能，SET 和 RST 指令的用法如图 5-28 所示。

8. 脉冲输出指令 PLS、PLF

PLS 为上升沿脉冲输出，用于检测输入信号的上升沿，输出给后面的编程元件，获得一个扫描周期的脉冲输出。

图 5-28   SET 和 RST 指令的用法

PLF 为下降沿脉冲输出，用于检测输入信号的下降沿，输出给后面的编程元件，获得一个扫描周期的脉冲输出。

指令使用说明：

1）使用 PLS 指令，元件 Y、M 仅在驱动输入接通后的下一个扫描周期内动作。使用 PLF 指令，元件 Y、M 仅在驱动输入断开后的下一个扫描周期内动作。

2）特殊继电器不能用作 PLS 或 PLF 的操作元件。

图 5-29 所示为 PLS、PLF 指令的使用方法。

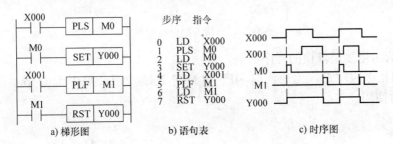

图 5-29   PLS、PLF 指令的使用方法

9. 主控指令 MC、MCR

MC 为主控指令，在主控电路块起点使用。

MCR 为主控复位指令，在主控电路块终点使用。

其目的操作数的选择范围为输出线圈 Y 和逻辑线圈 M，使用常数 N 作为嵌套层数，选择范围为 N0 ~ N7（8 层以内）。

图 5-30 为主控指令应用示例。

输入接通时，执行 MC 与 MCR 之间的指令。图 5-30 中 X000 接通时，执行主控命令。当输入断开时，不执行主控命令，这时扫描 MC 与 MCR 指令之间各输出状态情况如下：

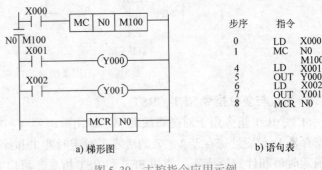

图 5-30   主控指令应用示例

1）保持当前状态的元件有计数器和失电保持定时器，用 SET/RST 指令驱动的元件。

2）变成断开的元件有普通定时器、各内部线圈和输出线圈。

10. 空操作指令 NOP 和程序结束指令 END

NOP 是一条空操作指令，用于程序的修改。NOP 指令在程序中占一个步序，没有元件编号。在使用时，为了方便修改或增减指令，可预先在程序中插入 NOP 指令。

对 NOP 指令说明如下：

1）若在程序中加入 NOP 指令，改动或追加程序时，可以减少步序号的改变，另外，用 NOP 指令替换已写入的指令，也可改变电路。

2）LD、LDI、AND、ORB 等指令若换成 NOP 指令，电路构成将有较大幅度变化。

3）执行程序全部清除操作后，全部指令都变成 NOP。

END 指令用于程序的结束，是无元件编号的独立指令。在程序调试过程中，可分段插入 END 指令，再逐段调试，在该段程序调试好后，删去 END 指令，然后进行下段程序的调试，直到全部程序调试完为止。

11. 取反指令

INV 指令用来取前面信号的反逻辑，不能与母线直接相连，也不能单独使用，如图 5-31 所示。

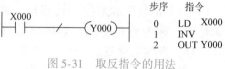

图 5-31 取反指令的用法

第五节 FX₂ₙ系列 PLC 的功能图与步进梯形图

一、功能图

功能图是一种描述顺序控制系统功能的图解表示法，也称为流程图，主要由步、转移及有向线段等元素组成。如果适当运用组成元素，就可得到控制系统的静态表示方法，再根据转移触发规则进行模拟系统的运行，就可得到控制系统的动态过程，并可以从运行中发现潜在的故障。流程图用约定的几何图形、有向线段和简单的文字说明来描述 PLC 的处理过程和程序的执行步骤。

1. 流程图的"步"

"步"是控制系统中对应一个相对稳定的状态。在功能图中，"步"通常表示某个执行元件的状态变化。

1）初始步。对应于控制系统的初始状态，是其运行的起点。一个控制系统至少要有一个初始步。初始步的符号如图 5-32 所示。

图 5-32 初始步的符号

2）工作步。工作步是指控制系统正常运行时的状态。根据系统是否运行，"步"可有两种状态：动步和静步，动步是指当前正在进行的步，静步是没有运行的步。

3）步对应的动作。步是指一个稳定的状态，即表示过程中的一个动作，用该步右边的一个矩形框来表示。当一个步有多个动作时，用该步右边的几个矩形框来表示。与步对应的动作如图 5-33 所示。

2. 步的转移

为了说明从一个步到另一个步的变化，要用转移的概念，即用一个有向线段来表示转移

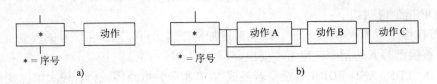

图 5-33 步对应的动作

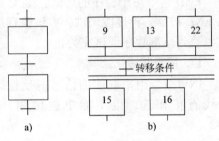

图 5-34 步的转移

的方向。两个步之间的有向线段上再用一段横线表示这一转移的条件。转移的符号如图 5-34 所示。

1）转移的使能和触发。转移是一种条件，当条件满足时，称为转移使能。如果该转移能够使步态实现转移，则称为触发。

2）转移条件。一个转移能够触发，必须满足转移条件。转移条件可以采用文字语句或逻辑表达式等方式表示在转移符号旁。只有当一个步处于活动状态，而且与它相关的转移条件成立时，才能实现步状态的转移，转移结果使紧接它的后续步处于活动状态，而使与其相连的前级步处于非活动状态。

3. 流程图构成规则

系统的流程图必须满足以下规则：

1）步与步不能相连，必须用转移分开。

2）转移与转移不能相连，必须用步分开。

3）步与转移、转移与步之间的连接采用有向线段，从上向下画时可以省略箭头。当有向线段从下向上画时，必须画上箭头，以表示方向。

4）一个流程图至少要有一个初始步。

4. 流程图的三种基本形式

1）单一顺序。其动作一个接着一个地完成。每步仅连接一个转移，每个转移也仅连接着一个步。

2）选择顺序。选择顺序是指在某一步后有若干单一顺序等待选择，一次只能选择进入一个顺序。为了保证一次选择一个顺序及选择的优先权，还必须对各个转移条件加以约束。其表示方法是在某一步后连接一条水平线，水平线下连接各个单一顺序的第一个转移。转移图结束时，用一条水平线表示，水平线以下不允许再有转移直接跟着。

3）并行顺序。并行顺序是指在某一转移条件下，同时启动若干个顺序。并行顺序用双水平线表示，同时结束若干顺序，也用双水平线表示。

流程图的基本形式如图 5-35 所示。

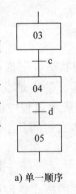
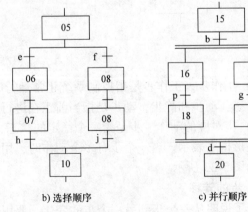

a) 单一顺序　　b) 选择顺序　　c) 并行顺序

图 5-35 流程图的基本形式

二、顺序控制的功能图与步进梯形图编程

图 5-36a 是一个简单的功能图程序示例。其基本含义是：在 PLC 运行的第一个扫描周期（用 M8002 初始脉冲）置位初始状态位 S0（可用 S0～S9），当满足启动步条件 X000 = 1 时，置位第一个程序步 S20，该程序步的动作是使 Y001 得电；在第一个程序步 S20，如果转移条件 X001 满足，程序就进入第二个程序步 S21，在置位第二个程序步的同时，复位第一个程序步 S20，该程序步的动作是使 Y002 得电；而在第二个程序步 S21，如果转移条件 X002 满足，程序就进入第三个程序步 S22，在置位第三个程序步的同时，复位第二个程序步 S21，该程序步的动作是使 Y003 得电。程序就这样依次执行到最后一个程序步 S23，这时如果 X004 = 1，则回到初始状态位，同时将所有程序步清 0，等待重新开始循环。图 5-36b 为该工程的语句表程序。

上述工序若用梯形图编程，则应采用步进梯形图指令，如图 5-37 所示。

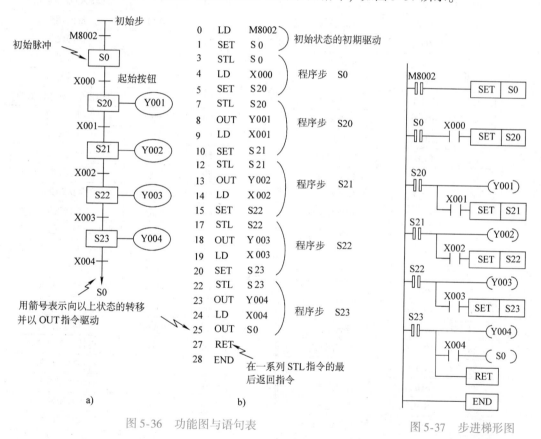

图 5-36 功能图与语句表

图 5-37 步进梯形图

第六节 FX$_{2N}$系列 PLC 的应用指令

应用指令又称为功能指令，由功能编号 FNC00～FNCXXX 进行指定，各指令由表示其内容的符号（助记符）操作码、操作数组成，能完成特定的程序功能。FX$_{2N}$ 系列 PLC 有 246 个功能指令。表 5-5 是功能指令简表。

表 5-5 功能指令简表

分类	FNC No	指令助记符	功能	分类	FNC No	指令助记符	功能
程序流程	00	CJ	条件跳转	数据处理	40	ZRST	全部复位
	01	CALL	子程序调用		41	DECO	译码
	02	SRET	子程序返回		42	ENCO	编码
	03	IRET	中断返回		43	SUM	ON 位数
	04	EI	中断许可		44	BON	ON 位判断
	05	DI	中断禁止		45	MEAN	平均值
	06	FEND	主程序结束		46	ANS	信号报警器置位
	07	WDT	监控定时器		47	ANR	信号报警器复位
	08	FOR	循环范围开始		48	SOR	BIN 数据开二次方
	09	NEXT	循环范围终了		49	FLT	BIN 整数转变二进制浮点数
传送与比较	10	CMP	比较	高速处理	50	REF	输入/输出刷新
	11	ZCP	区域比较		51	REFF	滤波调整
	12	MOV	传送		52	MTR	矩阵输入
	13	SMOV	移位传送		53	HSCS	比较置位
	14	CML	倒转传送		54	HSCR	比较复位
	15	BMOV	一并传送		55	HSZ	区间比较（高速计数器）
	16	RMOV	多点传送		56	SPD	脉冲密度
	17	XCH	交换		57	PLSY	脉冲输出
	18	BCD	BCD 交换		58	PWM	脉宽调制
	19	BIN	BIN 交换		59	PLSR	可调速脉冲输出
四则逻辑运算	20	ADD	BIN 加法	方便指令	60	IST	状态初始化
	21	SUB	BIN 减法		61	SER	数据查询
	22	MUL	BIN 乘法		62	ABSD	凸轮控制（绝对方式）
	23	DIV	BIN 除法		63	INCD	凸轮控制（增量方式）
	24	INC	BIN 加一		64	TIMR	示教定时器
	25	DEC	BIN 减一		65	STMR	特殊定时器
	26	WAND	逻辑字与		66	ALT	交替输出
	27	WOR	逻辑字或		67	RAMP	斜坡信号
	28	WXOR	逻辑字异或		68	ROTC	旋转工作台控制
	29	NEG	求补码		69	SORT	数据排序
循环移位	30	ROR	循环右移	外部设备 I/O	70	TKY	十字键输入
	31	ROL	循环左移		71	DKY	十六键输入
	32	RCR	带进位循环右移		72	DSW	数字开关
	33	RCL	带进位循环左移		73	SEGD	七段码译码
	34	SFTR	位右移		74	SEGL	七段码时分显示
	35	SFTL	位左移		75	ARWS	方向开关
	36	WSFR	字右移		76	ASC	ASC 码转换
	37	WSFL	字左移		77	PR	ASC 码打印
	38	SFWR	移位写入		78	FROM	BFM 读出
	39	SFRD	移位读出		79	TO	BFM 写入

（续）

分类	FNC No	指令助记符	功能	分类	FNC No	指令助记符	功能
外部设备 SER	80	RS	串行数据传送	时钟运算	160	TCMP	时钟数据比较
	81	PRUN	8 进制位传送		161	TZCP	时钟数据区间比较
	82	ASCI	HES 转换 ASCII 转换		162	TADD	时钟数据加法
	83	HEX	ASCII 转换 HEX 转换		163	TSUB	时钟数据减法
	84	CCD	校验码		166	TRD	时钟数据读出
	85	VRRD	电位器值读出		167	TWIR	时钟数据写入
	86	VRSC	电位器刻度		169	HOUR	计时仪
	88	PID	PID 运算	外部设备	170	GRY	格雷码变换
浮点数	110	ECMP	二进制浮点比较		171	GBIN	格雷码逆变换
	111	EZCP	二进制浮点区域比较		176	RD3A	模拟块读出
	118	EBCD	二进制浮点转变十进制浮点		177	WR3A	模拟块写入
	119	EBIN	十进制浮点转变二进制浮点	接点比较	224	LD =	(S1) = (S2)
					225	LD >	(S1) > (S2)
					226	LD <	(S1) < (S2)
	120	EADD	二进制浮点加法		228	LD < >	(S1) ≠ (S2)
	121	ESUB	二进制浮点减法		229	LD < =	(S1) ≤ (S2)
	122	EMUL	二进制浮点乘法		230	LD > =	(S1) ≥ (S2)
	123	EDIV	二进制浮点除法		232	AND =	(S1) = (S2)
	127	ESQR	二进制浮点开方		233	AND >	(S1) > (S2)
	129	INT	二进制浮点转变 BIN 整数		234	AND <	(S1) < (S2)
	130	SIN	浮点 sin 运算		236	AND < >	(S1) ≠ (S2)
	131	COS	浮点 cos 运算		237	AND < =	(S1) ≤ (S2)
	132	TAN	浮点 tan 运算		238	AND > =	(S1) ≥ (S2)
	147	SWAP	高低字节交换		240	OR =	(S1) = (S2)
	155	ABS	ABS 现在值读出		241	OR >	(S1) > (S2)
定位	156	ZRN	原点回归		242	OR <	(S1) < (S2)
	157	PLSY	可变度的脉冲输出		244	OR < >	(S1) ≠ (S2)
	158	DRVI	相对定位		245	OR < =	(S1) ≤ (S2)
	159	DRVA	绝对定位		246	OR > =	(S1) ≥ (S2)

FX_{2N} 系列 PLC 的功能指令采用梯形图和助记符相结合的表达方式，具有简便易懂的优点，新版的编程软件都具有在线的详细帮助，用户很容易使用。功能指令的功能号与助记符一一对应，不同的功能指令有不同的操作码（功能号或助记符）和操作数，有的只有操作码而无操作数，有的既有操作码又有操作数，不同类型的操作数有不同的表达方式。本书介绍功能指令时的一般说明如下：[S] 表示源操作数，多个源操作数时用 [S1]、[S2] 表示；[D] 表示目的操作数，多个目的操作数时用 [D1]、[D2] 表示；K、H 表示常数，如 K6 表示十进制常数 6；$K_n X_m$、$K_n Y_m$、$K_n M_m$、$K_n S_m$ 表示以 n 为组数，每组 4 位所组成 $4*n$ 位的数据（X_m、Y_m、M_m、S_m 为最低位）。下面就一些常用的功能指令加以说明，其他或更为

详细的说明，请参考相关的使用手册。

1. 程序控制功能指令（FNC00 ~ FNC09）

（1）CJ（FNC00）条件跳转指令　该指令用于跳过顺序程序中的某一部分，从指针标号处执行。操作码后加"P"，表示当其控制电路由"断开"到"闭合"时才执行该指令。操作元件为指针 P0 ~ P63，其中 P63 即 END，无需再标号。CJ 指令可以向前跳转，也可以向后跳转，但程序执行时间不能超过软件监视定时器的设定时间，否则 PLC 会处于错误状态，其梯形图如图 5-38 所示。

（2）子程序指令 CALL（FNC01）、SRET（FNC02）　CALL（P）：子程序调用指令。操作元件为指针 P0 ~ P62。SRET：子程序返回指令，直接与左母线相连。子程序必须编制在主程序结束 FEND 指令之后。

子程序调用指令的梯形图如图 5-39 所示。当常开触点 X000 "闭合"时，CPU 扫描到指针为 P10 的子程序调用指令的梯形图，立即停止对主程序的扫描，进入 P10 子程序扫描执行状态。待扫描到 SRET 指令后，再返回到主程序继续扫描。当常开触点 X000 "断开"时，不执行子程序 P10 的调用。

使用子程序调用指令时，最多允许 5 级子程序嵌套。另外，在子程序中使用定时器，被限制在 T192 ~ T199 和 T246 ~ T249 中。

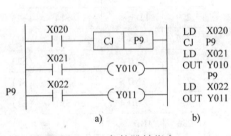

图 5-38　条件跳转指令

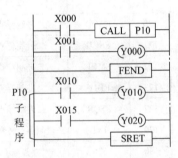

图 5-39　子程序调用指令梯形图

（3）中断指令 IRET（FNC03）、EI（FNC04）、DI（FNC05）　EI：中断许可指令。DI：中断禁止指令。IRET：中断返回指令。它们均无操作元件，指令块直接与左母线相连。系统初始为禁止中断状态，当有中断信号产生时，中断信号被存储，指令 EI 与 DI 之间的程序为允许中断区域，当程序处理到允许中断区域时，可转入中断程序，到 IRET 指令时返回原断点。

中断指令允许有 2 级中断嵌套。程序中使用定时器，规定范围为 T192 ~ T199 和 T246 ~ T249。多个中断信号顺序产生时，最先产生的中断信号有优先权。若两个或两个以上的中断信号同时产生时，中断指针号较低的有优先权。

（4）监视定时器刷新指令 WDT（FNC07）　WDT（P）：刷新顺序程序的警戒时钟，没有操作元件，如图 5-40 所示。

在 FX_{2N} 系列 PLC 中，警戒时钟专用定时器的数据寄存在寄存器 D8000 中，定时 100ms。如果程序的扫描周期（从 0 步到 END 或 FEND 指令）超过 100ms，PC 将停止运行。在这种情况下，应将 WDT 指令插入到合适的程序步中刷新警戒时钟以使顺序程序得以继续执行，直到 END。

（5）循环指令 FOR（FNC08）和 NEXT（FNC09）　FOR 指令和 NEXT 指令是一组循环指令，必须成对使用。指令操作数选用范围为 K、H、K_nX、K_nY、K_nM、K_nS、T、C、D、V、Z。FOR 和 NEXT 指令的梯形图如图 5-41 所示，当 CPU 扫描到 FOR 指令后，就将 FOR

指令到 NEXT 指令之间的梯形图重复扫描 4 次，然后再扫描 NEXT 指令下面的梯形图。在使用 FOR、NEXT 指令时必须成对使用，数目相符，并且 NEXT 指令不能编在 END 之后。

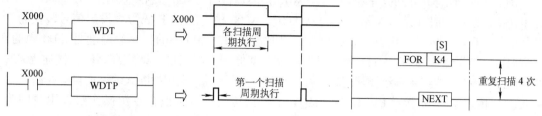

图 5-40　监视定时器刷新指令　　　　　图 5-41　FOR 和 NEXT 指令的梯形图

该指令最多允许 5 级嵌套。

2. 传送与比较指令（FNC10 ~ FNC19）

（1）比较指令 CMP（FNC10）　CMP 是两数比较指令。该指令源操作数选用范围为 K、H、K_nX、K_nY、K_nM、K_nS、T、C、D、V、Z，目的操作数选用范围为 Y、M、S，在其操作码之前加"D"表示其操作数为 32 位的二进制数（以下类同）。源操作数 [S1] 和 [S2] 都被看作二进制数，其最高位为符号位，如果该位为"0"，则表示该数为正；如果该位为"1"则表示该数为负（以下类同）。目的操作数 [D] 由三个位软设备组成，梯形图中标明的是其首地址，另外两个位软设备紧随其后。例如，在图5-42中，目的操作数 [D] 由 M0 和紧随其后的 M1、M2 组成，当执行比较操作，即常开触点 X010 闭合时，每扫描一次该梯形图就对源操作数 [S1] 和 [S2] 进行比较，结果如下：当 [S1] > [S2] 时，M0 当前值为 1；当[S1] = [S2] 时，M1 当前值为 1；当 [S1] < [S2] 时，M2 当前值为 1。

执行比较操作后，即使其控制电路断开，其目的操作数的状态仍保持不变，除非 RST 指令将其复位。

比较指令实例：

图 5-43 是用 PLC 控制一台空调器实现简易温度控制的例子。

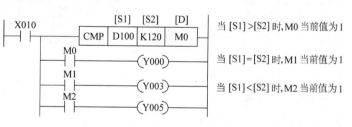

图 5-42　CMP 的梯形图

图 5-43a 所示电路使用两位 BCD 码拨码开关预设空调温度，例如，预置 26℃，则（二-十进

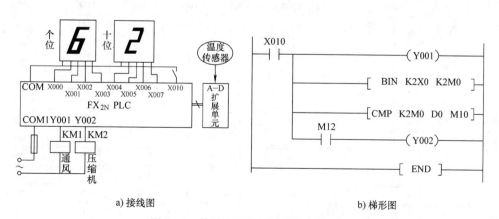

a) 接线图　　　　　　　　　　　　　b) 梯形图

图 5-43　简易温度控制接线图和梯形图

制）BCD 码为 0010 0110，将对应输给 X007~X000 共八个输入点。X010 连接空调运行开关。温度传感器检测的实际温度信号通过模拟量扩展单元读入 PLC，存放于 PLC 的数据寄存器 D0 中。

图 5-43b 所示梯形图的功能如下：当 X010 接通运行时，Y001 就得电输出，使通风机一直处于送风状态；同时（用 BIN 指令）将从 X007~X000 输入的 BCD 码温度设定信号转换为二进制信号，存放于内部继电器 M7~M0 中；并比较（M7~M0 中的）预设温度与（D0 中的）实际温度，结果送入 M10、M11、M12；当预设温度低于实际温度，即室温高时，接通 Y002，控制压缩机制冷；当室温降到预设温度后，自动停止压缩机；实现通断式的温度自动控制。

（2）传送指令 MOV（FNC12）　　MOV 是数据传送指令。该指令源操作数选用范围为 K、H、K_nX、K_nY、K_nM、K_nS、T、C、D、V、Z，目的操作数选用范围为 K_nY、K_nM、K_nS、T、C、D、V、Z，如果源操作数〔S〕内的数据是十进制的常数，则 CPU 自动将其转换成二进制数，然后再传送到目的操作数〔D〕中去。在图 5-44 中，当常开触点 X010

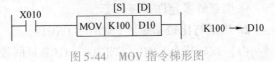

图 5-44　MOV 指令梯形图

闭合时，每扫描一次梯形图，就将源操作数〔S〕的数 K100 自动转换成二进制数，再传送到数据寄存器 D10 中去。

MOV 指令程序实例：使 LED 数码管顺序显示 0~9 十个数字，并不断重复循环显示。

图 5-45 为 PLC 控制八段 LED 数码管控制电路的 I/O 接线图。使用 PLC 的输出 Y000~Y007 分别控制 a、b、c、d、e、f、g、dp 八段 LED 数码管。如果不点亮小数点位 dp 的话，可

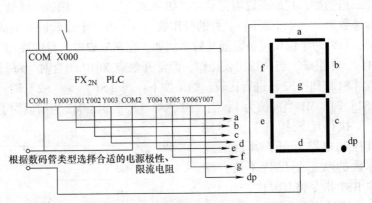

图 5-45　八段 LED 数码管控制电路的 I/O 接线图

称之为七段数码管。表 5-6 为显示数字 0~9 时对应的十六进制段码数值（该表设为驱动共阴极数码管，高电平点亮的情况）。

表 5-6　数字 0~9 对应的十六进制段码表

显示数字	Y007	Y006	Y005	Y004	Y003	Y002	Y001	Y000	十六进制段码
	dp 段	g 段	f 段	e 段	d 段	c 段	b 段	a 段	
9	0	1	1	0	1	1	1	1	6F
8	0	1	1	1	1	1	1	1	7F
7	0	0	0	0	0	1	1	1	07
6	0	1	1	1	1	1	0	1	7D
5	0	1	1	0	1	1	0	1	6D
4	0	1	1	0	0	1	1	0	66
3	0	1	0	0	1	1	1	1	4F
2	0	1	0	1	1	0	1	1	5B
1	0	0	0	0	0	1	1	0	06
0	0	0	1	1	1	1	1	1	3F

图 5-46 为重复循环显示数字 0~9 的梯形图。当 X000 运行开关接通后，MOV 指令将段码送到 Y007~Y000 输出，LED 显示数字 "0"，同时启动定时器 T0 进行 1s 定时；T0 定时到后，通过 MOV 指令，Y007~Y000 显示数字 "1"，同时启动 T1 定时器；T1 定时 1s 后，LED 显示数字 "2"……直至 T8 定时到，LED 显示数字 "9"。在显示数字 "9" 时，T9 定时器启动，1s 后 T9 动作，瞬间清除所有时间继电器，使程序又从 "0" 开始……重复循环显示 0~9 十个数字。

当 X000 开关断开时，用 MOV 指令将八位段码全部清零，LED 数码管停止显示。

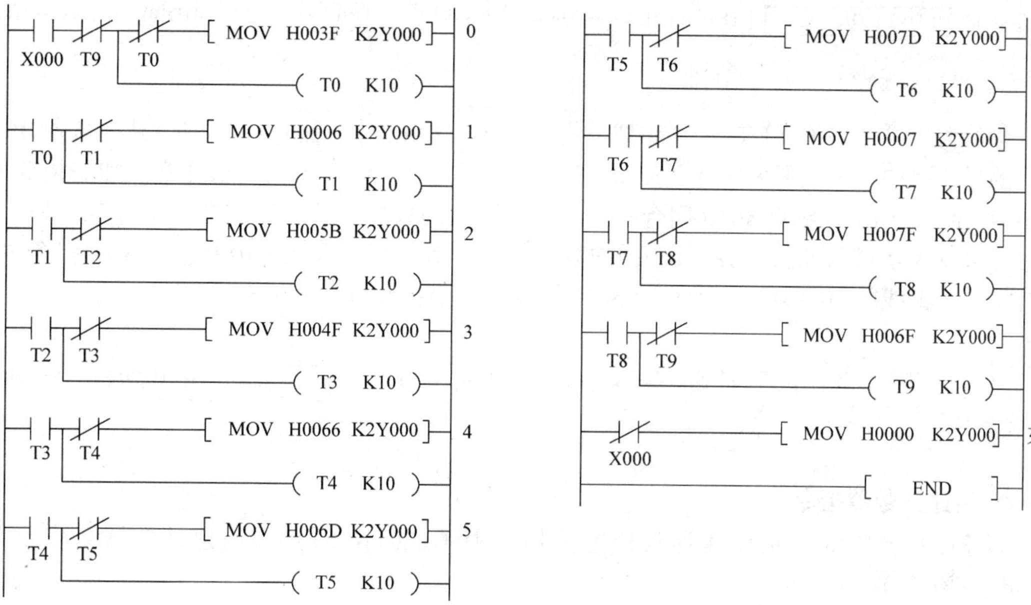

图 5-46　重复循环显示数字 0~9 的梯形图

3. 四则逻辑运算指令（FNC20~FNC29）

（1）加法指令 ADD（FNC20）和减法指令 SUB（FNC21）　加法指令 ADD/减法指令 SUB 的源操作数选用范围为 K、H、K_nX、K_nY、K_nM、K_nS、T、C、D、V、Z，目的操作数选用范围为 K_nY、K_nM、K_nS、T、C、D、V、Z。加法指令如图 5-47 所示，源操作数 [S1] 作为被加数，[S2] 作为加数，将和放入操作数 [D] 中。减法指令如图 5-48 所示，源操作数 [S1] 作为被减数，[S2] 作为减数，将差放入操作数 [D] 中，指定源中的操作数必须是二进制，其最高位为符号位。

如果运算结果为 "0"，则零标志 M8020 置 "1"；如果运算结果超过 +32767（16 位）或 +2147483647（32 位），则进位标志 M8022 置 "1"；如果运算结果小于 -32767（16 位）或 -2147483647（32 位），则借位标志 M8021 置 "1"。

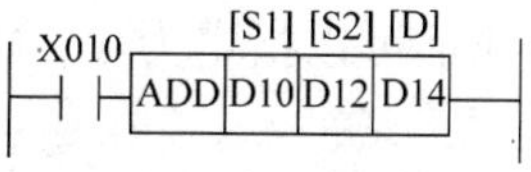

图 5-47　ADD 指令的梯形图

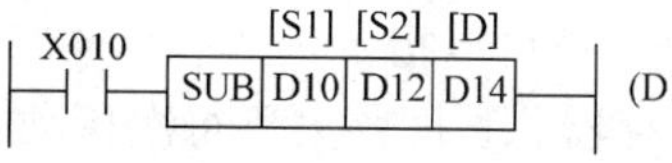

图 5-48　SUB 指令梯形图

（2）乘法指令 MUL（FNC22）和除法指令 DIV（FNC23）　乘法指令 MUL/除法指令 DIV 的源操作数选用范围为 K、H、K_nX、K_nY、K_nM、K_nS、T、C、D、V、Z，目的操作数选用范围为 K_nY、K_nM、K_nS、T、C、D、V、Z。乘法指令如图 5-49 所示，源操作数

[S1] 作为被乘数, [S2] 作为乘数, 将积放入目的操作数 [D] 指定的那个字软单元以及紧随其后的字软单元中。除法指令如图 5-50 所示, 源操作数 [S1] 作为被除数, [S2] 作为除数, 将商放入目的操作数 [D] 指定的那个字软单元中, 余数存放在紧随其后的字软单元中。若其操作数 [S1] 和 [S2] 为 16 位的二进制数, 则存放结果的是两个 16 位的字软单元; 若操作数 [S1]、[S2] 为 32 位的二进制数, 则存放结果的是 4 个 16 位的字软单元。

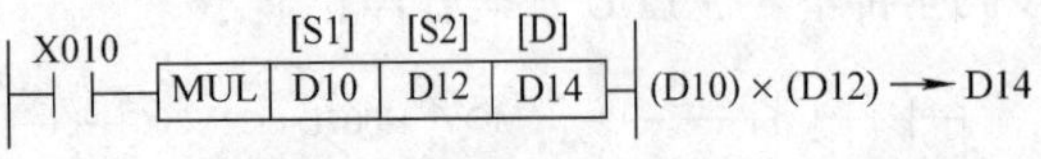

图 5-49　MUL 指令梯形图 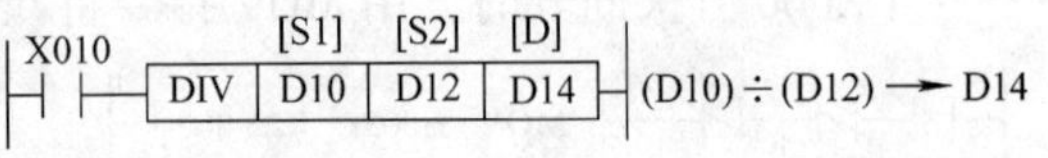　　　　图 5-50　DIV 指令梯形图

（3）加一指令 INC（FNC24）和减一指令 DEC（FNC25）　加一指令 INC/减一指令 DEC 的目的操作数的选用范围为 K_nY、K_nM、K_nS、T、C、D、V、Z, 无源操作数。加一指令如图 5-51 所示, 当常开触点 X010 闭合时, 就将 D10 内的数加 "1"。减一指令如图 5-52 所示, 当常开触点 X010 闭合时, 就将 D10 内的数减 "1", 其结果再存入 D10 中。在 INC 指令中, 没有特殊逻辑线圈 M8020、M8021、M8022 作为零、借位和进位的标志。

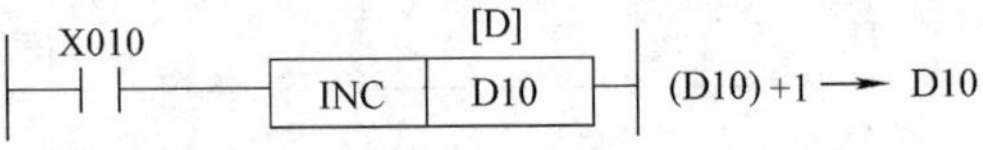

图 5-51　INC 指令梯形图 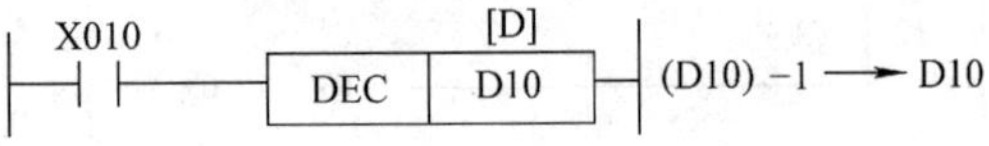　　　　图 5-52　DEC 指令梯形图

4. 高速计数器指令

高速计数器指令包括高速计数器置位指令 HSCS（FNC53）和高速计数器复位指令 HSCR（FNC54）。

图 5-53 为高速计数器置位指令 HSCS 的梯形图。当常开触点 X010 闭合, 且高速计数器 C255 的当前值等于设定常数值 K100 时, 就将 Y010 立即置 1。图 5-54 高速计数器复位指令 HSCR 的梯形图, 当常开触点 X010 闭合, 且高速计数器 C255 的当前值等于设定常数值 K100 时, 就将以中断方式将输出线圈 Y010 立即置 0, 并且采用 I/O 立即刷新的方式将 Y010 的输出切断。

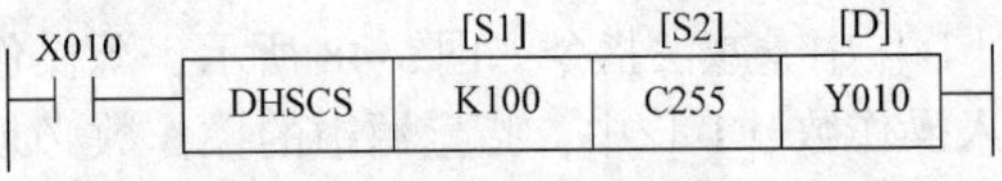

图 5-53　HSCS 指令梯形图 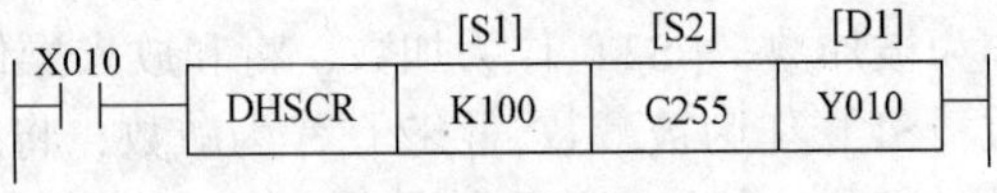　　　　图 5-54　HSCR 指令梯形图

5. 位移位指令（FNC34、FNC35）

位移位指令是使指定长度的位元件执行向左或向右移动的指令。该指令需要指定两个地址和两个数据: 移入数据地址、移位寄存器位地址、移位寄存器长度位数和每次移动位数。其中, 移入数据地址可以指定为 X、Y、M、S 变量, 移位寄存器位地址可以指定为 Y、M、S 变量, 移位寄存器总长度要大于每次移动的位数。

图 5-55 为位左移指令 SFTL 的应用梯形图。其中 X000 表示新移入数据源地址, M0 表示移位寄存器地址, 常数 16 表示移位寄存器总长度为 16 位（M0～M15）, 常数 4 表示每次移动 4 位, 相应的新移入数据也应取 4 位（X000～X003）。

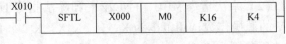

图 5-55　SFTL 指令梯形图

当 X010 输入信号由 OFF 到 ON 时，发生一次移位。移位过程如图 5-56 所示。

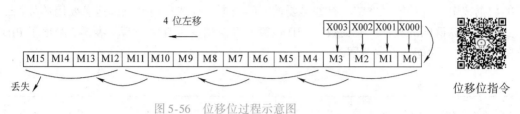

图 5-56　位移位过程示意图

右移位指令 SFTR 的使用方法与左移位指令类似。循环移位、带进位移位指令的使用方法可查阅使用手册。

图 5-57 为实现 Y000 ~ Y007 八个输出灯循环移动的程序实例。

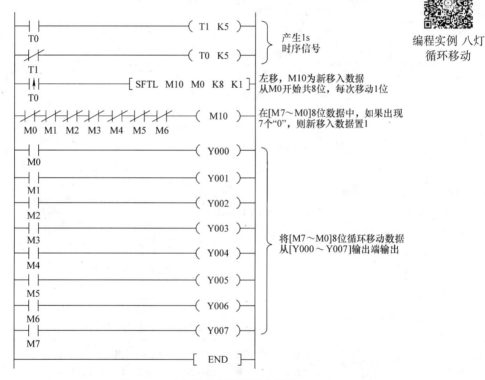

图 5-57　八个输出灯循环移动程序

实现多灯循环移动功能的编程方法不是唯一的。例如，可以删除前两行程序，直接使用 FX$_{2N}$ 系列 PLC 内部的 1s 时钟振荡信号 M8013 代替第三行的 T0；可以在初始化 M8002 脉冲生效时，用 MOV 指令直接写入 H0001（即二进制数 0000 0001），使用循环左移指令使其一直循环；等等。在工程应用中，可以尝试各种编程方法。

6. PID 指令（FNC88）

本指令对当前值数据寄存器 S2 和设定值数据寄存器 S1 进行比较，通过 PID 回路处理两值之间的偏差来产生一个调节值，此值已考虑了计算偏差的前一次的迭代和趋势。PID 回路计算出的调节值存入目标软元件 D 中。PID 控制回路的设定参数存储在由 S3 + 0 到 S3 + 24 的 25 个地址连续的数据寄存器中，指令示例如图 5-58 所示。

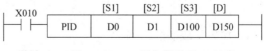

图 5-58　PID 指令梯形图

PID 控制回路的设置参数存储在由 S3 + 0 到 S3 + 24 的 25 个地址连续的数据寄存器组成的数据栈中。这些软元件中，有些是要输入的数据，有些是内部操作运算要用的数据，有些是 PID 运算返回的数据。有关数字 PID 运算的算法请参考有关书籍。表 5-7 给出了 PID 指令中 S3 参数的功能和设定范围。

表 5-7　S3 参数的功能和设定范围

参数 S3 + 偏移	名称/功能	说　明		设定范围
S3 + 0	采样时间 T_S	读取系统的当前 S2 采样所设定的时间间隔		1 ~ 32767ms
S3 + 1	正/反作用及报警控制	B0 = 0/1，正/反作用；B1 = 0/1，当前值 S2 变化报警 OFF/ON；B2 = 0/1，输出值 D 变化报警 OFF/ON；B3 ~ B15保留		
S3 + 2	输入滤波器 α	改变输入滤波器的效果		0 ~ 99%
S3 + 3	比例增益 K_P	PID 回路的比例输出因子 P 部分		1% ~ 32767%
S3 + 4	积分时间常数	PID 回路的 I 部分		(0 ~ 32767) × 10ms
S3 + 5	微分增益	PID 回路的微分输出因子		0 ~ 99%
S3 + 6	微分时间常数	PID 回路的 D 部分		(0 ~ 32767) × 10ms
S3 + 7 ~ S3 + 19	保留			
S3 + 20	当前值，上限报警	S3 + 1 的 B1 = 1 时有效	用户定义的上限，一旦当前值超过此值，触发 S3 + 24 的 B0 置 1	0 ~ 32767ms
S3 + 21	当前值，下限报警		用户定义的上限，一旦当前值超过此值，触发 S3 + 24 的 B1 置 1	
S3 + 22	输出值，上限报警	S3 + 1 的 B2 = 1 时有效	用户定义的上限，一旦当前值超过此值，触发 S3 + 24 的 B2 置 1	
S3 + 23	输出值，下限报警		用户定义的上限，一旦当前值超过此值，触发 S3 + 24 的 B3 置 1	
S3 + 24	报警输出标志（只读）	B0 = 1，当前值 S2 超出上限；B1 = 1，当前值 S2 小于下限；B2 = 1，输出值 D 超出上限；B3 = 1，输出值 D 小于下限；B3 ~ B15 保留		

第七节　FX$_{2N}$系列可编程控制器的应用

种类繁多的大、中、小型可编程控制器，小到作为少量继电器控制装置的替代物，大到作为分布式控制系统的主单元，几乎可以满足各种工业控制的需要。另外，新的 PLC 产品还在不断涌现，各种工业技术也在不断发展，这将使 PLC 的应用范围更加广泛。

一、加热反应炉自动控制系统

1. 加热反应炉的结构
加热反应炉的结构示意图如图 5-59 所示。

2. 加热反应的工艺过程

第一阶段：进料控制。

1）检测下液面 X001、炉温 X002、炉内压力 X004 是否都小于给定值（均为逻辑 0），即 PLC 输入点 X001、X002、X004 是否都处于断开状态。

2）若是，则开启排气阀 Y001 和进料阀 Y002。

3）当液面上升到位，使 X003 闭合时，关闭排气阀 Y001 和进料阀 Y002。

4）延时 20s，开启氮气阀 Y003，使氮气进入炉内，提高炉内压力。

5）当压力上升到给定值时，X004 = 1，关断氮气阀 Y003，进料过程结束。

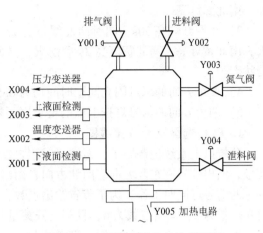

图 5-59　加热反应炉的结构示意图

第二阶段：加热反应控制。

1）此时温度肯定低于要求值（X002 = 0），应接通加热炉电源 Y005。

2）当温度达到要求值（X002 = 1）后，切断加热电源。

3）加温到要求值后，维持保温 10min，在此时间内炉温实现通断控制，保持 X002 = 1。

第三阶段：泄放控制。

1）保温够 10min 后，打开排气阀 Y001，使炉内压力逐渐降到起始值 X004 = 0。

2）维持排气阀打开，并打开泄料阀 Y004，当炉内液面下降到下液面以下时（X001 = 0），关闭泄料阀 Y004 和排气阀 Y001，系统恢复到原始状态，重新进入下一循环。

3. PLC 控制程序

根据要求设计的控制程序如图 5-60 所示。

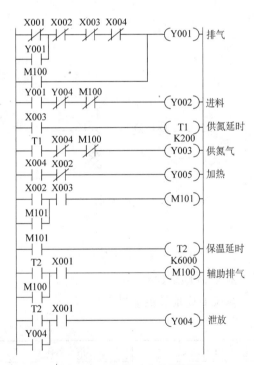

图 5-60　加热反应炉梯形图

二、交通信号灯控制程序

城市交通道路十字路口是靠交通指挥信号灯来维持交通秩序的。在每个方向都有红、黄、绿三种信号灯：红色"停"，绿色"行"，黄色表示"等待"。图 5-61 是某十字路口的交通指挥信号灯示意图。下面讨论用可编程控制器实现其控制的设计过程。

在系统工作时，有如下控制要求：

1）系统受一个启动按钮控制，按下启动按钮，信号灯系统开始工作，直到按下停止按钮，系统停止工作。

2）系统启动后，南北红灯亮 25s，同时东西绿灯亮 20s，到 20s 时东西绿灯开始闪亮，闪亮 3s 后绿灯熄灭、东西黄灯亮，东西黄灯亮 2s 后熄灭，然后东西红灯亮，南北红灯熄

143

灭, 南北绿灯亮。

3) 东西红灯亮30s, 同时南北绿灯亮25s, 到25s时南北绿灯开始闪亮, 闪亮3s后熄灭, 南北黄灯亮, 南北黄灯亮2s后熄灭, 又回到南北红灯亮, 东西红灯熄灭, 东西绿灯亮的状态。

4) 两个方向的绿灯闪亮间歇时间均为0.5s。

5) 两个方向的信号灯按上面的要求周而复始地进行工作。

1. PLC选型及I/O接线图

分析以上系统控制要求, 系统可采用自动工作方式, 其输入信号有系统启动、停止按钮信号, 输出信号有东西方向、南北方向各两组信号灯。由于每一方向的两组信号灯中, 同种颜色的信号灯同时工作, 为了节省输出点数, 可采用并联输出方法。由此可知, 系统所需的输入点数为2, 输出点数为6, 且都是开关量。

根据以上分析, 此系统属小型单机控制系统, 其中PLC的选型范围较宽, 今选用三菱公司的FX2－16MR型PLC, 系统的I/O接线如图5-62所示。

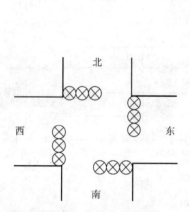

图5-61 交通指挥信号灯示意图

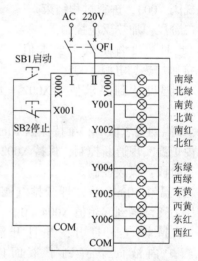

图5-62 PLC的I/O接线图

2. I/O地址定义

系统I/O地址定义见表5-8。

表5-8 交通灯控制系统I/O地址定义表

I/O地址	信号名称	功能说明	备注
X000	启动按钮	开启系统运行	常开
X001	停止按钮	关闭系统运行	常闭
Y000	南北绿灯	南北方向通行	通有效
Y001	南北黄灯	南北方向等待	通有效
Y002	南北红灯	南北方向停止	通有效
Y004	东西绿灯	东西方向通行	通有效
Y005	东西黄灯	东西方向等待	通有效
Y006	东西红灯	东西方向停止	通有效

3. 编制程序设计

根据以上对系统控制要求的分析，结合 I/O 地址定义表，设计控制程序梯形图如图5-63所示。

系统是以时间为顺序进行工作的，T0 ~ T7 为系统工作顺序定时器，T10、T11 构成 0.5s 亮、0.5s 灭的闪亮脉冲。Y000、Y001、Y002 分别为南北方向的绿灯、黄灯和红灯的输出控制线圈，Y004、Y005、Y006 分别为东西方向的绿灯、黄灯和红灯的输出控制线圈。所有定时器和输出线圈受主控线圈 M100 控制，主控线圈得电时系统才可工作，主控线圈断电后所有线圈断电。

当按下启动按钮 SB1 后，X000 接通，辅助继电器线圈 M0 得电吸合并自锁，同时 M0 的常开触点使主控线圈 M100 得电，系统开始工作。

T0 的常闭触点使 Y002 线圈得电，南北红灯亮；与此同时，Y002 的常开触点闭合，与 T6 的常闭触点串联使 Y004 线圈得电，东西绿灯亮。

20s 后，T6 的常闭触点延时断开、常开触点延时闭合，在闪光定时器 T10 的控制下，Y004 间歇通电，东西绿灯闪亮。

东西绿灯闪亮 3s 后，T7 的常闭触点延时断开，Y004 线圈失电，东西绿灯熄灭；同时，T7 的常开触点延时闭合，与 T5 的常闭点串联使 Y005 线圈得电，东西黄灯亮。

东西黄灯亮 2s 后，T5 的常闭触点延时断开，Y005 线圈失电，东西黄灯熄灭；而恰在此时，T0 延时 25s 时间到，常闭触点断开，Y002 线圈失

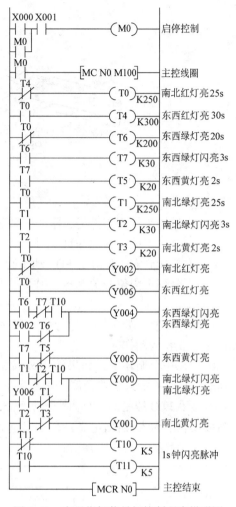

图 5-63 交通指挥信号灯控制程序梯形图

电，南北红灯熄灭，T0 的常开触点闭合，Y006 线圈得电，东西红灯亮，Y006 的常开触点闭合，Y000 线圈得电，南北绿灯亮。

南北绿灯工作25s后，系统的工作情况与上述情况类似，请读者自行分析。

当按下停止按钮 SB2 后，外输入点 X001 断开，梯形图上 X001 也断开，辅助继电器线圈 M0 失电解除自锁，主控线圈 M100 失电，其余所有线圈断电，系统停止工作。

三、机械手搬物顺序控制程序

图 5-64 为机械手搬物顺序控制动作示意图。机械手动作顺序如下。

初始状态，机械手处于原位（机械手在右限位 SQ3、下限位 SQ5 位置）。

1）按下外接的起动按钮，传送带 B 开始运行，机械手从下限开始上升。

2）上升到上限位开关 SQ4 动作时，上升结束，机械手开始左旋转。

3）左旋转到左限位开关 SQ2 动作时，左旋转动作结束，机械手开始下降。

4）下降到下限位开关 SQ5 动作，下降结束，传送带 A 起动。

5）当传送带 A 上的工件进入光电检测区，使光电开关 SQ6 动作时，传送带 A 停止，机

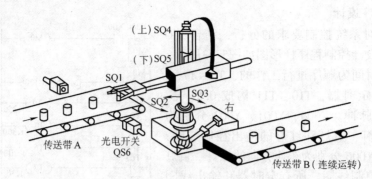

图 5-64　机械手搬物顺序动作示意图

械手开始抓物。

　　6）当机械手抓到工件后，限位开关 SQ1 动作，上升运动开始。

　　7）上升到上限位开关 SQ4 动作，上升结束，机械手开始右旋转。

　　8）右旋转到右限位开关 SQ3 动作时，右旋转动作结束，机械手开始下降。

　　9）下降到下限位开关 SQ5 动作时，机械手做放物动作。放物动作持续时间由时间继电器 T0 来决定，1s 后放物动作结束，完成一个工作循环。

　　只要传送带 B 处于持续运行中，程序应自动控制机械手不断地从传送带 A 抓物，然后放到传送带 B 的动作。

　　10）在一个循环中，如果按下外接的预停按钮，则在一个工作循环结束后停止运行，回到原位状态；如果没按预停，则进入下一个工作循环继续运行。

　　机械手 PLC 控制的 I/O 点分配见表 5-9。表中外接的按钮和限位开关均为常开触点。电路图可按表中输入/输出定义自行作出。

表 5-9　PLC 控制的 I/O 点分配

输　入　信　号		输　出　信　号	
输入地址	外接信号名称	输出地址	外接信号名称
X000	启动按钮	Y000	传送带 A 控制接触器
X001	预停按钮	Y001	传送带 B 控制接触器
X002	工件到位光电开关 SQ6	Y002	左旋转控制（阀）
X003	抓物到位限位开关 SQ1	Y003	右旋转控制（阀）
X004	左限位开关 SQ2	Y004	上升控制（阀）
X005	右限位开关 SQ3	Y005	下降控制（阀）
X006	上限位开关 SQ4	Y006	抓物控制（阀）
X007	下限位开关 SQ5	Y007	放物控制（阀）

　　图 5-65 和图 5-66 分别为机械手搬物顺序控制的功能图和梯形图。

四、FX$_{2N}$ 系列 PLC 的通信

　　PLC 通信指的是 PLC 与 PLC、PLC 与计算机、PLC 与现场设备之间的信息交换。为了适应多层次工厂自动化系统的客观要求，世界上几乎所有的 PLC 生产厂家都不同程度地为自己的 PLC 增加通信功能，开发自己的通信接口和通信模块。

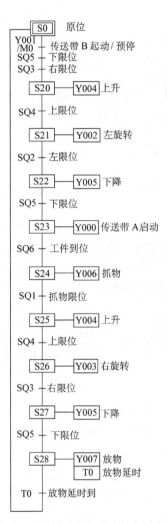

图 5-65　机械手搬物顺序控制功能图

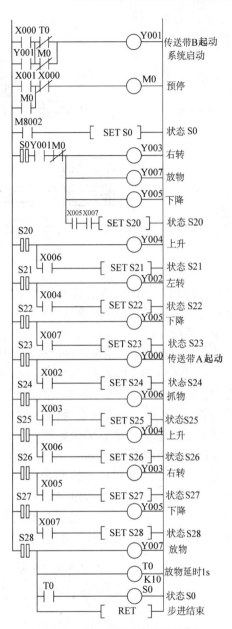

图 5-66　机械手搬物顺序控制梯形图

1. PLC 与计算机通信

PLC 与计算机通信是 PLC 通信中最简单、最直接的一种通信形式，几乎所有种类的 PLC 都具有与计算机通信的功能。FX$_{2N}$ 系列 PLC 与计算机通信主要是通过 RS-232C、RJ45 网口进行的。PLC 与计算机通信一般不需要专用的通信模块，计算机上的通信接口是标准的 RS-232C 接口；若 FX$_{2N}$ 系列 PLC 上的通信接口是 RS-422A 时，必须在 PLC 与计算机之间加一个 RS-232C/RS-422A 的转换电路，再用适配电缆进行连接，以实现通信，FX$_{2N}$ 系列 PLC 采用的接口转换模块是 SC-09。图 5-67 为 PLC 与计算机通过 SC-09 进行通信的连接图。

2. PLC 与 PLC 通信

在工业控制系统中，对于多控制任务的复杂控制系统，通常是采用多台 PLC 连接成控制网络，通过相互通信来实现。

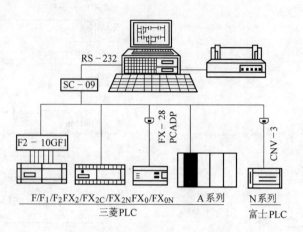

图 5-67　PLC 与计算机通信示例

　　PLC 与 PLC 之间的通信必须通过专用的通信模块来实现。根据通信模块的连接方式，通信可分为单级系统和多级系统。

　　单级系统是指一台 PLC 只连接一个通信模块，再通过连接适配器将两台或两台以上 PLC 相连以实现通信的系统。最简单的单级系统只需两台 PLC。当两个 PLC 相距较近时，用一根 RS–485 标准电缆直接将两个与 PLC 单元相连的通信模块相连即可；当两个 PLC 相距较远时，通信模块之间要用一根光缆和两个光电转换适配器来连接。当然，如果 PLC 的数量超过两个，同样可以连接通信，不过需要增加连接适配器的个数而已，连接形式如图 5-68 所示。

　　多级系统指一台 PLC 连接两个或两个以上的通信模块，通过通信

图 5-68　单级 PLC 网络系统

模块将多台 PLC 连在一起所组成的通信系统。多级通信系统最多可以形成四级，各自可独立工作，互不受限制，各级之间不存在上、下级关系，如图 5-69 所示。

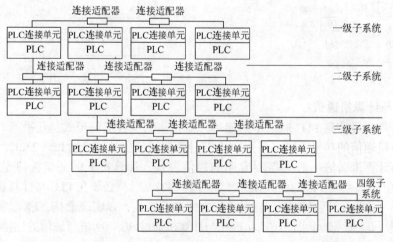

图 5-69　多级 PLC 网络系统

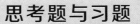

思考题与习题

5-1　可编程控制器的主要特点有哪些?

5-2　小型 PLC 系统由哪几部分组成? 各部分的主要作用是什么?

5-3　简要说明 PLC 的工作过程。

5-4　设计 200s 和 2000s 定时器各一个, 若需断电保护, 设计时应注意什么问题?

5-5　三菱 FX 系列 PLC 有哪几种开关量 I/O 接口形式, 各有什么特点?

5-6　三菱 FX 系列 PLC 有哪几类编程元件? 说明它们的用途、编号和使用方法。

5-7　三菱 FX 系列 PLC 的指令分为哪几类, 各类的主要作用是什么?

5-8　三菱 FX 系列 PLC 的功能指令有哪几类?

5-9　编写两个指示灯自动交替闪亮的控制程序。HL1 接输出点 Y004, HL2 接输出点 Y005, HL1 亮时 HL2 灭, HL1 灭时 HL2 亮, 时序波形如图 5-70 所示。要求:

（1）画出 I/O 接线图。

（2）设 $t_1 = 1.2s$, $t_2 = 0.8s$, 设计控制程序梯形图。

5-10　按图 5-71 所示的主电路设计控制一台电动机 $\curlyvee$ – $\triangle$ 起动的 PLC 控制程序, 并设计 I/O 接线图。

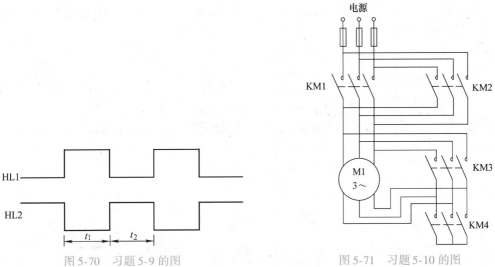

图 5-70　习题 5-9 的图　　　　　　　　　图 5-71　习题 5-10 的图

控制要求: 实现电动机 M1 的正、反向 $\curlyvee$-$\triangle$ 起动（正–停–反即可）。动作顺序: （1）按正向起动按钮 SB2 时, KM1 和 KM4 闭合（$\curlyvee$ 起动）, 经 3s 后 KM4 断开, KM3 闭合, 实现正向 $\triangle$ 运行; （2）按反向起动按钮 SB3 时, KM2 和 KM4 闭合（$\curlyvee$ 起动）, 经 3s 后 KM4 断开, KM3 闭合, 实现正向 $\triangle$ 运行; （3）按停车按钮 SB1, 电动机 M1 停止运行。

5-11　设计组合输出控制程序。按时间顺序, 使 Y000、Y001、Y003、Y004 实现表 5-10 所示的输出组合。要求:

表 5-10　输出组合表

	t_0	t_1	t_2	t_3	t_4	t_5	t_6	t_7
Y000		+				+		
Y001	+		+				+	+
Y002		+	+	+				
Y003		+		+	+			+

时间间隔为 $t_0 = t_1 = \cdots = 1s$，重复循环，设计梯形图。

（本题参考答案如图 5-72 所示）。

5-12　按照习题 5-11 的循环时间序列 T0 ~ T8，实现一个七段数码管顺序显示 1→2→3→4→5→6→7→8 循环程序。

5-13　试设计一条用 PLC 控制的自动装卸线。自动线结构示意图如图 5-73 所示。

装卸线操作过程是：

（1）料车在原位，显示原位状态；按起动按钮，自动线开始工作。

（2）加料定时 5s，加料结束。

（3）延时 1s，料车上升。

（4）上升到位，自动停止移动。

（5）延时 1s，料车自动卸料。

（6）卸料 10s，料斗复位并下降。

（7）下降到原位，料车自动停止移动。

设计要求：

（1）具有单步、单周及连续循环操作。

（2）绘出控制流程图、梯形图和 I/O 分配图，编出完整程序。

5-14　编写如图 5-74 所示的自动送料装车控制系统 PLC 程序。控制要求如下：

初始状态：绿灯（HL1）亮，红灯（HL2）灭，允许汽车开进装料，此时，进料阀，落料阀门，电动机 M1、M2、M3 皆为 OFF 状态。

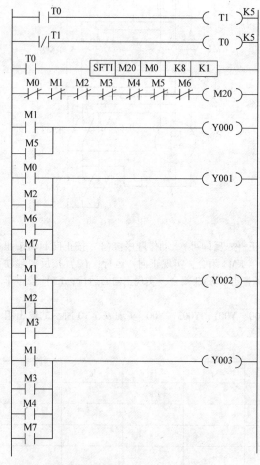

图 5-72　习题 5-11 的参考答案

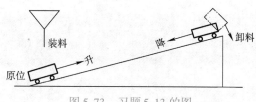

图 5-73　习题 5-13 的图

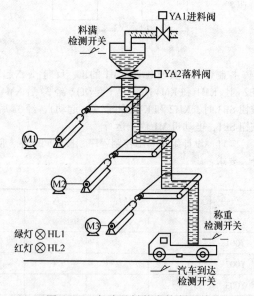

图 5-74　自动送料装车控制系统

150

当汽车到来时，汽车到达检测开关接通，红色信号灯 HL2 亮，绿色 HL1 灭，传送带驱动电动机 M3 运行；2s 后，电动机 M2 运行；再经过 2s，电动机 M1 运行，依次顺序起动送料系统。

电动机 M3 运行后，进料阀开始进料（设 1 料斗物料足够装满 1 车），当料斗装满时，料满检测开关动作时，关闭进料阀；落料阀在 M1 运行且料满后，开始落料，物料通过传送带的传送，装入汽车。（编程注意：当落料装车开始后，料斗不满属于正常动作，进料阀不必再进料，也不要停止装车）。

当装满汽车时，称重检测开关动作，应关闭落料阀，同时停止电动机 M3，2s 后停止电动机 M2，再过 2s 停止电动机 M1，HL1 亮，HL2 灭，指示汽车可以开走。

试设计 PLC 的 I/O 电路图，并编写能实现上述动作自动连续循环的控制程序。

5-15　编写如图 5-75 所示的水塔水位自动控制系统 PLC 程序。控制要求如下：

1）初始状态：如果水源水箱没有水，则液位检测开关 SQ1 断开；如果水塔水箱没有水，则液位检测开关 SQ3 断开。

2）PLC 运行后，按下起动按钮 SB1（停止用 SB2 按钮），进水电磁阀 YA1 通电，水源水箱开始注水，水源水箱水位达到下水位时，SQ1 液位检测开关动作，当水源水箱水位达到上水位（水满）时，SQ2 液位开关闭合，这时要将进水电磁阀 YA1 断电，停止对水源水箱注水。

3）在水源有水（SQ1 液位检测开关闭合）的情况下，水泵电动机 M1 才可以向水塔水箱注水，水塔水箱水位上升，先达到下水位（SQ3 闭合），后达到上水位（SQ4 闭合），当水塔水箱水满（SQ4 闭合）时，要停止 M1，即停止对水塔水箱注水。

4）随着水泵抽水过程的进行，水源水箱的液面逐渐降低，当水源水箱水位降低到下水位（液位检测开关 SQ1 断开）时，要将进水电磁阀 YA1 通电，重新对水源水箱注水。工作过程中，水源水箱水位在 SQ1～SQ2 之间变化。

5）随着水塔用水的进行，水塔水箱的液面也会逐渐降低，当水塔水箱水位降低到下水位（液位检测开关 SQ3 断开）时，要起动水泵电动机 M1，重新开始对水塔水箱注水。工作过程中，水塔水位在 SQ3～SQ4 之间变化。

试编写能实现自动连续循环的 PLC 控制程序。

5-16　编写图 5-76 所示的多种液体自动混合系统的 PLC 控制程序。控制要求如下：

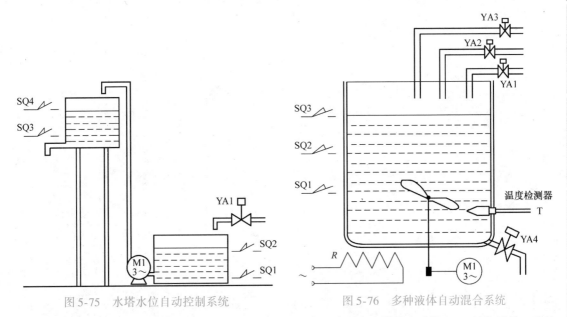

图 5-75　水塔水位自动控制系统　　图 5-76　多种液体自动混合系统

1）初始状态：容器为空，电磁阀 YA1、YA2、YA3、YA4 未得电，搅拌电动机 M1、加热元件 R 也均未得电，液面传感器 SQ1、SQ2、SQ3 和温度检测器 T 均处于断开状态。

2）PLC 运行后，按下起动按钮 SB1（停止用 SB2 按钮），电磁阀 YA1 得电，开始注入液体 A；当液面高度达到 SQ1 动作时，关闭电磁阀 YA1，液体 A 停止注入，同时开启电磁阀 YA2 注入液体 B；当液面高度达到 SQ2 动作时，关闭电磁阀 YA2，液体 B 停止注入，同时开启电磁阀 YA3，注入液体 C；当液面高度达到 SQ3 动作时，关闭电磁阀 YA3，液体 C 停止注入，起动搅拌电动机 M1，并启动定时器定时搅拌 10s；定时到达，停止搅拌电动机 M1，开启电炉 R 加热，电炉将逐渐升温；当温度达到设定值（温度检测器 T 动作）时，停止加热器 R，起动电磁阀 YA4 开始放料，液面将逐渐降低；至液体高度降到 SQ1 开关断开时，启动定时器定时 5s，等待料放完；定时到达，放料电磁阀 YA4 断电，液体混合过程结束。

试编写能实现自动连续循环的 PLC 控制程序。

第六章

S7系列可编程控制器

可编程控制器产品众多，不同厂家、不同系列、不同型号的PLC，其功能和结构均有所不同，但工作原理和组成都基本相同。西门子（SIEMENS）公司应用微处理器技术生产的SIMATIC可编程控制器主要有S5和S7两大系列。目前，前期的S5系列PLC产品已被S7系列所替代。S7系列以结构紧凑、可靠性高及功能全等优点，在自动控制领域占有重要地位。

在过程控制领域，西门子公司提出了PCS7（过程控制系统7）概念，将其优势的WinCC（Windows兼容的操作界面）、PROFIBUS（工业现场总线）、COROS（监控系统）、SINEC（西门子工业网络）及控调技术融为一体，近年来，西门子公司又提出了TIA（Totally Integrated Automation）概念，即全集成自动化系统，将PLC技术融于全部自动化领域。

第一节　S7系列可编程控制器的组成及性能

西门子S7系列PLC可分为S7-200微型可编程控制器、S7-300中小型可编程控制器和S7-400大型可编程控制器。

一、CPU224型PLC的组成及性能

S7-200 PLC系列具有极高的性价比，较强的功能使其无论独立运行还是连成网络皆能完成各种控制任务。它的使用范围可以覆盖从替代继电器的简单控制到更复杂的自动控制。其应用领域包括各种机床、纺织机械、印刷机械、食品化工工业、环保、电梯、中央空调、实验室设备、传送带系统和压缩机控制等。S7-200系列PLC有CPU21X和CPU22X两代产品，其中，CPU22X型PLC有CPU221、CPU222、CPU224和CPU226四种基本型号。

小型PLC系统由主机、I/O扩展单元、文本/图形显示器和编程器（也可直接用PC编程）组成。图6-1所示为S7-200系列PLC的主机、扩展单元的外形及连接示意图。

CPU224主机外部设有RS-485通信接口，可连接编程器、PC、文本/图形显示器及PLC网络等外部设备；还设有工作方式开关、模拟电位器、I/O扩展接口、工作状态指示和用户程序存储卡、I/O接线端子排及发光指示等。

1. 主机的基本I/O

CPU22X型PLC具有两种不同的电源供电电压，输出电路分为继电器输出和晶体管DC输出两大类。CPU22X系列PLC可提供4个不同型号的CPU基本单元供用户选用，其类型

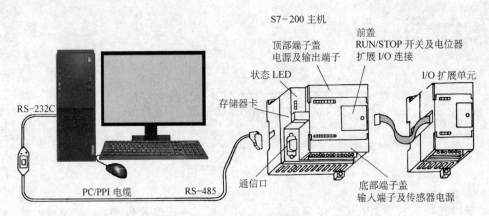

图 6-1 S7-200 系列 PLC 主机、扩展单元的外形及连接示意图

及参数见表 6-1。

CPU221 集成 6 输入/4 输出共 10 个数字量 I/O 点，无 I/O 扩展能力，6KB 程序和数据存储空间。

CPU222 集成 8 输入/6 输出共 14 个数字量 I/O 点，可连接两个扩展模块，最大扩展至 78 路数字量 I/O 或 10 路模拟 I/O 点，6KB 程序和数据存储空间。

表 6-1 CPU22X 系列 PLC 的类型及参数

	类型	电源电压	输入电压	输出电压	输出电流
CPU221	DC 输入 DC 输出	DC24V	DC24V	DC24V	0.75A，晶体管
	DC 输入 继电器输出	AC85~264V	DC24V	DC24V AC24~230V	2A，继电器
CPU222 CPU224 CPU226 CPU226XM	DC 输入 DC 输出	DC24V	DC24V	DC24V	0.75A，晶体管
	DC 输入 继电器输出	AC85~264V	DC24V	DC24V	2A，继电器

CPU224 集成 14 输入/10 输出共 24 个数字量 I/O 点，可连接 7 个扩展模块，最大扩展至 168 路数字量 I/O 或 35 路模拟 I/O 点，13KB 程序和数据存储空间。

CPU226 集成 24 输入/16 输出共 40 个数字量 I/O 点，可连接 7 个扩展模块，最大扩展至 248 路数字量 I/O 或 35 路模拟 I/O 点，13KB 程序和数据存储空间。

CPU226XM 除有 26KB 程序和数据存储空间外，其他与 CPU226 相同。

CPU22X 系列 PLC 的特点：CPU22X 主机的输入点为 DC24V 双向光电耦合输入电路，输出有继电器和 DC（MOS 型）两种类型（CPU21X 系列输入点为 DC24V 单向光电耦合输入电路，输出有继电器和 DC、AC 三种类型）。并且具有 30kHz 高速计数器，20kHz 高速脉冲输出，RS-485 通信/编程口，PPI、MPI 通信协议和自由口通信能力。CPU222 及以上 CPU 还具有 PID 控制和扩展的能力，内部资源及指令系统更加丰富，功能更加强大。

CPU224 主机共有 I0.0~I1.5 等 14 个输入点和 Q0.0~Q1.1 等 10 个输出点。CPU224 输入电路采用了双向光电耦合器，DC24V 极性可任意选择，系统设置 1M 为 I0B 输入端子的公共端，2M 为 I1B 输入端子的公共端。在晶体管输出电路中采用了 MOSFET 功率驱动器件，并将数字量输出分为两组，每组有一个独立公共端，共有 1L、2L 两个公共端，可接入不同的负载电源。图 6-2 为 CPU224 外部电路连接示意图。

S7 - 200 系列 PLC 的 I/O 接线端子排分为固定式和可拆卸式两种结构。可拆卸式端子排能在不改变外部电路硬件接线的前提下方便地拆装，为 PLC 的维护提供了便利。

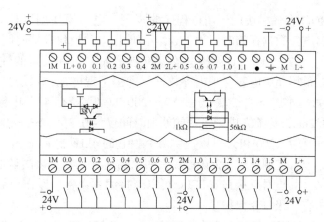

图 6-2　CPU224 外部电路连接示意图

2. 主机及其 I/O 扩展能力

CPU22X 系列 PLC 主机的基本 I/O 点数及可扩展模块数目见表 6-2。

表 6-2　CPU22X 系列 PLC 主机的基本 I/O 点数及可扩展模块数目

型号	主机输入点数	主机输出点数	可扩展模块数
CPU221	6	4	无
CPU222	8	6	2
CPU224	14	10	7
CPU226	24	16	7

3. 高速反应 I/O

CPU224 PLC 有 6 个可用于高速计数脉冲的输入端（I0.0 ~ I0.5），最快的响应速度为 30kHz，用于捕捉比 CPU 扫描周期更快的脉冲信号。还有两个高速脉冲输出端（Q0.0、Q0.1），输出脉冲频率可达 20kHz。用于 PTO（高速脉冲束）和 PWM（宽度可变脉冲输出）高速脉冲输出。

中断信号允许以极快的速度对过程信号的上升沿做出响应。

4. 存储系统

S7 - 200 CPU 存储系统由 RAM 和 EEPROM 两种存储器构成，用以存储用户程序、CPU 组态（配置）和程序数据等。当执行程序下载操作时，用户程序、CPU 组态（配置）和程序数据等由编程器送入 RAM 存储器区，并自动复制到 EEPROM 区，永久保存。

系统掉电时，自动将 RAM 中 M 存储区的内容保存到 EEPROM 存储器。

上电恢复时，用户程序及 CPU 组态（配置）自动存入 RAM 中，当 V 和 M 存储区内容丢失时，EEPROM 永久保存区的数据会复制到 RAM 中。

执行 PLC 的上载操作时，RAM 区用户程序、CPU 组态（配置）上装到个人计算机（PC），RAM 和 EEPROM 中数据块合并后上装 PC。

5. 模拟电位器

模拟电位器用来改变特殊寄存器（SM32、SM33）中的数值，以改变程序运行时的参数，如定时、计数器的预置值、过程量的控制参数等。

6. 存储卡

该卡位可以选择安装扩展卡。扩展卡有 EEPROM 存储卡、电池和时钟卡等模块。EEP-

ROM 存储模块用于用户程序的复制。电池模块用以长时间保存数据，使用 CPU224 内部存储电容数据存储时间达 190h，而使用电池模块存储时间可达 200 天。

　　S7‑200 PLC 结构紧凑、价格低廉，具有极高的性能/价格比，适用于小型控制系统。它采用超级电容保护内存数据，省去了锂电池，系统虽小却可以处理模拟量（12 点模拟量输入/4 点模拟量输出）。S7‑200PLC 最多有 4 个中断控制的输入，输入响应时间小于 0.2ms，每条二进制指令的处理时间仅为 0.8μs，S7‑200 PLC 还有日期时间中断功能。

　　S7‑200 PLC 可以提供两个独立的 4kHz 脉冲输出，通过驱动单元可以实现步进电动机的位置控制。S7‑200 PLC 有两个高速计数器，最高计数频率可达 20kHz。

　　其点对点接口（PPI）可以连接编程设备、操作员界面和具有串行接口的设备，用户程序有三级口令保护。

　　CPU205 还可以提供 Profibus‑DP 接口，以连接当今先进的现场总线系统 Profibus‑DP。S7 系列 PLC 的性能见表 6‑3。

表 6-3　S7 系列 PLC 性能

型号	用户程序存储器/KB	二进制语句扫描速度/(ms/KB)	最大开关量 I/O 点	最大模拟量 I/O 点	通信口	网络
CPU212	1	1.3	30/14	8	PPI 接口	—
CPU214	4	0.8	64/24	16	PPI 接口	
CPU312	6	0.6	144/16	32	MPI 接口	SINEC L2/L2 DP
CPU313	12	0.6	128/0	32	MPI 接口	
CPU314	24	0.3	512/0	64	MPI 接口	
CPU315‑2DP	48	0.3	1024/0	128	MPI 接口	
CPU412‑1	48	0.2	4KB/4KB	256/256	MPI 接口	SINEC L2/H1
CPU413‑1 CPU413‑2DP	72	0.2	16KB/16KB	1024/1024	MPI 接口 SIMEC L2‑DP（413‑DP 型）	SINEC L2/H1
CPU414‑1 CPU414‑2DP	128	0.1	64KB/64KB	4096/4096	MPI 接口 SIMEC L2‑DP（414‑DP 型）	SINEC L2/H1
CPU416‑1 CPU416‑2DP	512	0.08	128KB/128KB	8192/8192	MPI 接口 SIMEC L2‑DP（414‑DP 型）	SINEC L2/H1

二、S7‑300 系列 PLC 的组成及性能

　　如果说 S7‑200 PLC 是美国 TI 公司 PLC 的升级演化产品，那么，S7‑300 PLC 和 S7‑400 PLC 可说是西门子 S5 的升级演化产品。S7‑300 PLC 功能强大、速度快、扩展灵活，它具有紧凑的、无槽位限制的标准模板式结构。

　　S7‑300 PLC 的主要组成部分有导轨、电源模板、中央处理单元 CPU 模板、接口模板、信号模板及功能模板等。通过多点接口（MultiPoint Interface，MPI）网的接口直接与编程器 PG、操作员面板 OP 和其他 S7 PLC 相连。

　　导轨是安装 S7‑300 PLC 各类模板的机架，安装时，只需简单地将模板钩在导轨上，转

动到位，然后用螺栓锁紧。电源模板、CPU 及其他信号模板都可方便地安装在导轨上。S7 - 300 PLC 采用背板总线的方式将各模板从物理上和电气上连接起来。

除 CPU 模板外，每块信号模板都带有总线连接器。安装时，先将总线连接器装在 CPU 模板并固定在导轨上，然后依次将各模板装入。

电源模板 PS307 输出 DC24V，它与 CPU 模板和其他信号模板之间通过电缆连接，而不是通过背板总线连接。

中央处理单元 CPU 模板有多种型号，如 CPU312、CPU313、CPU314、CPU315 等，CPU 模板除完成执行用户程序的主要任务外，还为 S7 - 300 PLC 背板总线提供 5V 直流电源，主机通过 MPI 多点接口与其他中央处理器或编程装置通信。还有一些主机具有更强的功能，如 CPU313C 主机是在 CPU313 主机的基础上增加了集成功能；CPU313C - 2DP 主机是在 CPU313C 主机基础上增加了 Profibus - DP 网络接口，使得主机上同时具有 MPI、Profibus - DP 两个通信接口。S7 - 300 系列 PLC 主机和电源模板外形如图 6-3 所示。

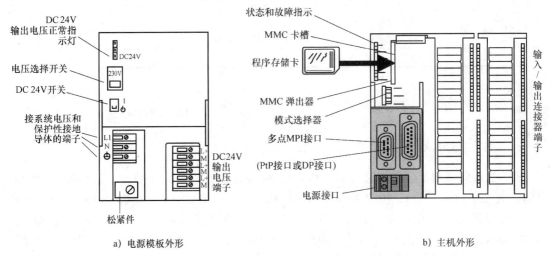

a) 电源模板外形　　　　　　　　　　　　　　b) 主机外形

图 6-3　S7 - 300 系列 PLC 主机和电源模板外形

S7 - 300 PLC 主机可以连接多种扩展单元，如信号模板 SM、功能模板 FM 等。信号模板 SM 的作用是实现不同电平外部信号和 S7 - 300 PLC 的内部信号的电平匹配，主要产品有数字量输入模板 SM321、数字量输出模板 SM322、模拟量输入模板 SM331 和模拟量输出模板 SM332。每个信号模板都配有自编码的螺紧型前连接器，外部过程信号可方便地连在信号模板的前连接器上。特别指出的是，其模拟量输入模板独具特色，它可以接入热电偶、热电阻、4 ~ 20mA 电流、0 ~ 10V 电压等 18 种不同的信号，输入量程范围很宽。功能模板 FM 主要用于实时性强、存储计数量较大的过程信号处理任务。例如，快进给和慢进给驱动定位模板 FM351、电子凸轮控制模板 FM352、步进电动机定位模板 FM353、伺服电动机位控模板 FM354、智能位控模板 SINUMERIK FM - NC 等。表 6-4 给出了 CPU313C - 2DP 型主机的部分技术参数。

表 6-4　CPU313C - 2DP 型主机的部分技术参数

存储器	工作存储器集成 32KB，可插入（MMC）装载存储器
执行时间	位操作最小 0.1μs，字指令最小 0.2μs，定点算法最小 2μs，浮点算法最小 20μs
S7 定时器	256 个计时范围 10ms ~ 9990s 记忆性能可调整

（续）

S7 计数器	256 个计数范围 0 ~ 999 记忆性能可调整
软件块	OB 最大容量 16KB FB 最大容量 16KB，数量最大 128 个 FC 最大容量 16KB，数量最大 128 个
总 I/O 地址区域	最大 1KB/1KB（可以任意编址）
I/O 过程映像	128B/128B
模拟通道	最多 512 个
扩展后机架总数	最多 4 个，每个机架允许 8 个模块，机架 3 只允许 7 个模块
接口类型	集成的 RS - 485 接口、MPI 接口、Profibus - DP 网络接口
集成功能	3 个通道高速计数器/3 个通道最大 30kHz 频率计/3 个通道脉冲宽度调制器，最大 2.5kHz；集成的 SFB "控制"，PID 控制器
电源 DC24V	允许范围 20.4 ~ 28.8V
集成通道	16DI/16DO；数字输入 124.0 ~ 125.7，数字输出 124.0 ~ 125.7
通信功能	PG/OP 通信 DP 主站连接数量 8，每个站的 DP 从站数最多 32 个
编程语言	LAD/FBD/STL；嵌套深度 8

第二节　S7 系列可编程控制器的编址与寻址

一、S7 - 200 系列 PLC 的 DI/DO、AI/AO 编址

　　S7 - 200 系列 PLC 的数字量（开关量）输入/输出（DI/DO）点数较少，编址方法相对简单，输入按 I0.0、I0.1、I0.2 的顺序依次排列编址，输出按 Q0.0、Q0.1、Q0.2 的顺序依次排列编址即可。模拟量输入/输出（AI/AO）则按通道顺序依次排列编址，输入按 AIW0、AIW1、AIW2 的顺序依次排列编址，输出按 AQW0、AQW1、AQW2 的顺序依次排列编址。S7 - 200 系列 PLC 的存储器寻址范围见表 6-5。

表 6-5　S7 - 200 系列 PLC 的存储器寻址范围

寻址方式	CPU221	CPU222	CPU224	CPU224XP	CPU226
位存取 （字节、位）	I0.0 ~ I15.7；Q0.0 ~ Q15.7；M0.0 ~ M31.7；T0 ~ T255；C0 ~ C255；L0.0 ~ L63.7				
	V0.0 ~ V2047.7			V0.0 ~ V8191.7	V0.0 ~ V2047.7
	SM0.0 ~ SM165.7	SM0.0 ~ SM2999.7	SM0.0 ~ SM549.7		
字节存取	IB0 ~ IB15；QB0 ~ QB15；MB0 ~ MB31；SB0 ~ SB31；LB0 ~ LB63；AC0 ~ AC3 常数				
	VB0 ~ VB2047			VB0 ~ VB8191	VB0 ~ VB10239
	SMB0 ~ SMB165	SMB0 ~ SMB299	SMB0 ~ SMB549		
字存取	IW0 ~ IW14；QW0 ~ QW14；MW0 ~ MW30；SW0 ~ SW30； T0 ~ T255；C0 ~ C255；LW0 ~ LW62；AC0 ~ AC3 常数				
	VW0 ~ VW2046			VW0 ~ VW8190	VW0 ~ VW10238
	SMW0 ~ SMW164	SMW0 ~ SMW298	SMW0 ~ SMW548		
	AIW0 ~ AIW30；AQW0 ~ AQW30			AIW0 ~ AIW62；AQW0 ~ AQW62	
双字存取	ID0 ~ ID12；QD0 ~ QD12；MD0 ~ MD28；SD0 ~ SD28；LD0 ~ LD60；AC0 ~ AC3 常数				
	VD0 ~ VD2044			VD0 ~ VD8188	VD0 ~ VD10236
	SMD0 ~ SMD162	SMD0 ~ SMD296	SMD0 ~ SMD546		

二、S7-300系列PLC的DI/DO、AI/AO编址

S7-300 PLC的机架上插槽号有助于确定S7-300的地址。图6-4为S7-300 PLC的模板插槽地址示意图。一个S7-300CPU的控制可以扩展到4个机架，每块模板的第一个默认地址由它在机架上的位置决定。在实际编程中，用户可以利用编程软件进行合理的地址重新组态，重新确定I/O地址。

插槽1上为电源。对电源不分配模板地址。

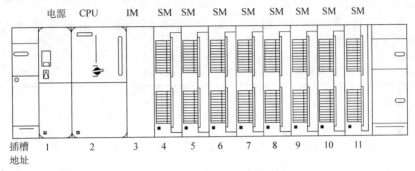

图6-4　S7-300 PLC模板插槽地址

插槽2上为CPU。它必须紧靠电源，对CPU不分配模板地址。

插槽3上为接口模板（IM）。用于连接扩展机架，对接口模板不分配模板地址。即使不使用IM，在为插槽进行地址规划时也必须考虑。在CPU中把插槽3逻辑地址分配给IM。

插槽4~11为信号模板。插槽4是I/O模板的第一个插槽，从第一个I/O模板开始，根据模板的类型地址递增。

根据机架上模块的类型，地址可以为输入（I）或输出（O）。数字I/O模板每个槽分为4B（等于32个I/O点）。模拟I/O模块每个槽划分为16B（等于8个模拟量通道），每个模拟量通道或输出通道的地址总是一个字地址。在机架0的第一个信号模板槽（槽4）的地址为0.0~3.7，一个16点的输入模板只占用0.0~1.7，地址2.0~3.7未用。数字量（即开关量）模板的输入点和输出点的地址由字节部分和位部分组成。表6-6为S7-300 PLC的数字量I/O默认地址，表6-7为S7-300 PLC的模拟量I/O默认地址。

表6-6　S7-300 PLC的数字量I/O默认地址

	槽#	3	4	5	6	7	8	9	10	11
机架 3	电源	IM （接收）	96.0 ~99.7	100.0 ~ 103.7	104.0 ~ 107.7	108.0 ~ 111.7	112.0 ~ 115.7	116.0 ~ 119.7	120.0 ~ 123.7	124.0 ~ 127.7
机架 2	电源	IM （接收）	64.0 ~ 67.7	68.0 ~ 70.7	72.0 ~ 75.7	76.0 ~ 79.7	80.0 ~ 83.7	84.0 ~ 87.7	88.0 ~ 91.7	92.0 ~ 95.7
机架 1	电源	IM （接收）	32.0 ~ 35.7	36.0 ~ 39.7	40.0 ~ 43.7	44.0 ~ 47.7	48.0 ~ 51.7	52.0 ~ 55.7	56.0 ~ 59.7	60.0 ~ 63.7
机架 0	电源	IM （发送）	0.0 ~ 3.7	4.0 ~ 7.7	8.0 ~ 11.7	12.0 ~ 15.7	16.0 ~ 19.7	20.0 ~ 23.7	24.0 ~ 27.7	28.0 ~ 31.7

例如，图6-5中，4块信号模板被分别安装在两个机架上。SM321装在0架4槽，16点数字量输入地址为I0.0、I0.1……I0.7、I1.0、I1.1……I1.7；SM331装在0架5槽，4路模拟量输入字地址为 AIW272、AIW274、AIW276、AIW278；SM322装在1架4槽，16点数字量输出地址为 Q32.0、Q32.1……Q32.7、Q33.0……Q33.7；SM332装在1架5槽，4路模拟量输出字地址为AQW400、AQW402、AQW404、AQW406。

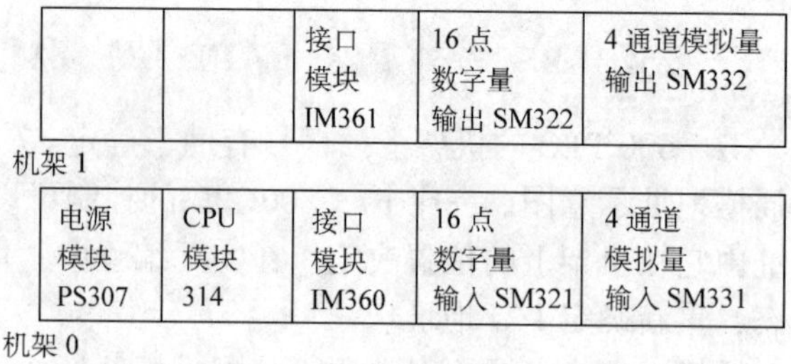

		接口模块 IM361	16点数字量输出 SM322	4通道模拟量输出 SM332

机架1

电源模块 PS307	CPU模块 314	接口模块 IM360	16点数字量输入 SM321	4通道模拟量输入 SM331

机架0

图6-5　S7-300 PLC 模板地址示例

表6-7　S7-300 PLC 的模拟量 I/O 默认地址

		槽#	3	4	5	6	7	8	9	10	11
机架3	电源	IM（接收）	640 ~ 654	656 ~ 670	672 ~ 686	688 ~ 702	704 ~ 718	720 ~ 734	736 ~ 750	752 ~ 766
机架2	电源	IM（接收）	512 ~ 526	528 ~ 542	544 ~ 558	560 ~ 574	576 ~ 590	592 ~ 606	608 ~ 622	624 ~ 638
机架1	电源	IM（接收）	384 ~ 398	400 ~ 414	416 ~ 430	432 ~ 446	448 ~ 462	464 ~ 478	480 ~ 494	496 ~ 510
机架0	电源	IM（发送）	256 ~ 270	272 ~ 286	288 ~ 302	304 ~ 318	320 ~ 334	336 ~ 350	352 ~ 366	368 ~ 382

STEP7有两种编址方法：绝对编址与符号编址。直接用上述元件名称、字节、位地址进行编址，如I3.0，Q4.0，即为绝对编址。符号编址中，可以用符号名来表示特定的绝对地址。符号编址要建立一个符号名数据库，让程序中的所有指令访问。符号表不仅有益于程序归档，也有助于故障寻踪。创建符号名数据库可用STEP7的符号编址器（Symbol Editer）。表6-8是一个建立起来的符号数据库。

STEP7允许用符号地址来表示操作数，如Q4.0可用符号名 In_A_Mtr_Coil 替代表示，采用符号名的优点是变量的物理意义明确。符号名必须先定义后再使用，而且符号名必须是唯一的，不能重名。

表6-8　符号数据库中的符号名示例

Symbol	MemAddress	DataType	Comment
InA_Mtr_Fbk	I0.0	BOOL	Motor A feedback
InA_Start_PB	I1.2	BOOL	Motor A Start Switch
InA_Stop_PB	I1.3	BOOL	Motor A Stop Switch
Hight_Speed	MW5.0	INT	Maximum Speed
Low_Speed	MW4.0	INT	Manimum Speed
In_A_Mtr_Coil	Q4.0	BOOL	Motor A Starter Coil
In_A_Start_Lt	Q4.4	BOOL	Ingred A Light On/Off

三、S7 系列 PLC 的寻址方式

S7 - 200 PLC 将信息存于不同的存储单元，每个单元有唯一的地址，系统允许用户以字节、字、双字为单位存、取信息，提供参与操作数据地址的方法，称为寻址方式。S7 - 200 PLC 的数据寻址方式有立即寻址、直接寻址和间接寻址三大类。立即寻址的数据在指令中以常数形式出现，直接寻址和间接寻址方式有位、字节、字和双字四种寻址格式，下面对直接寻址和间接寻址方式加以说明。

1. 直接寻址

直接寻址是指在指令中直接使用存储器或寄存器的元件名称和地址编号直接查找数据。数据直接寻址是在指令中明确指出存取数据的存储器地址，允许用户程序直接存取信息。数据直接地址格式如图 6-6 所示。

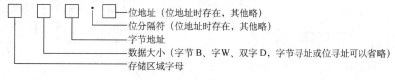

图 6-6　数据直接地址格式

数据的直接地址由内存区域、数据大小、字节起始地址、分隔符和位地址共同组成。其中有些参数可以省略。

位寻址举例：在图 6-7 中，I7.4 表示数据地址为输入映像寄存器的第 7 字节第 4 位的位地址，程序可以用 I7.4 对该输入进行读操作；而 Q0.3 表示数据地址为输出映像寄存器的第 0 字节第 3 位的位地址，程序可以用 Q0.3 对该输出进行读写操作。

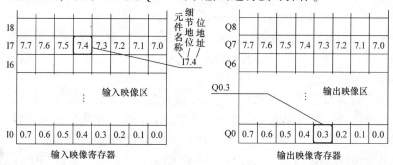

图 6-7　位寻址举例

S7 - 200 系列 PLC 中可以进行位操作的元器件有输入映像寄存器（I）、输出映像寄存器（Q）、内部（位）存储器（M）、特殊标志位（SM）、局部变量存储器（L）、变量存储器（V）及状态元件（S）等。其中，特殊标志位（SM）的含义是固定的，用户可以使用，不能改变。如 SM0.0 位始终为 1；SM0.1 位仅在运行后的第一个扫描周期为 1，可用于程序的初始化；SM0.4 为用户提供一个周期为 1min 的时钟脉冲；SM0.5 为用户提供一个周期为 1s 的时钟脉冲；SM1.0 ~ SM1.7 为用户提供某些指令执行或运算中出现的错误提示，如结果溢出、除数为 0 等；SMW2 则以字（16 位）方式存储 S7 - 200 PLC 中模拟调节电位器的位置，并在每个扫描周期对该值加以更新。

西门子各种机型 PLC 的内部资源符号、用法基本相同，但也有不同之处，如 S7 - 300 系列 PLC 不使用变量存储器 V，特殊标志位的定义也与 S7 - 200 PLC 不同，S7 - 300PLC 中不提供 SM0.5 这样的信号，固定周期的时钟脉冲要编写程序来生成，应用中需要多加注意。

字节、字、双字操作，直接访问字节（8bit）、字（16bit）、双字（32bit）数据时，必须指明数据存储区域、数据长度及起始地址。当数据长度为字或双字时，最高有效字节为起始地址字节。对内部（位）存储器 M 的数据寻址方法如图 6-8 所示。

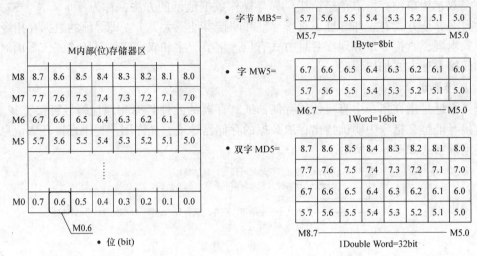

图 6-8　M 变量的位、字节、字、双字寻址

在 S7 - 200 系列 PLC 中，可按字节 B（BYTE）操作的元器件有 I、Q、M、SM、S、V、L、AC（只用低 8 位）、常数；可按字 W（WORD）操作的元器件有 I、Q、M、SM、S、T、C、V、L、AC（只用低 16 位）、常数；可按双字 D（DOUBLE WORD）操作的元器件有 I、Q、M、SM、S、V、L、AC（32 位全用）、HC、常数。

2. 间接寻址

间接寻址是使用地址指针来存取存储器中的数据。使用前，首先将数据所在单元的内存地址放入地址指针寄存器中，然后根据此地址存取数据。S7 - 200 CPU 中允许使用指针进行间接寻址的存储区域有 I、Q、V、M、S、T、C。

内存地址的指针为双字长度（32bit），故可以使用 V、AC 等作为地址指针。必须采用双字传送指令（MOVD）将内存的某个地址移入到指针当中，以生成地址指针。指令中的操作数（内存地址）必须使用 "&" 符号表示内存某一位置的地址（32bit）。

例如，MOVD &VB200, AC1　　//将 VB200 地址的内容送 AC1。VB200 是直接地址编号，& 为地址符号，将本指令中 &VB200 改为 &VW200 或 VD200，指令功能不变。

间接寻址（用指针存取数据）：在使用指针存取数据的指令中，操作数前加有 "＊" 时表示该操作数为地址指针。

例如，MOVW ＊AC1, AC0　　//将 AC1 作为内存地址指针，W 规定了传送数据长度，本指令将把以 AC1 中内容为起始地址的内存单元的 16 位数据送到累加器 AC0 中，操作过程如图 6-9 所示。

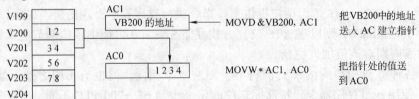

图 6-9　使用指针间接寻址

第三节　S7 系列可编程控制器的指令系统

S7 系列 PLC 具有丰富的指令集，支持梯形图（LAD）、语句表（STL）及功能图编程方法，其指令系统按功能可划分为基本逻辑指令、定时计数指令、算术及增减指令、传送移位类指令、逻辑操作指令、程序控制指令、中断指令、高速处理指令、PID 指令、填表查表指令、转换指令及通信指令等多种类型。本节介绍部分常用指令的梯形图、语句表达方式、指令功能及使用方法，并附有相应的应用实例。

一、基本逻辑指令

基本逻辑指令包括基本位操作指令、取非和空操作指令、置位/复位指令、边沿触发指令、比较指令等。

1. 基本位操作指令

位操作指令是 PLC 常用的基本指令，梯形图指令有触点和线圈两大类，触点又分为常开和常闭两种形式；语句表指令有与、或以及输出等逻辑关系，位操作指令能够实现基本的位逻辑运算和控制。

（1）指令格式　梯形图指令由触点或线圈符号和直接位地址两部分组成，含有直接位地址的指令又称为位操作指令，基本位操作指令的操作数寻址范围为 I、Q、M、SM、T、C、V、S 等。

基本位操作指令格式见表 6-9。

表 6-9　基本位操作指令格式

LAD	STL	功　能
	LD BIT LDN BIT A BIT AN BIT O BIT ON BIT = BIT	用于网络段起始的常开/常闭触点 常开/常闭触点串联，逻辑与/与非指令 常开/常闭触点并联，逻辑或/或非指令 线圈输出，逻辑置位指令

梯形图的触点符号代表 CPU 对存储器的读操作。CPU 运行扫描到触点符号时，到触点位地址指定的存储器位访问，该位数据（状态）为 1 时，触点为动态（常开触点闭合、常闭触点断开）；数据（状态）为 0 时，触点为常态（常开触点断开、常闭触点闭合）。

梯形图的线圈符号代表 CPU 对存储器的写操作。线圈左侧触点组成逻辑运算关系，逻辑运算结果为 1 时，能量流可以到达线圈，使线圈通电，CPU 将线圈位地址指定的存储器位置 1，逻辑运算结果为 0 时，线圈不通电，存储器位置 0（复位）。梯形图利用线圈通、断电描述存储器位的置位、复位操作。

综上所述，得出以下两个结论：梯形图的触点代表 CPU 对存储器的读操作，由于计算机系统读操作的次数不受限制，所以用户程序中，常开、常闭触点使用的次数不受限制。梯形图的线圈符号代表 CPU 对存储器的写操作，由于 PLC 采用自上而下的扫描方式工作，在用户程序中，每个线圈只能使用一次，使用次数（存储器写入次数）多于一次时，其状态以最后一次为准。

语句表的基本逻辑指令由指令助记符和操作数两部分组成，操作数由可以进行位操作的寄存器元件及地址组成，如 LD I0.0。常用指令助记符的定义如下所述：

1）LD（Load）：装载指令，对应梯形图从左侧母线开始，连接常开触点。

2）LDN（Load Not）：装载指令，对应梯形图从左侧母线开始，连接常闭触点。

3）A（And）：与操作指令，用于常开触点的串联。

4）AN（And Not）：与操作指令，用于常闭触点的串联。

5）O（Or）：或操作指令，用于常开触点的并联。

6）ON（Or Not）：或操作指令，用于常闭触点的并联。

7）=（Out）：置位指令，线圈输出。

例6-1 位操作指令程序应用（见图6-10）。

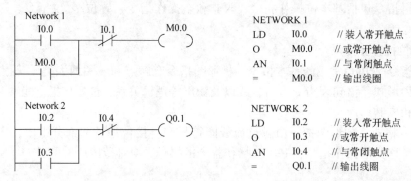

图6-10 例6-1图

梯形图逻辑关系：网络段1 $M0.0 = (I0.0 + M0.0) \overline{I0.1}$

网络段2 $Q0.1 = (I0.2 + I0.3) \overline{I0.4}$

网络段1：当输入点 I0.0 有效（I0.0 = 1 态）、输入端 I0.1 无效（I0.1 = 0 态）时，线圈 M0.0 通电（内部标志位 M0.0 置1），其常开触点闭合自锁，即使 I0.0 复位无效（I0.0 = 0 态），M0.0 线圈仍然维持导电。M0.0 线圈断电的条件是常闭触点 I0.1 打开（I0.1 = 0），M0.0 自锁回路打开，线圈断电。

网络段2：当输入点 I0.2 或 I0.3 有效、I0.4 无效时，满足网络段2的逻辑关系，输出线圈 Q0.1 通电（Q0.1 置1）。

（2）编程相关问题

1）PLC 的 I/O 点的分配方法。每一个传感器或开关输入对应一个 PLC 确定的输入点，每一个负载对应一个 PLC 确定的输出点。外部按钮（包括起动和停车）可使用常开或常闭触点，一般常开触点使用较多。

2）输出继电器的使用方法。PLC 在写输出阶段要将输出映像寄存器的内容送至输出点 Q，继电器输出方式 PLC 的继电器触点要动作，所以输出端不带负载时，控制线圈应使用内部继电器 M 或其他，尽可能不要使用输出继电器 Q 的线圈。

3）梯形图程序绘制方法。梯形图程序是利用 STEP7 编程软件在梯形图区按照自左而右、自上而下的原则绘制的。为了提高 PLC 运行速度，触点的并联网络多连在左侧母线，线圈位于最右侧。

4）梯形图网络段结构。梯形图网络段的结构是软件系统为程序注释和编译附加的，双击网络题目区，可以在弹出的对话框中填写程序段注释；网络段结构不增加程序长度，并且软件的编译结果可以明确指出程序错误语句所在的网络段，清晰的网络结构有利于程序的调试。正确地使用网络段，有利于程序的结构化设计，使程序简明易懂。

（3）STL指令对较复杂梯形图的描述方法　在较复杂梯形图的逻辑电路图中，梯形图无特殊指令，绘制非常简单，但触点的串、并联关系不能全部用简单的与、或、非逻辑关系描述，语句表指令系统中设计了电路块的“与”操作和电路块的“或”操作指令（电路块指以LD为起始的触点串、并联网络），以及栈操作指令。下面对这类指令加以说明。

1）块“或”操作指令格式：OLD（无操作元件）。

例6-2　块“或”操作示例（见图6-11）。

块“或”操作是将梯形图中以LD起始的电路块与另一个以LD起始的电路块并联起来。

```
NETWORK1
LD    I0.0    // 装入常开触点
A     I0.2    // 与常开触点
LD    M0.0    // 装入常开触点
AN    I0.3    // 与常闭触点
OLD           // 块或操作
=     M0.0    // 输出线圈
```

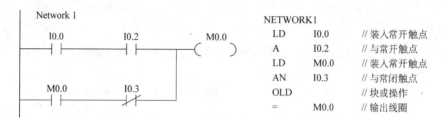

图6-11　例6-2图

2）块“与”操作指令格式：ALD（无操作元件）。

例6-3　块“与”操作示例（见图6-12）。

```
NETWORK2
LD    I0.0    // 装入常开触点
O     M0.1    // 或常开触点
LD    I0.2    // 装入常开触点
ON    M0.4    // 或常闭触点
ALD           // 块或操作
=     Q0.1    // 输出线圈
```

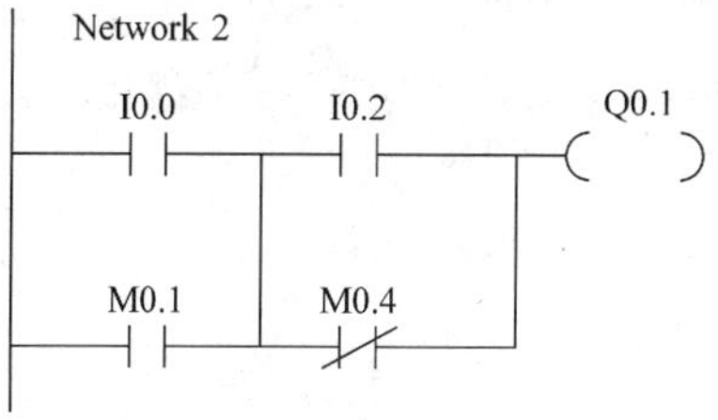

图6-12　例6-3图

块“与”操作是将梯形图中以LD起始的电路块与以LD起始的电路串联起来。

3）栈操作指令。LD装载指令是从梯形图最左侧母线画起的，如果要生成一条分支的母线，则需要利用语句表的栈操作指令来描述。栈操作语句表指令格式：

LPS（无操作元件）：逻辑堆栈操作指令。

LRD（无操作元件）：逻辑读栈指令。

LPP（无操作元件）：逻辑弹栈指令。

S7－200 PLC采用模式栈的结构，用来存放逻辑运算结果以及保存断点地址，所以其操作又称为逻辑栈操作。在此仅讨论断点保护功能的栈操作概念。

堆栈操作时将断点的地址压入栈区，栈区内容自动下移（栈底内容丢失）。读栈操作时，将存储器栈区顶部的内容读入程序的地址指针寄存器，栈区内容保持不变。弹栈操作时，栈的内容依次按照后进先出的原则弹出，将栈顶内容弹入程序的地址指针寄存器，栈的内容依次上移。栈操作指令对栈区的影响如图6-13所示。

逻辑堆栈指令（LPS）可以嵌套使用，最多为9层。为保证程序地址指针不发生错误，堆栈和弹栈指令必须成对使用，最后一次读栈操作应使用弹栈指令。

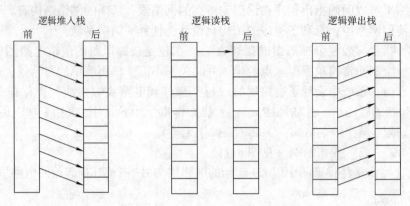

图 6-13　LPS、LRD、LPP 指令的操作过程

例 6-4　栈操作指令应用程序、梯形图及对应的栈操作语句表如图 6-14 所示。

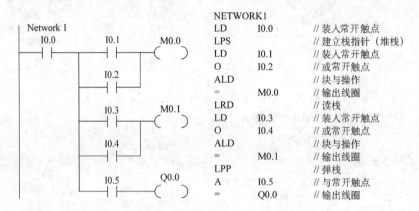

NETWORK1		
LD	I0.0	//装入常开触点
LPS		//建立栈指针（堆栈）
LD	I0.1	//装入常开触点
O	I0.2	//或常开触点
ALD		//块与操作
=	M0.0	//输出线圈
LRD		//读栈
LD	I0.3	//装入常开触点
O	I0.4	//或常开触点
ALD		//块与操作
=	M0.1	//输出线圈
LPP		//弹栈
A	I0.5	//与常开触点
=	Q0.0	//输出线圈

图 6-14　栈操作指令应用程序段

2. 取非和空操作指令

取非和空操作指令格式见表 6-10。

表 6-10　取非和空操作指令格式

LAD	STL	功　能
─┤NOT├─	NOT	取非
─┤ NOP ├─	NOP N	空操作指令

1）取非指令（NOT）。取非指令是对存储器位的取非操作，用来改变能量流的状态。梯形图指令用触点形式表示，触点左侧为 1 时，右侧为 0，能量流不能到达右侧，输出无效。反之，触点左侧为 0 时，右侧为 1，能量流可以通过触点向右传递。

2）空操作指令（NOP）。空操作指令起增加程序容量的作用。使能输入有效时，执行空操作指令，将稍微延长扫描周期长度，不影响用户程序的执行，不会使能流输出断开。

操作数 N 为执行空操作指令的次数，N = 0 ~ 255。

3）AENO 指令。梯形图的指令盒指令右侧的输出连线为输出端 ENO，用于与指令盒或输出线圈的串联（与逻辑），不串联元件时，作为指令行的结束。

AENO 指令（And ENO）的作用是和前面的指令盒输出端 ENO 相与。AENO 指令只能在语句表中使用。

STL 指令格式：AENO（无操作数）。

例 6-5 取非指令和空操作指令应用举例如图 6-15 所示。

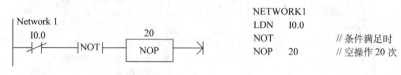

图 6-15　例 6-5 图

3. 置位/复位指令

普通线圈获得能量流时，线圈通电（存储器位置 1）；能量流不能到达时，线圈断电（存储器位置 0）。梯形图利用线圈通、断电描述存储器位的置位、复位，置位/复位指令是将线圈设计成置位线圈和复位线圈两大部分，将存储器的置位、复位功能分离开来。置位线圈受到脉冲前沿触发时，线圈通电锁存（存储器位置 1），复位线圈受到脉冲前沿触发时，线圈断电锁存（存储器位置 0），下次置位、复位操作信号到来前，线圈状态保持不变（自锁功能）。为了增强指令的功能，置位、复位指令将置位和复位的位数扩展为 N 位。指令格式见表 6-11。

表 6-11　置位、复位指令格式

LAD	STL	功　能
s-bit　s-bit —(S) —(R) "N"　"N"	S S – BIT, N R S – BIT, N	从起始位（S – BIT）开始的 N 个元件置 1 从起始位（S – BIT）开始的 N 个元件清 0

执行置位（置 1）/复位（置 0）指令时，从操作数的直接位地址（bit）或输出状态表（OUT）指定的地址参数开始的 N 个点（最多 255 个）都被置位/复位。当置位、复位输入同时有效时，复位优先。

例 6-6 置位/复位指令的应用实例如图 6-16 所示。

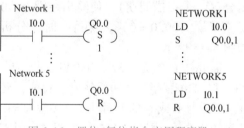

图 6-16　置位/复位指令应用程序段

该程序的功能是在 I0.0 上升沿，置位 Q0.0，而在 I0.1 的上升沿，复位 Q0.0。

编程时，置位、复位线圈之间间隔的网络个数可以任意。置位、复位线圈通常成对使用，也可以单独使用或与指令盒配合使用。

4. 边沿触发指令（脉冲生成）

边沿触发是指用边沿触发信号产生一个机器周期的扫描脉冲，通常用作脉冲整形。边沿触发指令分为正跳变触发（上升沿）和负跳变触发（下降沿）两大类。正跳变触发指输入脉冲的上升沿，使触点 ON 一个扫描周期。负跳变触发指输入脉冲的下降沿，使触点 ON 一个扫描周期。边沿触发指令的格式见表 6-12。

表 6-12　边沿触发（脉冲形成）指令的格式

LAD	STL	功能、注释
—| P |—	EU（Edge Up）	正跳变，无操作元件
—| N |—	ED（Edge Down）	负跳变，无操作元件

例 6-7　边沿触发指令示例如图 6-17 所示。

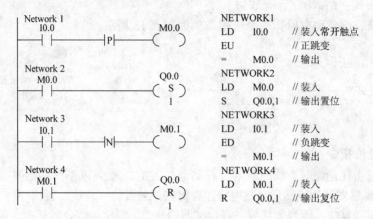

图 6-17　边沿触发指令示例

运行结果分析如下：

I0.0 的上升沿，触点（EU）产生一个扫描周期的时钟脉冲，M0.0 线圈通电一个扫描周期，M0.0 常开触点闭合一个扫描周期，使输出线圈 Q0.0 置位有效（输出线圈 Q0.0 = 1），并保持。

I0.1 下降沿，触点（ED）产生一个扫描周期的时钟脉冲，驱动输出线圈 M0.1 通电一个扫描周期，M0.1 常开触点闭合（一个扫描周期），使输出线圈 Q0.0 复位有效（Q0.0 = 0）并保持。时序分析如图 6-18 所示。

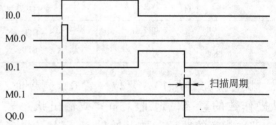

图 6-18　边沿触发时序分析

需要注意的是：S7 - 300 PLC 与 S7 - 200 PLC 的编程指令对边沿触发、置位、复位的处理均有所不同，S7 - 300 系列 PLC 编程时，在边沿符号 P 或 N 的上面可以直接输入 M0.0 或 M0.1，在置位 S 或复位 R 的下面，也没有位数 N 可以选择。因此，图 6-17 的程序在用 S7 - 300 系列 PLC 编程时需修改为图 6-19 所示的格式。

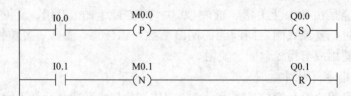

图 6-19　S7 - 300 系列 PLC 的边沿触发指令示例

二、比较指令

比较指令用于完成两个操作数按一定条件进行的比较。操作数可以是整数，也可以是实数（浮点数）。在梯形图中，用带参数和运算符的触点表示比较指令，比较条件满足时，触点闭合，否则打开。在梯形图程序中，比较触点可以装入，也可以串、并联。

1. 指令格式

比较指令有整数和实数两种数据类型的比较。整数类型的比较指令包括无符号数的字节比较、有符号数的整数比较和双字比较。比较指令格式见表 6-13。

表 6-13　比较指令格式

LAD	STL	功　能
"IN1" ┤==B├ "IN2"	LDB = IN1，IN2 AB = IN1，IN2 OB = IN1，IN2	操作数 IN1 和 IN2（整数）比较

表 6-13 给出了梯形图字节相等比较的符号，以下为比较指令其他比较关系和操作数类型说明。

比较运算符：= =、< =、> =、<、>、< >；

操作数类型：字节比较 B（Byte）（无符号整数）；

整数比较 I（Int/Word）（有符号整数）；

双字比较 D（Double Int/Word）（有符号整数）；

实数比较 R（Real）（有符号双字浮点数）。

不同的操作数类型和比较运算关系，可分为构成各种字节、字、双字和实数比较运算指令。

2. 比较指令的程序设计

例 6-8　整数（16 位有符号整数）比较指令应用程序如图 6-20 所示。

Network 1
C0
Q0.0
>=I
+100
NETWORK1
LDW>=C0, +100
=　Q0.0

图 6-20　比较指令应用程序

指令功能为计数器 C0 的当前值大于或等于 100 时，输出线圈 Q0.0 通电。

S7－300 PLC 的比较指令与 S7－200 PLC 的含义相同，但格式不同。S7－300 PLC 中的比较指令用指令盒图形来表示，指令工具箱中可找到相应的功能指令，如 EQ_I、NE_I、GT_I、LT_I、GE_I、LE_I，分别表示整数（16 位）等于、不等于、大于、小于、大于等于、小于等于六种比较指令；如果后缀改为_ D 则表示双字比较；如果后缀改为_ R 则表示实数（32 位）比较。

图 6-21 为 S7－300 PLC 比较指令程序示例。

指令功能：当 I0.0 接通时，比较十进制常数 109 与 MW0 中数据的大小，如果两个整数不相等，则 Q3.2 得电；当 I0.3 接通时，比较 MD20 与 MD24 中两个实数的大小，如果前者小于等于后者，则 Q0.3 得电。

I0.0
CMP < >I
Q3.2
109
IN1
MW0
IN2
I0.3
CMP < = R
Q0.3
MD20
IN1
MD24
IN2

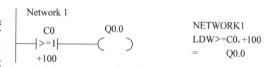

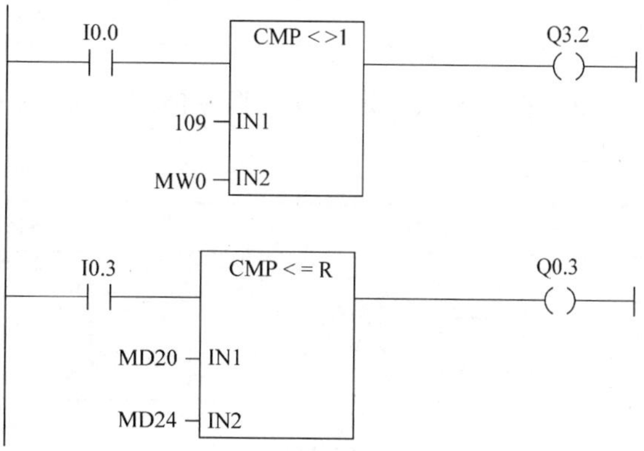

图 6-21　S7－300 PLC 比较指令程序示例

三、定时器指令

1. S7－200 系列 PLC 的定时器

（1）分类　S7－200 PLC 的定时器为增量型定时器，用于实现时间控制，可以按照工作方式和时间基准（时基）分类，时间基准又称为定时精度和分辨率。

按照工作方式，定时器可分为通电延时型（TON）、有记忆的通电延时型（保持型）（TONR）和断电延时型（TOF）三种类型。

按照时基基准，定时器可分为1ms、10ms、100ms三种类型，不同的时基标准，定时精度、定时范围和定时器的刷新方式不同。

定时器的工作原理是：定时器使能输入有效后，当前值寄存器对PLC内部的时基脉冲增1计数，当计数值大于或等于定时器的预置值后，输出状态位置1。从定时器输入有效，到状态位有效输出所经过的时间为定时时间。定时时间 T = 时间基准 × 预置值，时基越大，精度越差。

1ms定时器每隔1ms刷新一次，定时器刷新与扫描周期和程序处理无关。10ms定时器在每个扫描周期开始时刷新。在每个扫描周期之内，当前值不变。如果定时器的输出与复位操作时间间隔很短，则调节定时器指令盒与输出触点在网络段中的位置是必要的。

100ms定时器是定时器指令执行时被刷新，下一条执行的指令即可使用刷新后的结果，非常符合正常思维，使用方便可靠。但应当注意，如果该定时器的指令不是每个周期都执行（如条件跳转时），定时器就不能及时刷新，可能会导致出错。

CPU22X系列PLC的256个定时器分TON（TOF）和TONR两种工作方式，三种时基标准，TOF与TON共享同一组定时器，不能重复使用。详细分类方法及定时范围见表6-14。

使用定时器时，应参照表6-14中的时基标准和工作方式合理选择定时器编号，同时要考虑刷新方式对程序执行的影响。

表6-14 定时器工作方式及类型

工作方式	用毫秒（ms）表示的分辨率	用秒（s）表示的最大当前值	定时器号
TONR	1ms	32.767s	T0，T64
	10ms	327.67s	T1～T4，T65～T68
	100ms	3276.7s	T5～T31，T69～T95
TON/TOF	1ms	32.767s	T32，T96
	10ms	327.67s	T33～T36，T97～T100
	100ms	3276.7s	T37～T63，T101～T255

（2）指令格式 定时器的指令格式见表6-15。

表6-15 定时器的指令格式

LAD	STL	功能、注释
T# IN TON PT	TON	通电延时定时器
T# IN TONR PT	TONR	有记忆通电延时定时器
T# IN TOF PT	TOF	断电延时定时器

注：IN为使能输入端，编程范围为T0～T255；PT是预置输入端，最大预置值为32767；PT类型：INT。

（3）使用方法

1）通电延时型（TON）。使能端（IN）输入有效时，定时器开始计时，当前值从 0 开始递增，大于或等于预置值（PT）时，定时器输出状态位置 1（输出触点有效），当前值的最大值为 32767。使能端无效（断开）时，定时器复位（当前值清零，输出状态位置 0）。

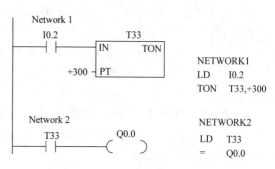

图 6-22 通电延时型定时器应用程序段

例 6-9 通电延时型定时器的应用程序段如图 6-22 所示。

2）有记忆通电延时型（TONR）。使能端（IN）输入有效时（接通），定时器开始对时间基准递增计数，当前值大于或等于预置值（PT）时，输出状态位置 1。使能端输入无效时（断开），当前值保持（记忆）。使能端（IN）再次接通有效时，在原记忆值的基础上递增计时。有记忆通电延时型（TONR）定时器采用线圈的复位指令（R）进行复位操作，当复位线圈有效时，定时器当前值清零，且输出状态位置 0。

例 6-10 有记忆通电延时型定时器应用程序段如图 6-23 所示。

3）断电延时型（TOF）。使能端（IN）输入有效时，定时器输出状态位立即置 1，当前值复位（为 0）。使能端（IN）断开时，开始计时，当前值从 0 递增，当前值达到预置值时，定时器状态位复位置 0，并停止计时，当前值保持。

例 6-11 断电延时型定时器应用程序段如图 6-24 所示。

该程序在条件 I0.0 接通时，T37 的当前值立即置 0，常开触点 T37 立即接通。I0.0 断开时，常开触点 T37 并不立即断开，当前值从 0 开始计数，该计数器为 100ms 定时精度，计数 30 次对应的定时时间为 3s，计满后常开触点 T37 才断开，且计数值保持。

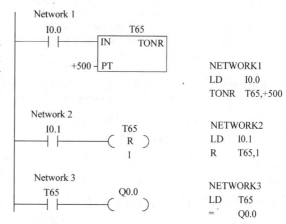

图 6-23 有记忆通电延时型定时器应用程序段

例 6-12 用通电延时定时器产生周期性通断信号。

梯形图程序如图 6-25 所示。

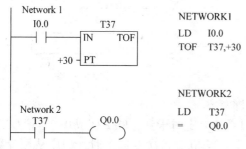

图 6-24 断电延时型定时器应用程序段

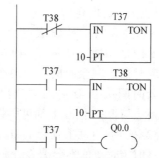

图 6-25 产生周期性通断信号的梯形图

171

图 6-25 中定时器 T37 、T38 均为 100ms 时间基准，程序运行后 T37 就开始定时，1s 后 T37 触点动作，使得 T38 也开始计时，但触点并未动作。再过 1s，T38 触点动作，立即复位 T37 定时器，由于同时 T37 的触点断开，又复位 T38，于是 T38 的常闭触点使 T37 再从头计时……在上述周期中，T37 的触点交替通 1s、断 1s，就实现了 Q0.0 输出"1"与"0"的周期性交替。

2. S7－300 系列 PLC 的定时器

S7－300 系列 PLC 中有五种定时器，表 6-16 是 S7－300 PLC 定时器的功能说明，每种功能的时序图如图 6-26 所示。

表 6-16　S7－300 PLC 定时器的功能说明

定时器名称	定时器功能说明（设输入信号为 I0.0，输出信号为 Q4.0）
S_PULSE 脉冲定时器	当输入信号有效时，输出信号等于 1 的时间最多等于定时器设定时间 t，如果输入信号变为 0，则输出信号也会变为 0，其等于 1 的时间小于 t
S_PEXT 扩展脉冲定时器	当输入信号为 1 时，无论其为 1 的时间有多长，输出信号为 1 的时间长度只能持续所设定的时间 t
S_ODT 通电延时定时器	从输入信号为 1 开始定时，当定时时间 t 到达后，输出信号动作，即 Q4.0 变为 1；当输入信号消失时，输出信号也变为 0
S_ODTS 保持型通电延时定时器	从输入信号为 1 开始定时，当定时时间 t 到达后，输出信号动作，即 Q4.0 变为 1；当输入信号消失时，输出信号保持不变，具有记忆功能；只有复位信号可以对其清零
S_OFFDT 断电延时定时器	当输入信号变为 1 时，输出信号也立即变为 1；当输入信号变为 0 时，输出信号延迟一段时间才变为 0（延迟时间为定时时间 t）

S7－300 系列 PLC 定时器的时间表示方法也与 S7－200 系列 PLC 不同，通常选择的定时时间格式为 "S5T#aHbMcSdMS"，a、b、c、d 数值由用户自己选择。最长定时时间为 2h 46min 30s。

例如：S5T#1H15M2S 表示定时时间为 1h 15min 2s。

例 6-13　S7－300 PLC 通电延时定时器程序实例如图 6-27 所示。

程序功能：当 I0.0 = 1 时，Q0.0 延迟 5s 变成 1；如果定时未到，I0.0 变成 0，则已经定时的计数值也会立即清零，无记忆功能。从 BI（MW0）可以读出定时器的剩余时间，BCD 码格式的剩余时间从 BCD 输出端读出。无论定时到达与否，用 I0.1 都可以将定时数值立即清零。

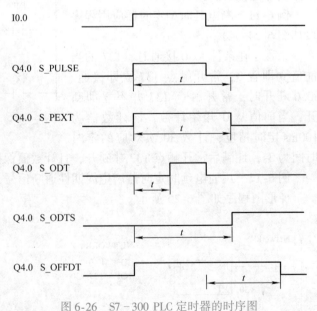

图 6-26　S7－300 PLC 定时器的时序图

当 I0.2 = 1 时，Q0.1 延迟 1h 11min 20s 变成 1；如果定时未到，I0.2 变成 0，尽管 Q0.1 没有动作，但定时数值不会清零，程序有记忆功能。当 I0.2 再次变成 1 时，程序从原计数值基础上继续定时，达到定时时间后动作。只有 I0.3 可以将计数器清零复位。

S7 - 300 系列 PLC 的五种定时器也可以不使用指令盒，仅使用 Tx 线圈和 Tx 触点的表示方式，如 –(SP) 脉冲定时器线圈、–(SE) 扩展脉冲定时器线圈、–(SD) 通电延时定时器线圈、–(SS) 保持型通电延时定时器线圈、–(SA) 断电延时定时器线圈，本节不再展开描述。在本章后文图 6-51b 中可以看到通电延时定时器 –(SD) 的编程方法。

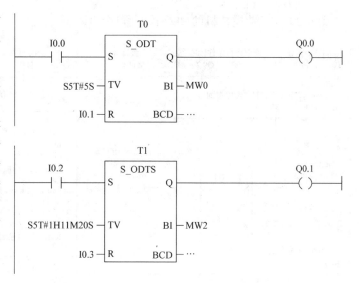

图 6-27 S7 - 300 PLC 通电延时定时器程序实例

例 6-14 S7 - 300 系列 PLC 在工业搅拌机自动控制系统中的应用实例。图 6-28 为工业搅拌机示意图，图 6-28a 为控制面板图，图 6-28b 为控制对象示意图。

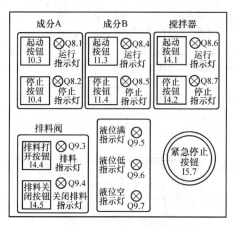

a) 控制面板

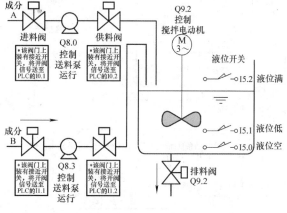

b) 控制对象示意图

图 6-28 工业搅拌机示意图

主要 I/O 点均在图中做了标注，没有标注的 I/O 点说明见表 6-17。

表 6-17 工业搅拌机的 I/O 点补充说明

地址	说 明
I0.0	成分 A 送料泵接触器辅助触点，保证成分 A 送料泵已经得电
I0.1	成分 A 进料阀打开到位信号，保证 A 进料阀打开到位
I0.2	成分 A 供料阀打开到位信号，保证 A 供料阀打开到位
I1.0	成分 B 送料泵接触器辅助触点
I1.1	成分 B 进料阀打开到位
I1.2	成分 B 供料阀打开到位
I4.0	搅拌电动机接触器辅助触点，保证搅拌电动机接触器已经得电

173

图 6-29 为工业搅拌机的 PLC 控制程序。

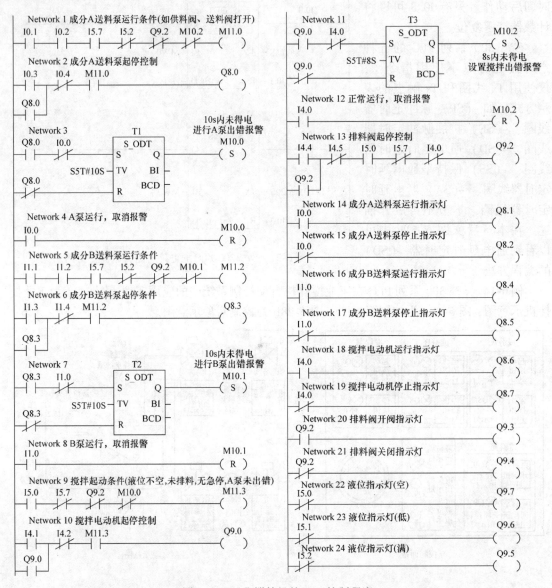

图 6-29 工业搅拌机的 PLC 控制程序

四、计数器指令

1. S7－200 系列 PLC 的计数器

S7－200 系列 PLC 有增计数指令（CTU）、增/减计数指令（CTUD）、减计数指令（CTD）三类计数器指令，对输入脉冲的上升沿进行计数。计数器的使用方法和基本结构与 S7－200 PLC 的定时器基本相同，主要由预置值寄存器、当前值寄存器及状态位等组成。

2. 指令格式

计数器的梯形图指令符号为指令盒形式，指令格式见表 6-18。

表6-18　计数器指令格式

LAD			STL	功　能
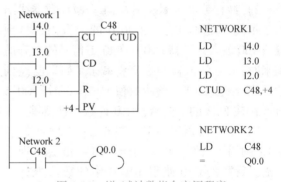			CTU CTD CTUD	（Counter Up）增计数器 （Counter Down）减计数器 （Counter Up/Down）增/减计数器

注：梯形图指令符号中CU—增1计数脉冲输入端；CD—减1计数脉冲输入端；R—复位脉冲输入端；LD—减计数器的复位输入端。编程范围C0～C255；PV预置值最大值为32767，数据类型为INT（整数）。

1）增计数指令（CTU）。增计数指令在CU端输入脉冲上升沿，计数器进行当前值增1计数。当前值大于或等于预置值（PV）时，计数器状态位置1。当前值累加的最大值为32767。复位输入（R）有效时，计数器状态位复位（置0），当前计数值清零。

2）增/减计数指令（CTUD）。增/减计数器有两个脉冲输入端，其中CU端用于递增计数，CD端用于递减计数，执行增/减计数指令时，只要当前值大于或等于预置值（PV）时，计数状态位置1，否则置0。复位输入（R）有效或执行复位指令时，计数器状态位复位且当前值清零。达到当前值最大值32767后，下一个CU输入上升沿将使计数值变为最小值（-32768）。同样，达到最小值（-32768）后，下一个CD输入上升沿将使计数值变为最大值（32767）。

例6-15　增/减计数指令应用程序如图6-30所示。

该指令的功能是对I4.0输入信号的上升沿做加1计数，对I3.0信号的上升沿做减1计数，只要计数值大于或等于4，计数器触点C48就置1，否则置0。当复位输入I2.0有效时，C48复位且当前值清零。C48输出状态的通断可通过Q0.0观察。

3）减计数指令（CTD）。复位输入（LD）有效时，计数器把预置值（PV）装入当前值存储器，计数器状态位复位（置

图6-30　增/减计数指令应用程序

0）。在CD端每一个输入脉冲上升沿，减计数器的当前值从预置值开始递减计数，当前值等于0时，计数器状态位置位（置1），停止计数。

例6-16　减计数器指令应用程序段如图6-31所示。

程序运行分析：减计数器在计数脉冲I3.0的上升沿减1计数，当前值从预置值3开始减至0时，定时器输出状态位置1，Q0.0通电（置1）。在复位脉冲I1.0的上升沿，定时器状态位置0（复位），当前值等于3，为下次计数工作做好准备。

例6-17　利用S7-200 PLC控制的汽车转向灯PLC程序如图6-32所示。

3. S7-300系列PLC的计数器

S7-300系列PLC具有256个16位计数器，指令功能见表6-19。

1）置初始值与增计数器线圈。图6-33为置初始值与增计数器线圈用法示例。第一个网络的程序功能：在I0.3的上升沿，将计数器C2的初始值设为常数100；第二个网络的程序功能：在I0.5的上升沿，将C2计数器的数值加1（如果到达999则不能再加1）；第三个网络的程序功能：在I0.2的上升沿，将C2计数器清零。

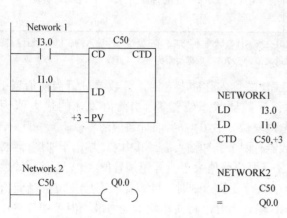

图 6-31 减计数指令应用程序段

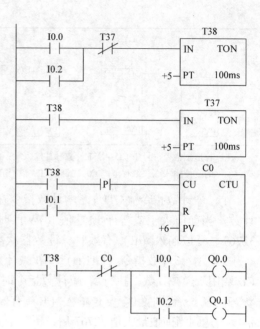

图 6-32 汽车转向灯 PLC 控制程序

2）减计数器线圈。图 6-34 为减计数器线圈用法示例。程序功能：在 I0.0 的上升沿，将预置值 100 装入计数器 C10；在 I0.1 信号的上升沿到来时，C10 计数器的数值将减 1（如果已经到达 0 则不能减 1）；当计数值 C10 = 0 时，Q0.5 得电；在 I0.2 的上升沿，C10 计数器被清零。

3）增计数器 S_CU。图 6-35 为增计数器 S_CU 的用法示例。程序功能：如果 I0.2 出现上升沿，计数器 C10 使用 MW10 中的数值进行预置。在 I0.0 信号的上升沿，计数器 C10 的值将被加"1"（当 C10 的值等于 999 则不能加 1）。只要 C10 不等于 0，输出 Q4.0 就被置为 1 状态。

表 6-19 S7-300 PLC 的计数器指令

指　　令	功　　能
-(SC)	计数器线圈置初值
-(CU)	增计数器线圈
-(CD)	减计数器线圈
S_CU	增计数器
S_CD	减计数器
S_CUD	增减计数器

```
Network1
 I0.3                      C2
 ┤├                      ( SC )
                          C#100

Network2
 I0.5                      C2
 ┤├                      ( CU )

Network3
 I0.2                      C2
 ┤├                      ( R )
```

图 6-33 置数与增计数器线圈用法示例

```
 I0.0                      C10
 ┤├                      ( SC )
                          C#100

 I0.1                      C10
 ┤├                      ( CD )

 C10                       Q0.5
 ┤/├                      (  )

 I0.2                      C10
 ┤├                      ( R )
```

图 6-34 减计数器线圈用法示例

176

4）减计数器 S_CD。图 6-36 为减计数器 S_CD 的用法示例。程序功能：如果 I0.2 出现上升沿，计数器 C10 使用 MW10 中的数值进行预置。在 I0.0 信号的上升沿，计数器 C10 的值将被减"1"（当 C10 的值等于 0 则不能减 1）。只要 C10 不等于 0，输出 Q4.0 就被置为 1 状态。CV、CV_BCD 为计数器的当前值输出端。

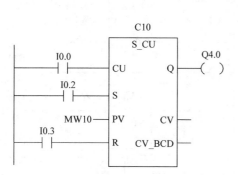

图 6-35　增计数器 S_CU 用法示例

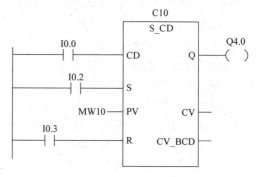

图 6-36　减计数器 S_CD 用法示例

5）增减计数器 S_CUD。图 6-37 为增减计数器 S_CUD 的用法示例。程序功能：如果 I0.2 出现上升沿，计数器 C10 使用 MW10 中的数值进行预置。在 I0.0 信号的上升沿，计数器 C10 的值将被加"1"（当 C10 的值等于 999 则不能加 1）；在 I0.1 信号的上升沿，计数器 C10 的值将被减"1"（当 C10 的值等于 0 则不能减 1）。只要 C10 不等于 0，输出 Q4.0 就被置为 1 状态。CV、CV_BCD 的功能与前面相同。

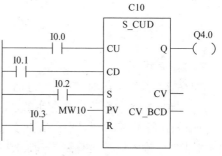

图 6-37　增减计数器 S_CUD 用法示例

例 6-18　计数器和比较器在仓库管理中的应用实例。

图 6-38 为一个只有 100 个货位的仓库进出货示意图。传送带 1 将包裹运进仓库区。光电传感器 1 对入库包裹进行检测，传送带 2 将仓库区中的包裹运出仓库，光电传感器 2 对出库包裹进行检测。

图 6-39 为 S7-300 PLC 控制仓库状态提示屏的 PLC 程序。程序功能如下：

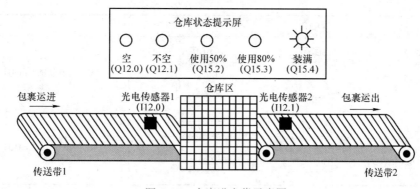

图 6-38　仓库进出货示意图

C1 为增减计数器，设仓库中货物的初始数为 10 个，在 I12.2 置位信号的上升沿，该初始值 PV 被写入计数器，C1 = 10；当传送带 1 的光电传感器 1 检测到一个包裹被送入，则

I12.0 出现一个由 0 变 1 的上升沿，计数器 C1 加 1；当传送带 2 的光电传感器 2 检测到一个包裹被送出，则 I12.1 出现一个由 0 变 1 的上升沿，计数器 C1 减 1；只要货物数量 C1 不等于 0，Q12.1 就得电，显示屏显示仓库"不空"。

当 Q12.1 不得电时，Q12.0 显示仓库"空"。

如果当前计数值（在 MW210 中）大于等于 50 时，显示屏上显示仓库"已使用50%"。

如果当前计数值（在 MW210 中）大于等于 90 时，显示屏上显示仓库"已使用90%"。

如果当前计数值（在 MW210 中）大于等于 100 时，显示屏上显示仓库"装满"。

在控制信号 I12.3 的上升沿，计数器通过 R 端清零。

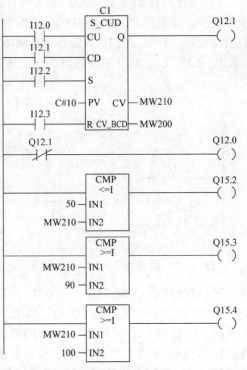

图 6-39　仓库状态提示屏的 PLC 控制程序

五、算术及增减指令

1. 加/减运算

加/减运算指令是对符号数的加/减运算操作，包括单字整数、双字整数和实数加/减运算。

加/减运算指令梯形图采用指令盒格式，指令盒由指令类型、使能端 EN、操作数（IN1、IN2）输入端、运算结果输出端 OUT 及逻辑结果输出端 ENO 等组成。

S7-200 和 S7-300 两个系列 PLC 的算术运算指令格式基本相同，但对影响运算结果的状态字（标志位）的定义完全不同，对 S7-200 系列 PLC，其运算结果（0、溢出、负等）会影响到特殊存储器位 SMX.X；但对 S7-300 系列 PLC 来说，其运算结果则会影响到结果状态字中 CC1、CC0、OV、OS、A1、A2 等状态位。

限于篇幅，对指令运算结果所影响的位，在此仅使用 S7-200 的 SMX.X 位变量进行解释。

（1）加/减运算指令格式　加/减运算指令的梯形图指令格式见表6-20。

表 6-20　加/减运算指令格式及功能

LAD			功　能
ADD_I EN ENO IN1 OUT IN2	ADD_DI EN ENO IN1 OUT IN2	ADD_R EN ENO IN1 OUT IN2	IN1 + IN2 = OUT
SUB_I EN ENO INI OUT IN2	SUB_DI EN ENO IN1 OUT IN2	SUB_R EN ENO INI OUT IN2	IN1 - IN2 = OUT

加/减运算指令操作数类型：INT（整型）、DINT（双整型）、REAL（实数）。

（2）指令类型和运算关系

1）整数加/减运算（ADD I/SUB I）：使能 EN 输入有效时，将两个单字长（16bit）符号整数（IN1 和 IN2）相加/减，然后将运算结果送 OUT 指定的存储器单元输出。

STL 运算指令及运算结果：

整数加法：MOVW　　IN1，OUT　　//IN1→OUT
　　　　　　　+ I　　　IN2，OUT　　//OUT + IN2 = OUT
整数减法：MOVW　　IN1，OUT　　//IN1→OUT
　　　　　　　– I　　　IN2，OUT　　//OUT – IN2 = OUT

从 STL 运算指令可以看出，IN1、IN2 和 OUT 操作数的地址不相同时，语句表指令将 LAD 的加/减运算分别用两条指令描述。

IN1 或 IN2 = OUT 时，加法指令节省一条数据传送指令，本规律用于所有算术运算指令。

2）双整数加/减运算（ADD DI/SUB DI）：使能 EN 输入有效时，将两个字长（32bit）符号整数（IN1 和 IN2）相加/减，运算结果送 OUT 指定的存储器单元输出。

STL 运算指令及运算结果：

双整数加法：MOVD　　IN1，OUT　　//IN1→OUT
　　　　　　　　+ D　　　IN2，OUT　　//OUT + IN2 = OUT
双整数减法：MOVD　　IN1，OUT　　//IN1→OUT
　　　　　　　　– D　　　IN2，OUT　　//OUT – IN2 = OUT

3）实数加/减运算（ADD R/SUB R）：使能输入 EN 有效时，将两个字长（32bit）的有符号实数 IN1 和 IN2 相加/减，运算结果送 OUT 指定的存储器单元输出。

STL 运算指令及运算结果：

实数加法：MOVR　　IN1，OUT　//IN1→OUT
　　　　　　　+ R　　　IN2，OUT　　//OUT + IN2 = OUT
实数减法：MOVR　　IN1，OUT　//IN1→OUT
　　　　　　　– R　　　IN2，OUT　　//OUT – IN2 = OUT

（3）对标志位的影响　算术运算指令影响特殊标志的算术状态位 SM1.0 ~ SM1.3，并建立指令盒能量流输出 ENO。

1）算术状态位（特殊标志位）SM1.0（零）、SM1.1（溢出）和 SM1.2（负）。SM1.1 用来指示溢出错误和非法值。如果 SM1.1 置位，SM1.0 和 SM1.2 的状态无效，原始操作数不变；如果 SM1.1 不置位，SM1.0 和 SM1.2 的状态反映算术运算的结果。

2）ENO（能量流输出位）：使能输入 EN 有效且运算的结果无错时，ENO = 1，否则 ENO = 0（出错或无效）。使能量流输出 ENO 断开的出错条件是：SM1.1（溢出）、SM4.3（运行时间），0006（间接寻址）。

例 6-19　加法运算应用举例，求 2000 加 100 的和，2000 在数据存储器 VW100 中，结果存入 VW200。

编写程序如图 6-40 所示。

2. 乘/除运算

乘/除运算是对符号数的乘法运算和除法运算（见表 6-21）。

（1）指令格式　乘/除运算指令采用同加减运算相类似的指令盒指令格式。指令分为

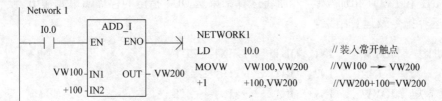

图 6-40　加法运算程序

MUL I/DIV I 整数乘/除运算，MUL DI/DIV DI 双整数乘/除运算，MUL/DIV 整数乘/除双整数输出，MUL R/DIV R 实数乘/除运算等八种类型。

LAD 指令执行的结果：乘法 IN1 * IN2 = OUT

除法 IN1/IN2 = OUT

表 6-21　乘/除运算指令格式及功能

LAD				功　能
MUL_I EN ENO IN1 OUT IN2	MUL_DI EN ENO IN1 OUT IN2	MUL EN ENO IN1 OUT IN2	MUL_R EN ENO IN1 OUT IN2	乘法运算
DIV_I EN ENO IN1 OUT IN2	DIV_DI EN ENO IN1 OUT IN2	DIV EN ENO IN1 OUT IN2	DIV_R EN ENO IN1 OUT IN2	除法运算

（2）指令功能

1）整数乘/除法指令（MUL I/DIV I）。使能（EN）输入有效时，将两个单字长（16bit）符号整数 IN1 和 IN2 相乘/除，产生一个单字长（16bit）整数结果，从 OUT（积/商）指定的存储器单元输出。

对应的 STL 指令格式：

```
整数乘法　MOVW    IN1，OUT    //IN1→OUT
          * I     IN2，OUT    //OUT * IN2 = OUT
整数除法　MOVW    IN1，OUT    //IN1→OUT
          /I      IN2，OUT    //OUT/IN2 = OUT
```

2）双整数乘/除法指令（MUL DI/DIV DI）。使能（EN）输入有效时，将两个双字长（32bit）符号整数 IN1 和 IN2 相乘/除，产生一个双字长（32bit）整数结果，从 OUT（积/商）指定的存储器单元输出。

3）整数乘/除双整数输出指令（MUL/DIV）。使能（EN）输入有效时，将两个单字长（16bit）符号整数 IN1 和 IN2 相乘/除，产生一个双字长（32bit）结果，从 OUT（积/商）指定的存储器单元输出。注意：如果是除法运算，32bit OUT 中低 16 位是商，高 16 位是余数。

4）实数乘/除法指令（MUL R/DIV R）。使能（EN）输入有效时，将 32bit 实数相乘/除，产生 32bit 实数结果，从 OUT（积/商）指定的存储器单元输出。

（3）乘/除运算对标志位的影响

1）算术状态位（特殊标志位）。受乘/除运算指令执行结果影响的特殊存储器位：SM1.0（零）、SM1.1（溢出）、SM1.2（负）和 SM1.3（被 0 除）。

乘法运算过程中，SM1.1（溢出）被置位，就不写输出，并且所有其他的算术状态位值为 0。整数乘法（MUL）产生双整数的指令输出不会产生溢出。

如果除法运算过程中，SM1.3 置位（被 0 除），其他的算术状态位保留不变，原始输入操作数不变。SM1.3 不被置位，所有有关的算术状态位都是算术操作的有效状态。

2）使能流输出 ENO 断开的出错条件是：SM1.1（溢出）、SM4.3（运行时间）、0006（间接寻址）。

例 6-20 乘/除法指令的应用实例如图 6-41 所示。

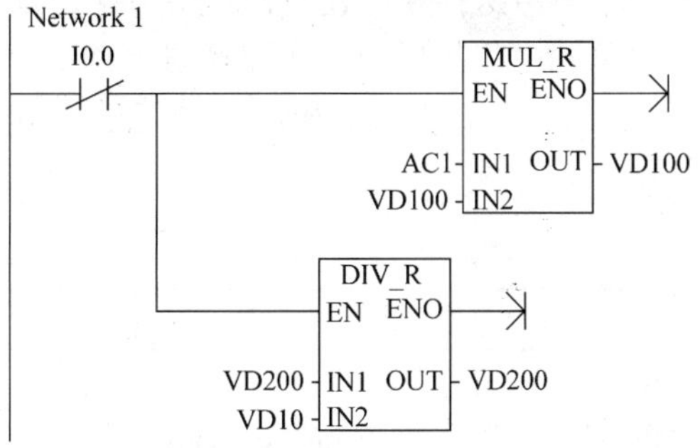

```
NETWORK1
LDN      I0.0        //装入常闭触点
*R       AC1,VD100   //实数乘法
/R       VD10,VD200  //实数除法
```

图 6-41　乘/除法应用实例

该程序的功能是在 I0.0 有效时，将累加器 AC1 和 VD100 中的两个 32bit 实数相乘，得到 32bit 乘积放在 VD100 中，用 VD200 中的 32bit 实数除以 VD10 中的 32bit 实数，结果也为 32bit 实数，被放在 VD200 中。

3. 增 1/减 1 计数

增 1/减 1 计数器用于自增、自减操作，以实现累加计数和循环控制等程序的编制。梯形图为指令盒格式，增 1/减 1 指令操作数长度可以是字节（无符号）、字或双字（有符号数）。指令格式见表 6-22。

表 6-22　增 1/减 1 计数指令

LAD			功　能
INC_B EN ENO IN OUT	INC_W EN ENO IN OUT	INC_DW EN ENO IN OUT	字节、字、双字增 1 字节、字、双字减 1 OUT ± 1 = OUT
DEC_B EN ENO IN OUT	DEC_W EN ENO IN OUT	DEC_DW EN ENO IN OUT	

（1）字节增 1/减 1（INC B/DEC B）　字节增 1 指令（INC B）：使能输入有效时，把一个字节的无符号数（IN）加 1，得到一个字节的运算结果，通过 OUT 指定的存储器单元输出；字节减 1 指令（DEC B）：使能输入有效时，把一个字节的无符号数（IN）减 1，得到一个字节的运算结果，通过 OUT 指定的存储器单元输出。

（2）字增1/减1（INC W/DEC W）　字增1（INC W）/减1（DEC W）指令：使能输入有效时，将单字无符号数（IN）加1/减1，得到一个字的运算结果，输出至OUT指定的存储器单元。操作数IN和OUT可以是V、I、Q、M、SM等变量字节，也可以间接寻址。

（3）双字增1/减1（INC D/DEC D）　双字增1（INC D/DEC D）指令：使能输入有效时，将双字节无符号数（IN）加1/减1，得到双字节的运算结果，输出至OUT指定的存储器单元。

六、传送移位类指令

传送移位类指令包括数据的传送、交换、填充及移位等指令。

1. 数据传送

数据传送指令有字节、字、双字和实数的单个传送指令，还有以字节、字、双字为单位的数据块的成组传送指令，可以实现各存储器单元之间数据的传送和复制。

（1）单个数据传送　单个传送指令一次完成一个字节、字和双字的传送。指令格式参见表6-23。

表6-23　传送指令格式

LAD			STL	功　能
MOV_B EN ENO IN OUT	MOV_W EN ENO IN OUT	MOV_DW EN ENO IN OUT	MOV IN，OUT	IN = OUT

指令功能是当EN有效时，把一个输入（IN）单字节无符号数、单字长或双字长符号数输出到OUT指定的存储器单元。使能流输出ENO断开的出错条件是：SM4.3（运行时间）和0006（间接寻址）。

（2）数据块传送　数据块传送指令一次可完成N个数据的成组传送。指令类型有字节、字和双字等三种，见表6-24。

表6-24　块传送指令格式

LAD			功　能
BLKMOV_B EN ENO IN OUT N	BLKMOV_W EN ENO IN OUT N	BLKMOV_D EN ENO IN OUT N	字节、字和 双字的 块传送

字节的数据块传送指令：在EN有效时，把从IN字节开始的N个字节的数据传送到以输出字节OUT开始的N个字节的存储区中。

字的数据块传送指令：在EN有效时，把从IN字开始的N个字的数据传送到以输出字节OUT开始的N个字的存储区中。

双字的数据块传送指令：在EN有效时，把从IN双字开始的N个双字的数据传送到以双字OUT开始的N个双字的存储区中。

N（BYTE）规定的数据区范围是0～255。

例6-21　将变量存储器VW100中内容送到VW200中，程序如图6-42所示。

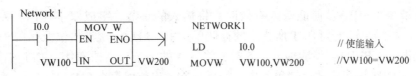

图 6-42　例 6-21 图

2. 字节交换/填充指令

字节交换/填充指令格式见表 6-25。

表 6-25　字节交换/填充指令格式

LAD	STL	功　能
![SWAP/FILL_N]	SWAP　IN FILL　IN, N, OUT	字节交换 字填充

（1）字节交换指令（SWAP）　字节交换指令用来实现字的高、低字节内容交换的功能。

（2）填充指令（FILL）　填充指令用于存储区域的填充。

使能输入（EN）有效时，用输入数据（IN）填充从输出（OUT）开始的 N 个存储单元。N 的取值范围为 0～255。

例 6-22　将从 VW100 开始的 256B（128 个字）的存储单元清零，程序如图 6-43 所示。

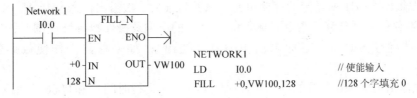

图 6-43　例 6-22 图

本条指令执行结果：从 VW100 开始的 256B（VW100～VW355）的存储单元被清零。

3. 移位指令

移位指令分为左、右移位和循环左、右移位及寄存器移位指令三大类。前两类移位指令按移位数据长度又分为字节型、字型和双字型三种，移位指令最大移位位数 N≤数据类型（B\W\D）对应的位数。

1）左、右移位指令。左、右移位数据存储单元与 SM1.1（溢出）端相连，溢出位被放到特殊标志存储器 SM1.1 中。移位数据存储单元的另一端补 0，移位指令格式见表 6-26。

表 6-26　移位指令格式

LAD			功　能
SHL_B EN ENO IN OUT N	SHL_W EN ENO IN OUT N	SHL_DW EN ENO IN OUT N	字节、字、双字左移
SHR_B EN ENO IN OUT N	SHR_W EN ENO IN OUT N	SHR_DW EN ENO IN OUT N	字节、字、双字右移

左移位指令（SHL）：使能输入有效时，将输入的字节、字或双字（IN）左移 N 位后（右端补 0），将结果输出到 OUT 所指定的存储单元中，最后一次溢出位保存在 SM1.1。

右移位指令（SHR）：使能输入有效时，将输入的字节、字或双字（IN）右移 N 位后，将结果输出到 OUT 所指定的存储单元中，最后一次溢出位保存在 SM1.1。

2）循环左、右移位指令。循环移位将移位数据存储单元的首尾相连，同时又与溢出标志 SM1.1 连接，SM1.1 用来存放最后一次被溢出的位，指令格式见表 6-27。

表 6-27　循环移位指令格式

LAD			功　能
ROL_B EN ENO IN OUT N	ROL_W EN ENO IN OUT N	ROL_DW EN ENO IN OUT N	字节、字、双字 循环左移指令
ROR_B EN ENO IN OUT N	ROR_W EN ENO IN OUT N	ROR_DW EN ENO IN OUT N	字节、字、双字 循环右移指令

循环左移位指令（ROL）：使能输入有效时，将输入的字节、字或双字（IN）数据循环左移 N 位后，将结果输出到 OUT 所指定的存储单元中，并将最后一次溢出位送 SM1.1。

循环右移位指令（ROR）：使能输入有效时，将输入的字节、字或双字（IN）右移 N 位后，将结果输出到 OUT 所指定的存储单元中，并将最后一次溢出位送 SM1.1。

3）左右移位及循环移位指令对标志位、ENO 的影响及操作数寻址范围。移位指令影响的特殊存储器位：SM1.0（零标志）、SM1.1（溢出）。如果移位操作使数据变为 0，则 SM1.0 置位。

使能流输出 ENO = 0 断开的出错条件是：SM4.3（运行时间）和 0006（间接寻址）。

例 6-23　将 VD0 右移 2 位送 AC0，程序如图 6-44 所示。

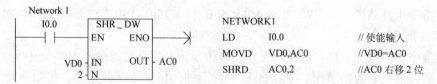

图 6-44　例 6-23 图

4）寄存器移位指令。寄存器移位指令是一个移位长度可指定的移位指令。指令格式示例见表 6-28。

表 6-28　寄存器移位指令示例

LAD	STL	功　能
SHR_B EN ENO I1.1 DATA M1.0 S_BIT +10 N	SHRB　I1.1, M1.0, +10	寄存器移位

梯形图中 DATA 为数值输入，指令执行时，将该位的值移入移位寄存器。S_BIT 为被移位寄存器的最低位。N 为移位寄存器的指定长度（1～64），N 为正值时向左移位（由低到

高位），DATA 值从 S_BIT 位移入，溢出位进入 SM1.1；N 为负值时向右移位（由高位到低位），S_BIT 移出到 SM1.1，另一端补充移入位 DATA 的值。

每次使能有效时，整个移位寄存器移动 1 位。最高位的计算方法：（N 的绝对值 – 1 + S_BIT的位号）/8，余数即是最高位的位号，商与 S_BIT 的字节号之和即是最高位的字节号。

受移位指令影响的特殊存储器位是 SM1.1（溢出）。

例 6-24　实现8灯循环点亮的控制程序，如图 6-45 和图 6-46 所示。

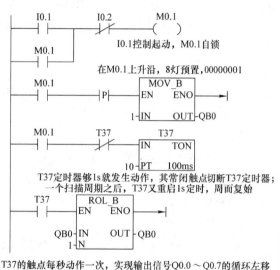

图 6-45　8灯循环点亮控制程序（一）　　　　图 6-46　8灯循环点亮控制程序（二）

七、逻辑操作指令

逻辑操作是对无符号数进行的逻辑处理，主要包括逻辑与、逻辑或、逻辑异或及取反等指令。按操作数长度可分为字节、字和双字三种逻辑操作。对字节进行的逻辑操作指令格式见表 6-29。

表 6-29　逻辑操作指令格式（字节操作）

LD				功　能
WAND_B EN ENO IN1 OUT IN2	WOR_B EN ENO IN1 OUT IN2	WXOR_B EN ENO IN1 OUT IN2	INV_B EN ENO IN OUT	与、或、 异或、取反

（1）逻辑与指令（WAND）　逻辑与指令包括字节（B）、字（W）和双字（DW）三种数据长度的与操作指令。

指令功能：在使能输入有效时，把两个输入逻辑数按位相与，得到的逻辑运算结果送到 OUT 指定的存储器单元。

STL 格式分别为

| MOVB | IN1, OUT; | MOVW | IN1, OUT; | MOVD | IN1, OUT |
| ANDB | IN2, OUT; | ANDW | IN2, OUT; | ANDD | IN2, OUT |

（2）逻辑或指令（WOR） 逻辑或指令包括字节（B）、字（W）和双字（DW）三种数据长度的或操作指令。

指令功能：在使能输入有效时，把两个输入逻辑数按位相或，得到的逻辑运算结果送到OUT指定的存储器单元。

STL格式分别为

| MOVB | IN1, OUT; | MOVW | IN1, OUT; | MOVD | IN1, OUT |
| ORB | IN2, OUT; | ORW | IN2, OUT; | ORD | IN2, OUT |

（3）逻辑异或指令（WXOR） 数据长度和输入/输出运算处理方法与前两条指令相同，用来完成异或逻辑操作。

STL格式分别为

| MOVB | IN1, OUT; | MOVW | IN1, OUT; | MOVD | IN1, OUT |
| XORB | IN2, OUT; | XORW | IN2, OUT; | XORD | IN2, OUT |

（4）取反指令（INV）

取反指令也包括字节（B）、字（W）和双字（DW）三种数据长度。

取反指令功能：在使能输入有效时，将逻辑数按位取反，得到的逻辑运算结果送到OUT指定的存储器单元输出。

STL格式分别为

| MOVB | IN1, OUT; | MOVW | IN1, OUT; | MOVD | IN, OUT |
| INVB | OUT; | INVW | OUT; | INVD | OUT |

例6-25 字或、双字异或、字求反、字节与操作编程举例。

程序如图6-47所示。

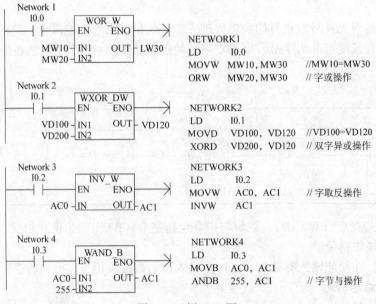

图6-47 例6-25图

八、程序控制指令

S7系列PLC的程序控制指令包括暂停、结束、看门狗复位，顺序控制，跳转、循环、子程序调用等几组指令。

1. 暂停、结束、看门狗复位指令

指令格式见表6-30。

表6-30　暂停、结束、看门狗复位指令

LAD	STL	功　　能
—(STOP)	STOP	暂停指令
—(END)	END/MEND	条件/无条件结束指令
—(WDR)	WDR	看门狗复位指令

（1）暂停指令（STOP）　STOP指令在使能输入有效时，立即终止程序的执行，CPU工作方式由RUN切换到STOP方式。如在中断程序中执行STOP指令，则该中断立即终止，并且忽略所有挂起的中断，继续扫描程序的剩余部分。在本次扫描的最后，将CPU由RUN切换到STOP。

（2）结束指令（END/MEND）　梯形图结束指令直接连在左侧电源的母线时，为无条件结束指令（MEND）；不连在左侧的母线时，为条件结束指令（END）。条件结束指令只在其使能有效时终止用户程序的执行，返回主程序的第一条指令（循环扫描工作方式）。无条件结束指令无使能输入，直接连在左侧的母线，该指令在运行中立即终止主程序的执行，返回主程序的第一条指令。

结束指令只能在主程序使用。不能用于子程序和中断服务程序。

STEP – Micro/WIN32 V3.1 SP1 编程软件在主程序的结尾自动生成无条件结束指令（MEND），用户不得输入无条件结束指令，否则编译出错。

（3）看门狗复位指令（WDR）　看门狗定时器指令的功能是在其使能输入有效时，重新触发看门狗定时器，以增加程序的本次扫描时间。一般在程序扫描周期超过300ms时使用。若看门狗定时器的使能输入无效，则看门狗定时器时间到时程序必须终止当前指令，不能增加本次扫描时间，并返回到第一条指令重新启动看门狗定时器执行新的扫描周期。

使用WDR时，要防止过度延迟扫描完成时间，因为在终止本次扫描之前，许多操作过程不能执行，如通信（自由端口方式除外）、I/O更新（立即I/O除外）、强制更新、SM更新（SM0、SM5～SM29不能被更新）、运行时间诊断、中断程序中的暂停指令等。另外，如果扫描时间超过一定值，10ms和100ms定时器将不能正确计时。

例6-26　暂停、条件结束、看门狗复位指令应用举例如图6-48所示。

2. 顺序控制指令

梯形图程序的设计思想和其他高级语言一样，应该首先用程序流程图来描述程序的设计思想，然后用指令编写出符合程序设计思想的程序。梯形图程序常用的一种程序流程图称为功能流程图，简称功能图。功能图

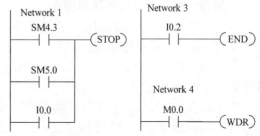

图6-48　STOP、WDR、END指令应用举例

可以直观地描述程序的顺序执行、循环、条件分支及程序合并等功能流程。在功能图中，程序的执行被分成各个程序步，每一步由进入条件、程序处理、转换条件和程序结束四部分组成，功能图中通常用顺序控制继电器位 S0.0～S31.7 代表程序的状态步，顺序控制指令可以将功能图转换成梯形图程序。

顺序控制用三条指令描述程序的顺序控制步进状态，指令格式见表 6-31。

表 6-31 顺序控制指令格式

LAD	STL	功 能
SCR	LSCR Sx.y	步开始
(SCRT)	SCRT Sx.y	步转移
(SCRE)	SCRE	步结束

（1）顺序步开始指令（LSCR） 顺序控制继电器位 Sx.y=1 时，该程序顺序步执行。

（2）顺序步转移指令（SCRT） 使能输入有效时，将本顺序步的顺序控制继电器位 Sx.y 清零，下一步顺序控制继电器位置 1。

（3）顺序步结束指令（SCRE） SCRE 为顺序步结束指令，顺序步的处理程序在 LSCR 和 SCRE 之间。

例 6-27 编写红绿灯顺序显示控制程序，步进条件为时间步进型。状态步的处理为点红灯、熄绿灯，同时启动定时器，步进条件满足（定时时间到）时进入下一步，关断上一步。梯形图程序如图 6-49 所示。

工作原理分析：当 I0.1 输入有效时，启动 S0.0，执行程序的第一步，输出点 Q0.0 置 1（点亮红灯），Q0.1 置 0（熄灭绿灯），同时启动定时器 T 37，经过 2s，步进转移指令使得 S0.1 置 1，S0.0 置 0，程序进入第二步，输出点 Q0.1 置 1（点亮绿灯），Q0.0 置 0（熄灭红灯），同时启动定时器 T 38，经过 2s，步进转移指令使得 S0.0 置 1，S0.1 置 0，程序进入第一步执行。如此周而复始，循环工作。

3. 跳转、循环、子程序调用指令

跳转、循环、子程序调用指令用于程序执行顺序的控制，指令格式见表 6-32。

（1）跳转指令（JMP） 跳转指令（JMP）和跳转地址标号指令（LBL）配合使用，实现程序的跳转。当使能输入有效时，程序跳转到指定标号 n 处执行（在同一程序内），跳转标号 n=0～255。使能输入无效时，程序顺序执行。

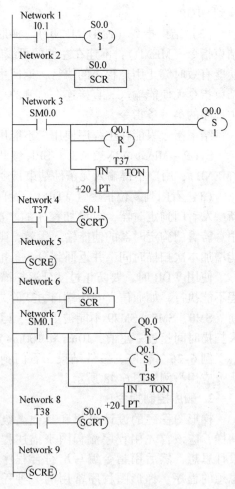

图 6-49 例 6-27 题梯形图

（2）循环控制指令（FOR） 程序的循环结构用于重复循环执行一段程序。由 FOR 和 NEXT 指令构成程序的循环体。FOR 指令标记循环的开始，NEXT 指令为循环体的结束指令。

表 6-32 跳转、循环、子程序调用指令格式

LAD	STL	功　能
"n" —(JMP) "n" —| LBL |	JMP n LBL n	跳转指令 跳转标号
FOR EN ENO INDX INIT FINAL	FOR IN1, IN2, IN3 NEXT	循环开始 循环返回
SBR0 EN —(RET)	CALL SBR0 CRET RET	子程序调用 子程序条件返回 自动生成无条件返回

FOR 指令为指令盒格式，EN 为使能输入，INIT 为循环次数初始值，INDX 为当前值计数，FINAL 为循环计数终值。

工作原理：使能输入（EN）有效时，循环体开始执行，执行到 NEXT 指令时返回，每执行一次循环体，当前计数器（INDX）增 1，达到终值（FINAL）时，循环结束。例如，初始值 INIT 为 10，终值 FINAL 为 20，当 EN 有效执行循环体时，INDX 从 10 开始计数，每执行一次，INDX 的当前值就加 1，INDX 计数到 20 时，循环结束。

使能输入无效时，循环体程序不执行。各参数在每次使能输入有效时自动复位。FOR/NEXT 指令必须成对使用，循环可以嵌套，最多为 8 层。

（3）子程序调用指令（SBR） 通常将具有特定功能并且多次使用的程序段作为子程序。子程序可以多次被调用，也可以嵌套（最多 8 层），还可以递归调用（自己调用）。

子程序有子程序调用和子程序返回两类指令，子程序返回又分条件返回和无条件返回。子程序调用指令可用于主程序或其他调用子程序的程序中，子程序的无条件返回指令在子程序的最后网络段，梯形图指令系统能够自动生成子程序的无条件返回指令，用户无需输入。

建立子程序的方法：在编程软件的程序数据窗口的下方有主程序（OB1）、子程序（SUB0）、中断服务程序（INT0）的标签。单击子程序标签即可进入 SUB0 子程序显示区。也可以通过指令树的项目进入子程序 SUB0 显示区。添加一个子程序时，可以用编辑菜单的插入项增加一个子程序，子程序编号 N 从 0 开始自动向上生成。

例 6-28 S7－200 系列 PLC 的循环、跳转及子程序调用指令应用程序如图 6-50 所示。

例 6-29 S7－300 系列 PLC 的主控与跳转指令的编程应用示例如图 6-51 所示。

九、中断指令

中断是计算机在实时处理和控制中不可缺少的一项技术。所谓中断，是指当控制系统执行正常程序时，对系统中出现的某些异常情况或特殊请求的紧急处理。这是系统暂时中断现

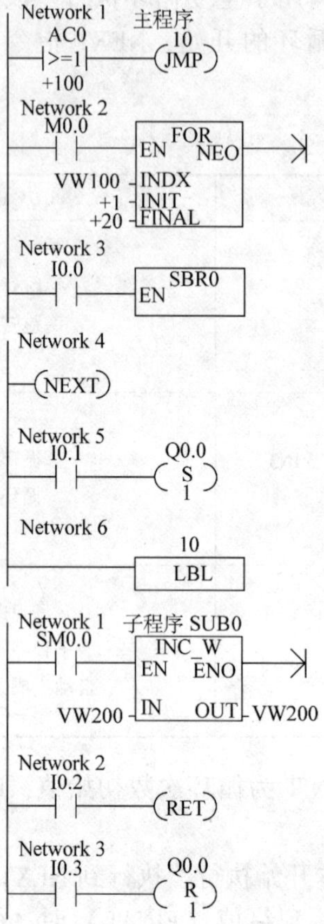

```
Network 1
  AC0        主程序
            10
  ┤>=1├────(JMP)
  +100

Network 2
  M0.0       FOR
         ┌EN    NEO├──
         │
 VW100───┤INDX
   +1────┤INIT
   +20───┤FINAL

Network 3
  I0.0        SBR0
  ┤ ├──────┤EN    ├

Network 4
  ──(NEXT)

Network 5
  I0.1        Q0.0
  ┤ ├────────(S)
                1

Network 6
              10
           ──┤LBL├
```

```
NETWORK1
LDW>=AC0, +100
JMP    10          //跳转

NETWORK2
LD     M0.0
FOR    VW100, +1, +20   //循环开始

NETWORK3
LD     I0.0
CALL   SBR0        //调用子程序

NETWORK4
NEXT               //循环返回

NETWORK5
LD     I0.1
S      Q0.0, 1     //位置1

NETWORK6
LBL    10          //标号
```

```
Network 1    子程序 SUB0
  SM0.0       INC_W
         ┌EN    ENO├──
         │
 VW200───┤IN    OUT├─VW200

Network 2
  I0.2
  ┤ ├───────(RET)

Network 3
  I0.3        Q0.0
  ┤ ├────────(R)
                1
```

```
子程序 SUB0
NETWORK1
LD     SM0.0
INCW   VW200       //VW200 增 1

NETWORK2
LD     I0.2
CERT               //条件返回

NETWORK3
LD     I0.3
R      Q0.0, 1     //位置0
```

图 6-50　例 6-28 图

行程序，转去对随机发生的更紧迫事件进行的处理（称为中断服务程序），当该事件处理完毕后，系统自动回到原来被中断的程序继续执行。

1. 中断源

中断源是能够向 PLC 发出中断请求的中断事件。S7－200 PLC 为每个中断源都分配一个编号用于识别，称为中断事件号。如 I0.0 上升沿引起的中断被固定定义为中断事件 0，定时中断 0 被固定定义为事件 10 等。这些中断源大致分为三大类：通信中断、I/O（输入/输出）中断和时间中断。

（1）通信中断　可编程控制器在自由通信的模式下，通信口的状态可由程序来控制。用户可以通过编程来设置通信协议、比特率和奇偶校验。

（2）I/O 中断　I/O 中断包括外部输入中断、高速计数器中断和脉冲串输出中断。外部输入中断是系统利用 I0.0～I0.3 的上升沿或下降沿产生中断。这些输入点可被用做连接某些一旦发生必须引起注意的外部事件。高速计数器中断可以影响当前值等于预设置、计数方向的改变、计数器外部复位等事件所引起的中断。脉冲串输出中断可以用来响应由于给定数量脉冲输出完成所引起的中断。

（3）时间中断　时间中断包括定时中断和定时器中断。定时器中断可用来支持一个周期性的活动周期时间以 ms 为单位，周期设定时间为 5～255ms。对于定时中断 0，把周期时间值写入 SMB34；对定时中断 1，把周期时间值写入 SMB35。每当达到定时时间值，相关定

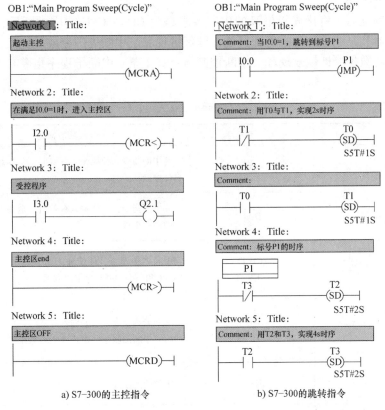

图 6-51 S7－300 系列 PLC 的主控与跳转指令的编程应用示例

时器溢出，执行中断处理程序。定时中断可以以固定的时间间隔作为采样周期，实现对模拟量输入采样，或执行一个回路的 PID 控制。

定时器中断只能使用 1ms 通电和断电延时定时器 T32 和 T96。

2. 中断优先级

在 PLC 应用系统中，通常有多个中断源。当多个中断源同时向 CPU 申请中断时，要求 CPU 能将全部中断源按中断性质和处理的轻重缓急进行排队，并给予优先权。给中断源指定处理次序就是给中断源确定中断优先级。

SIEMENS 公司 CPU 规定的中断优先级由高到低依次是通信中断、输入/输出中断和定时中断。每类中断的不同中断事件又有不同的优先权。具体内容请查阅 SIEMENS 公司的有关技术规定。

3. CPU 响应中断的顺序

在 PLC 中，CPU 响应中断的顺序可以分为以下三种情况。

1）当不同优先级的中断源同时申请中断时，CPU 响应中断请求的顺序为从优先级高的中断源到优先级低的中断源。

2）当相同优先级的中断源同时申请中断时，CPU 按先来先服务的原则响应中断请求。

3）当 CPU 正在处理某中断，又有中断源提出中断请求时，新出现的中断请求按优先级排队等候处理，当前中断服务程序不会被其他甚至更高优先级的中断程序打断。任何时刻，CPU 只执行一个中断程序。

4. 中断控制指令

经过中断判优后，将优先级最高的中断请求送给 CPU，CPU 响应中断后，自动保存逻辑堆栈、累加器和某些特殊标志寄存器位，即保护现场。中断处理完成后，又自动恢复这些单元保存起来的数据，即恢复现场。中断控制指令有 4 条，中断子程序指令有 2 条，指令格式见表 6-33。

表 6-33　中断指令的指令格式

LAD	STL	功能描述
—(ENI)	ENI	开中断指令，使能输入有效时，全局地允许所有中断事件中断
—(DISI)	DISI	关中断指令，使能输入有效时，全局地关闭所有被连接的中断事件
ATCH EN　ENO INT EVNT	ATCH INT EVNT	中断连接指令，使能输入有效时，把一个中断事件 EVNT 和一个中断程序 INT 联系起来，并允许中断
DTCH EN　ENO EVNT	DTCH EVNT	中断分离指令，使能输入有效时，切断一个中断事件和所有中断的联系，禁止该中断事件
n INT	INT n	中断子程序开始
—(RETI) —(RETI)	CRETI RETI	中断子程序条件返回 无条件返回，中断子程序最后必须用这条指令

说明：

1）当进入正常运行 RUN 模式时，CPU 禁止所有中断，但可以在 RUN 模式下执行中断允许指令 ENI，允许所有中断。

2）多个中断事件可以调用一个中断程序，但一个中断事件不能同时连续调用多个中断程序。

3）中断分离指令（DTCH）禁止中断事件和中断程序之间的联系，它仅禁止某中断事件。全局中断禁止指令（DISI）禁止所有中断。

4）中断服务子程序是用户为处理中断事件而事先编制的程序，编制时可以用中断程序入口处的中断程序号 n 来识别每一个中断程序。中断服务程序从中断程序号开始，以无条件返回指令结束。在中断程序中间，用户可根据逻辑需要使用条件返回指令返回主程序。PLC 系统中的中断指令与微机原理不同，它不允许嵌套。

中断服务程序中禁止使用以下指令：DISI、ENI、CALL、HDEF、FOR/NEXT、LSCR、SCRE、SCRT、END。

5）操作数。

n	中断程序号	0~127	（为常数）
EVNT	中断事件号	0~26	（为常数）

例 6-30　中断程序指令实例如图 6-52 所示。

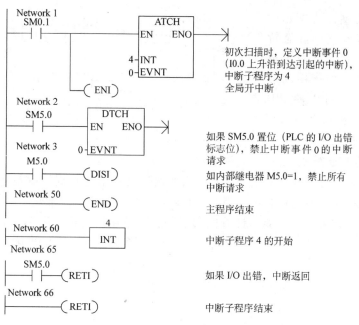

图 6-52　中断程序指令实例

第四节　模拟量 PID 指令及应用方法

在模拟控制系统和直接数字控制（Direct Digital Control，DDC）系统中，PID 控制一直都是被广泛应用的一种基本控制算法。PID 调节器即比例（Proportional）、积分（Integral）、微分（Differential）三作用调节器，具有结构典型、参数整定方便、结构改变灵活（有 P、PI、PD 和 PID 结构）、控制效果较佳、可靠性高等优点，是闭环控制系统最基本的控制算法。

在微处理器的内部运算中，对于复杂的运算（如微分、积分）都要转变成简单的加、减、乘、除四则运算，即把连续算式离散化为周期采样偏差算式，才能计算输出值。本节将以 SIEMENS 公司 S7 – 200 系列 CPU 的 PID 功能指令为基础，介绍 PID 算法的理论基础及使用 PID 指令编程的方法。

一、PID 的控制算式

1. 理想的 PID 控制算式

在图 6-53 所示的典型 PID 闭环控制系统示意图中，若 PV 为控制变量，SP 是设定值，则调节器的偏差信号为 $e = SP - PV$。理想的模拟 PID 控制算式为

$$M(t) = K_C \left[e + \frac{1}{T_I} \int_0^t e \mathrm{d}t + T_D \frac{\mathrm{d}e}{\mathrm{d}t} \right] + M_{\mathrm{initial}}$$

式中，K_C 为比例系数，PID 回路的增益，用来描述 PID 回路的比例调节作用；T_I 为积分时间，它决定了积分作用的强弱；T_D 为微分时间，它决定了微分作用的强弱；M_{initial} 为 $e = 0$ 时的阈位开度，PID 回路输出的初始值；$M(t)$ 为 PID 回路的输出时间函数，它决定了执行器的具体位置；e 为 PID 回路的偏差。

在 PID 的三种调节作用中，微分作用主要用来减少超调量，克服振荡，使系统趋向稳定，加快系统的动作速度，减少超调时间，用来改善系统的动态特征。积分作用主要用来消

除静差，提高精度，减少超调时间，用来改善系统的静态特征。比例作用可对偏差做出及时响应。若能将三种作用的强度做适当的配合，可以使 PID 回路快速平稳、准确地运行，从而获得满意的控制效果。

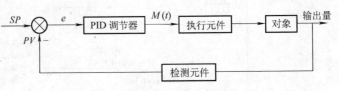

图 6-53　典型 PID 闭环控制系统示意图

2. 离散化的 PID 算式

计算机控制是一种不连续的采样控制，它要通过对各采样时刻的偏差进行比例、积分、微分计算，从而得出实时的控制量。因此，必须将模拟 PID 算式离散化，将模拟 PID 调节器的输出算式离散为差分方程才能在计算机内部完成离散化的运算。设采样周期为 T_S，初始时刻为 0，第 n 次采样的偏差为 e_n，控制输出为 M_n，将偏差和时间增量化如下：

$$\mathrm{d}e \approx e = e_n - e_{n-1} \qquad \mathrm{d}t \approx t = t_n - t_{n-1}$$

得到模拟 PID 调节器的离散化形式为

$$M_n = K_C\left[e_n + \frac{T_S}{T_I}\sum e_i + \frac{T_D}{T_S}(e_n - e_{n-1})\right] + M_{\text{initial}}$$

式中，T_S 为采样周期；M_n 为调节器第 n 次采样的输出值；K_C 为 PID 回路增益；e_n 为第 n 次采样偏差，$e_n = SP_n - PV_n$；e_{n-1} 为第 $n-1$ 次采样偏差；n 为采样次数序号。

由上式可以看出，积分项是从第 1 个采样周期到当前采样周期所有误差项的函数；微分项是当前采样和前一次采样的函数；比例项仅是当前采样的函数。在计算机中，不保存所有的误差项。

由于计算机从第一次采样开始，每有一个偏差，采样值必须计算一次输出值，只需要保存偏差前值和积分前值。利用计算机处理的重复性，可以将上式化简为

$$M_n = K_C\left[e_n + \frac{T_S}{T_I}e_n + \frac{T_D}{T_S}(e_n - e_{n-1})\right] + M_x$$

式中，M_n 为第 n 次采样时刻 PID 回路输出的计算值；K_C 为 PID 回路增益；e_n 为第 n 次采样偏差；e_{n-1} 为第 $n-1$ 次采样偏差；M_x 为积分项前值。第 $n-1$ 次采样时刻的积分项，也称积分和或偏置。

3. PID 的改进型算式

在 PID 程序中，CPU 实际使用简化算式的改进形式来计算输出，改进型算式如下：

$$M_n = MP_n + MI_n + MD_n$$

式中，M_n 为第 n 次采样时刻的计算值；MP_n 为第 n 次采样时刻的比例项值；MI_n 为第 n 次采样时刻的积分项值；MD_n 为第 n 次采样时刻的微分项值。

下面分别予以讨论。

（1）比例项　比例项 MP_n 是增益（K_C）和偏差（e）的乘积。其中，K_C 决定输出对偏差的灵敏度，偏差（e）是给定值（SP）与过程变量值（PV）之差。比例项算式为

$$MP_n = K_C(SP_n - PV_n)$$

式中，SP_n 为第 n 次采样时刻的给定值；PV_n 为第 n 次采样时刻的过程变量值。

（2）积分项　积分项 MI_n 与偏差成正比。CPU 执行的求积分项算式为

$$MI_n = K_C T_S / T_I (SP_n - PV_n) + M_x$$

式中，MI_n 为第 n 次采样时刻的积分值；T_S 为采样时间间隔；T_I 为积分时间；M_x 为第 $n-1$ 次采样时刻的积分项（积分项前值，也称积分和或偏值）。

（3）微分项　微分项 MD_n 与偏差的变化成正比。其算式为

$$MD_n = K_C T_D / T_S [(SP_n - PV_n) - (SP_{n-1} - PV_{n-1})]$$

为了避免给定值变化的微分作用所引起的跳变，假定给定值不变（$SP_n = SP_{n-1}$），则可以用过程变量的变化替代偏差的变化，计算式可改进为

$$MD_n = K_C T_D / T_S (SP_n - PV_n - SP_{n-1} + PV_{n-1})$$

或

$$MD_n = K_C T_D / T_S (PV_{n-1} - PV_n)$$

式中，MD_n 为第 n 次采样时刻的微分项值；T_D 为微分时间；T_S 为回路采样时间。

二、PID 控制类型的选择和数值标准

在许多闭环控制场合，只需要 P、I、D 三种控制中的一种或两种，可以通过参数设置选择使用 P 调节器、PI 调节器、PD 调节器和 PID 调节器等。假如不需要积分回路，则可以把积分时间设为无穷大，不存在积分作用，但积分项还可以保留，因为有初值 M_x。假如不需要微分回路，可以把微分时间置为零。如果不需要比例回路，但需要积分或微分回路，则可以把增益设为 0.0，系统会在计算积分项和微分项时，把比例放大当作 1.0 看待。

每个 PID 回路都有两个输入量，给定值（SP）和过程变量（PV）。给定值通常是一个固定的值。过程变量是输出对控制系统的反馈作用的大小。给定值与过程变量的大小、范围和工程单位都可能不一样。因此，PID 指令在对输入量进行运算以前，必须把它们转换成标准的浮点型实数。转换时，先把 16 位整数值转成浮点型实数值，然后实数值进一步标准化为 0.0~1.0 之间的实数。

回路输出值将作为系统的控制变量，PID 运算后的输出是 0.0~1.0 之间的标准化的实数，所以在回路驱动模拟输出之前，必须把回路输出转换成相应的实际数值（实数型）。

三、编写 PID 指令所需的控制参数

编写 PID 指令所需的控制参数见表 6-34，此表含有 9 个参数，全部为 32 位的实数格式，共占用 36B。

表 6-34　PID 控制参数

偏移地址	域	格式	类型	描述
0	过程变量（PV_n）	双字 – 实数	输入	必须为 0.0~1.0
4	给定值（SP_n）	双字 – 实数	输入	必须为 0.0~1.0
8	输出值（M_n）	双字 – 实数	输入/输出	必须为 0.0~1.0
12	增益（K_C）	双字 – 实数	输入	比例常数，可正可负
16	采样时间（T_S）	双字 – 实数	输入	单位为 s，必须是正数
20	积分时间（T_I）	双字 – 实数	输入	单位为 min，必须是正数
24	微分时间（T_D）	双字 – 实数	输入	单位为 min，必须是正数
28	积分项前值（M_x）	双字 – 实数	输入/输出	必须为 0.0~1.0
32	过程变量前值（PV_{n-1}）	双字 – 实数	输入/输出	最近一次 PID 运算的值

四、PID 调节指令应用实例

1. 任务描述

被控对象为需保持一定压力的供水水箱，调节量为其水位，给定量为满水位的 75%，控制量为水箱注水的调速电动机的速度。调节量（为单极性信号）由水位计检测后经 A－D 变换送入 PLC，用于控制电动机的转速信号，由 PLC 执行 PID 指令后以单极性信号经 D－A 变换后送出。本例假设已选定采用 PI 控制，且增益、采样时间常数和积分时间常数选为：$K_C = 0.25$，$T_S = 0.1\text{s}$，$T_I = 30\text{s}$。要求开机后先由手动控制电动机，一直到水位上升至 75% 时，通过输入点 I0.0 的置位切入自动状态。

2. 设计思路

1）本例的 PID 参数控制表存放在变量存储器区的 VB100 开始的 36B 中。

2）S7－200 PLC 的 CPU215、216 机型具有实数传送指令 MOVR，可以用于 PID 指令的编写。

3）参数控制表中的参数分为几大类。有些是固定不变的，如参数 2、4、5、6、7，这些参数可在主程序中设定（本例的主程序）；另外，有一些参数必须在调用 PID 指令时才可填入控制表格，如参数 1、3、8、9，它们具有实时性（本例中断程序中网络 1）。

3. PID 程序实例

PID 运算程序实例如图 6-54 所示。

程序功能分析：

主程序：当系统处于 RUN 模式时，将给定值 $SP_n = 0.75$，增益 $K_C = 0.25$，采样时间 $T_S = 0.1\text{s}$，积分时间 $T_I = 30\text{min}$，微分时间 $T_D = 0$，输入到 PID 控制表 VB100，并且通过 SMB34 定义定时中断 0 的时间间隔为 100ms。中断程序 0 为 PID 的运算程序。

中断程序 0 网络段 1：当系统处于 RUN 模式时，首先用 WXOR 指令清累加器 AC0

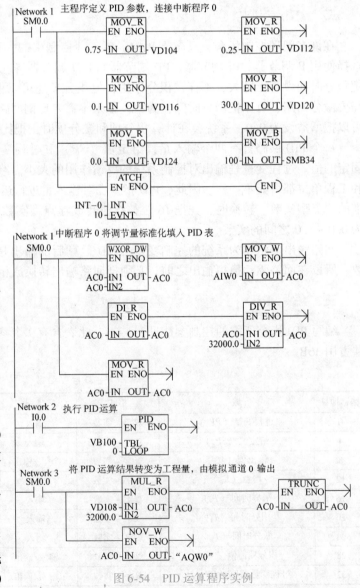

图 6-54　PID 运算程序实例

的内容，将单极性模拟量传送到 AC0，然后将 AC0 中的内容由 32 位整数转换为实数（DI_R功能块），并进行标准化处理（分辨率为 1/32000）。最后将过程变量 *PV* 值存入 PID 控制表中。

网络段 2：当 I0.0 = 1 时，自动执行 PID 运算。

网络段 3：先将输出值传送到 AC0，将输出转换为工程量，然后把工程量经模拟量输出通道 0 输出。

思考题与习题

6-1　S7 系列 PLC 有哪些子系列？

6-2　S7 - 22X 系列 PLC 有哪些型号的 CPU？

6-3　S7 - 200 PLC 有哪些输出方式？各适应于什么类型的负载？

6-4　S7 - 22X 系列 PLC 的用户程序下载后存放在什么存储器中？掉电后是否会丢失？

6-5　S7 - 200 CPU 的 1 个机器扫描周期分为哪几个阶段？各执行什么操作？

6-6　S7 - 200 CPU 有哪些工作方式？在脱机时如何改变工作方式？

6-7　S7 - 200 有哪两种寻址方式？

6-8　S7 - 200 PLC 有哪些内部元器件？

6-9　S7 - 200 有哪几类扩展模块？最大可扩展的 I/O 地址范围是多大？

6-10　S7 - 300 的主要组成部分有哪些？MPI 接口有何用途？

6-11　试编写一个循环计数程序。

6-12　编写程序：把 MW10 的低 8 位"取反"后送入 VW2。

6-13　写出图 6-55 所示梯形图程序对应的语句表。

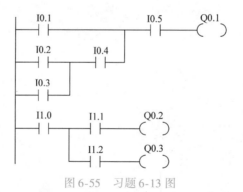

图 6-55　习题 6-13 图

6-14　根据下列语句表写出梯形图程序。

LD	I0. 0	A	I0. 6
AN	I0. 1	=	Q0. 1
LD	I0. 2	LPP	
A	I0. 3	A	I0. 7
O	I0. 4	=	Q0. 2
A	I0. 5	A	I1. 1
OLD		=	Q0. 3
LSP			

6-15　使用置位、复位指令编写两套电动机控制程序，两套程序控制要求如下：

1）控制两台电动机，电动机 M1 先起动，才能起动电动机 M2，停止时，电动机 M1、M2 同时停止。

2）起动时，电动机 M1、M2 同时起动，停止时，只有在电动机 M2 停止时，电动机 M1 才能停止。

6-16　编写断电延时 5s 后，M0.0 置位的程序。

6-17　用逻辑操作指令编写一段数据处理程序，将累加器 AC0 与 VW100 存储单元数据实现逻辑与操作，并将运算结果存入累加器 AC0。

6-18　编写一段程序，将 VB100 开始的 50 个字的数据传送到 VB1000 开始的存储器。

6-19　分析寄存器移位指令和左、右移位指令的区别。

6-20　编写一段程序，将 VB100 开始的 256 个字节存储单元清零。

6-21　使用顺序控制程序结构编写出实现红、黄、绿三种颜色信号灯循环显示程序（要求循环间隔时间为 1s），并画出该程序设计的功能流程图。

6-22　编写一段输出控制程序，假设有 8 个指示灯，从左到右以 0.5s 间隔依次点亮，到达最右端后，再从左到右依次点亮，如此循环显示。

6-23　编写一只 8 段数码管以 1s 时间间隔依次循环显示"1→2→3→4→5→6→7→8"的程序。

第七章

数控设备的电气控制系统及内置PLC

计算机数控（CNC）系统从低档到高档、从较封闭的专用微机系统到开放体系结构的IPC数控系统，产品系列、种类繁多。在硬件上，能与主轴驱动器、各伺服轴驱动器相连接；软件上，依靠内装的CNC程序识别机械加工程序、控制各轴的协调运动及机床的辅助动作，完成多种复杂机械零件的高精度加工。各种数控机床的使用使得机械制造过程发生了根本性的变化。

普通数控机床（如数控车床、铣床等）在控制电路上有明显的共同特点：均具有类似的主轴驱动系统和各运动方向进给驱动系统，具有类似的工作方式和操作方式，具有辅助功能、过载保护功能、超程保护功能及故障诊断功能。总之，具有几乎类似的电路与类似的基本功能。但复杂数控设备如数控加工中心则要求数控系统具有更多的辅助功能，如加工中自动选刀、双工作台自动交换、多种加工自动循环、刀具长度及直径的自动补偿和刀具寿命管理等。

数控系统在加工过程中可控制机床实现二轴、三轴或多轴联动，数控系统控制的进给轴同时联动的轴数越多，运行时数控装置同时计算的信息量就越大，要求CNC的计算速度就越快。用于加工中心的CNC系统较之普通数控系统，因还要实现刀库自动换刀等更多的辅助功能，所以结构上更为复杂，运算速度也要求更高。

尽管CNC系统产品的基本原理是一致的，多个厂家的数控系统可能都能满足用户所要求的控制功能，但各种档次的CNC系统产品价格从几万到几十万不等，选用时要根据生产需求，经过多方论证（如选用多少联动轴数，网络通信功能要求，辅助功能要求，硬件配备规模等）来选择合适的CNC系统，避免使用后出现CNC功能不足或储备功能过多的现象，从而提高系统的性价比。

本章以典型数控机床控制电路为例，说明数控设备电气控制系统的工作原理，并进一步分析典型数控系统内置PLC（又称为PMC）的编程方法。

第一节　数控车床的电气控制系统分析

图7-1为SINUMERIK 802S数控系统控制的C0630型车床的电气控制系统总体结构图。图中OP020为带图形显示的NC操作面板，又称为第一操作面板，可输入数控加工程序并监视加工过程；MCP为机床控制面板，称为第二操作面板，主要用来选择工作方式、主轴速度、进给速度及完成手动控制；ECU为数控系统主控制单元，需要24V直流电源供电；DI/DO为数控系统内置PLC的输入/输出模块；X2为25芯D形插座，是步进电动机驱动器的

控制信号连接线；X3 为模拟主轴控制输出，是 9 芯 D 形插座，可连接主轴变频器；X4 为主轴编码器输入，是 15 芯 D 形插座，用来监视主轴速度；X8 为串行接口 RS‒232，是 9 芯 D 形插座；X9 为 25 芯 D 形插座，用于连接操作及机床面板；X10 为手轮接口，为 10 芯接线端子；X20 也为 10 芯接线端子，作为高速输入接口，用于连接产生机床参考点到达脉冲的接近开关；X2003、X2004 为 PLC 输入接线端子，连接 16 输入点，X2005、X2006 为 PLC 输出接线端子，连接 16 输出点。在 ECU 数控主机的内部，NCK 表示数控基本软件模块，PLC 表示内置可编程控制器软件模块。

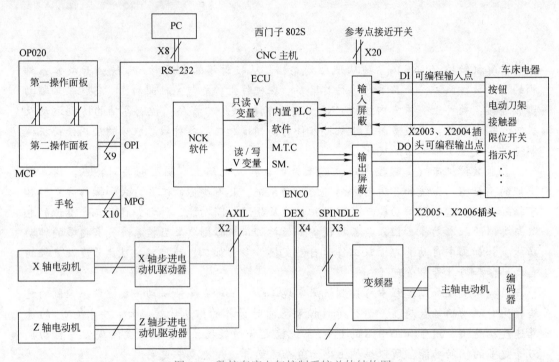

图 7-1　数控车床电气控制系统总体结构图

图 7-2 为步进电动机驱动部分的电路，步进驱动器和步进电动机间的 11 根连线用于提供步进电动机的五相十拍脉冲信号；驱动器与 ECU 的 6 根连线中，+PULS、‒PULS 为正、负脉冲信号，+DIR、‒DIR 为正、负方向信号，+ENA、‒ENA 为正、负使能信号。驱动器交流电源为 85V，直流电源为 24V。

图 7-3 为数控车床电气控制部分的主电路。图中，M1 为主轴电动机，型号为 Y95 ‒′4，额定值为 1.1kW、380V、2.75A、三角形联结。轴上接有编码器，编码器通过 X4 接线端将速度信号送至 CNC 主机。M2 为冷却泵电动机，为星形联结、380V、0.25A。M3 为刀具电动机。

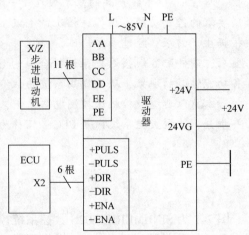

图 7-2　步进电动机驱动电路

接触器 KM0 用来控制电源，KM1、KM2 控制主轴正、反转，K3 受 PLC 输出点控制，再经接触器 KM3 控制冷却。

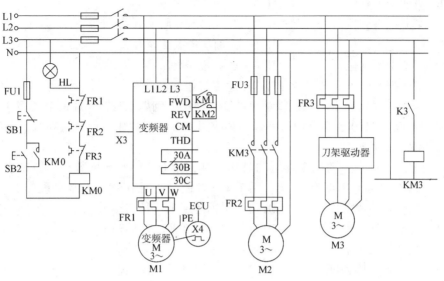

图 7-3　电气控制主电路

数控系统内置 PLC（即 PMC）的输入、输出接线如图 7-4 所示。

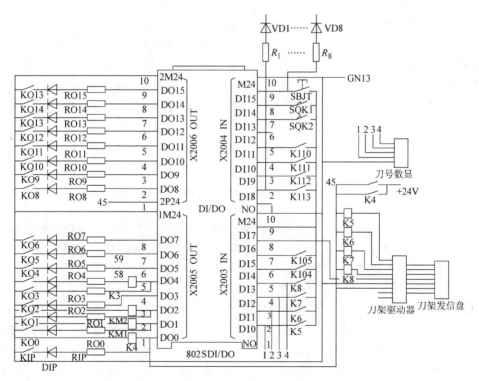

图 7-4　数控车床 PMC 的输入、输出接线图

西门子 PLC 的输入点用符号 I、单元地址数和位数来表示，802S 数控系统内置 PLC 的最大输入点为 32 个，在用于车床控制时使用 16 个，具体分配如下：

I0.0　第一把刀到位　　　　　I1.0　X 轴正向限位

I0.1　第二把刀到位　　　　　I1.1　Z 轴正向限位

I0.2　第三把刀到位　　　　　I1.2　X 轴负向限位

I0.3	第四把刀到位	I1.3	Z轴负向限位
I0.4	第五把刀到位	I1.4	X轴参考点减速开关
I0.5	第六把刀到位	I1.5	Z轴参考点减速开关
I0.6	刀架锁紧到位	I1.6	驱动准备好输入
I0.7	机床报警输入	I1.7	急停按钮输入

其中，输入信号可根据车床逻辑动作的要求使用，例如，数控车床的电动刀架若只能装四把刀具，则 I0.4 和 I0.5 两个输入信号不必使用。不使用的输入信号应在数控系统设置参数时进行"输入位屏蔽"。

PMC 的输出点用来驱动机床强电的具体负载，用 Q、单元地址数和位数来表示，802S 数控系统的 PMC 最大输出点为 64 个，用于车床控制时使用 16 个，具体分配如下：

Q0.0	主轴正转接触器	Q1.0	主轴速度Ⅰ、Ⅲ档输出
Q0.1	主轴反转接触器	Q1.1	主轴速度Ⅱ、Ⅳ档输出
Q0.2	主轴制动接触器	Q1.2	主轴速度Ⅰ、Ⅱ档输出
Q0.3	冷却控制接触器	Q1.3	主轴速度Ⅲ、Ⅳ档输出
Q0.4	刀架正转继电器	Q1.4	主轴速度Ⅰ档显示灯
Q0.5	刀架反转继电器	Q1.5	主轴速度Ⅱ档显示灯
Q0.6	导轨润滑继电器	Q1.6	主轴速度Ⅲ档显示灯
Q0.7	机床报警输出	Q1.7	主轴速度Ⅳ档显示灯

其中，输出信号 Q1.0、Q1.1、Q1.2 和 Q1.3 用于驱动接触器进行双速电动机及主轴自动变速机构的多档变速，应根据主轴主电路的要求来使用。对于单速主轴电动机或在变频器无级变速的情况下，这四位信号不使用。同时，用于主轴速度分档显示的输出信号 Q1.4、Q1.5、Q1.6 和 Q1.7 也要根据速度档的需要来选用。不使用的输出信号也应在数控系统设置参数时进行"输出位屏蔽"。

关于西门子数控系统的内置 PLC 编程方法，将在本章第四节叙述。

第二节　加工中心的电气控制系统分析

加工中心早期使用的数控系统多为 8 位或 16 位专用微机控制器，功能相对较少，运算速度不高。随着计算机技术的飞速发展，大量先进的高性能计算机被直接用作加工中心数控系统的控制器，如 32 位或 64 位高性能工业控制机（IPC）目前已被广泛使用。

以 IPC 为核心的 CNC 系统称为开放体系结构数控系统，这类 CNC 系统产品在保留传统数控系统功能的基础上，增加了更多计算机系统的功能，例如：

1）具有和计算机网络进行通信和联网的能力。该功能将数控系统与计算机网络直接相连。通过计算机网络可以将经过数控系统验证的 NC 代码存盘备用，在计算机网络上由 CAD/CAM 软件生成的 NC 代码能够随时向数控系统传送。在复杂曲面加工时，由计算机网络和数控系统构成 DNC 加工模式，可消除数控系统程序内存容量小的限制。

2）实现远程控制加工的能力。数控机床的远程加工是指在远离数控机床的计算机上由操作人员对已经安装正确的工件进行加工。该种加工模式要求数控机床有较高的网络资料交换能力，在加工时，数控机床将控制权限交与网络，由远程计算机控制数控机床，数控机床将加工过程的资料和图像反馈给远程计算机。

本节以 H400 卧式加工中心的电气控制系统为例，介绍 CNC 数控设备的电气控制系统。

图 7-5 为 H400 卧式加工中心结构图。

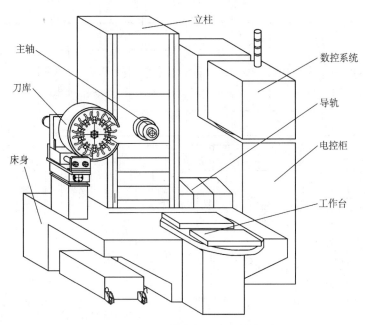

图 7-5　H400 卧式加工中心结构图

一、INCON‐M40F 数控系统的内部结构

H400 卧式加工中心电气控制系统的核心是符合工业 PC 标准的开放体系结构数控系统 INCON‐M40F。这种 IPC 数控系统内部采用了灵活开放的总线型结构，各个控制模块（接口电路板）均插在系统总线母板上，80586CPU、ROM、RAM 等在 CPU 板上通过内部总线相连接，又通过总线驱动控制器也插接于母板上。该系统充分利用计算机系统的丰富资源，利用硬盘作为 NC 大容量缓冲内存，带有 3.5in 软驱，可由软盘或由 RS‐232 连接外部 CAD 工作站执行 DNC 加工，为用户提供了使用 C++语言的 PMC（数控系统内置 PLC）开发工具，且具备网络通信功能。图 7-6 为 INCON‐M40F 数控系统的内部结构，图中，CN1、CN2 和 CN3 分别为 X、Y、Z 三轴伺服驱动单元连接电缆插座；CN4 为主轴伺服驱动单元的连接电缆插座；CN7、CN8 为 PLC 硬件中继模板对机床电器的连接电缆插座。

二、CNC 加工中心电气控制系统的总体结构

H400 卧式加工中心的电气控制系统，基于 INCON‐M40F 数控系统，配接三套三菱 MELSERVO‐J2‐A 系列交流伺服驱动器及伺服电动机，完成 X、Y、Z 轴的伺服进给；配接一套 MDS‐A‐SPJA 系列主轴伺服驱动器及主轴伺服电动机，完成主轴速度控制及主轴定位控制；配接 1#、2# 两块 INCON‐EQ 型 PLC 扩展中继板，完成共 64 路输入、32 路输出的加工中心逻辑控制。其他必要连接还有 CRT 显示器、手轮、第一操作面板、各运动方向限位开关等。图 7-7 为加工中心电气控制系统总体结构图。

三、CNC 加工中心的主轴伺服驱动系统

1. 主轴伺服驱动系统的原理与配置

由于数控机床的主轴驱动功率较大，所以主轴电动机采用笼型异步电动机结构型式。早

第一章　第二章　第三章　第四章　第五章　第六章　第七章　第八章　附录

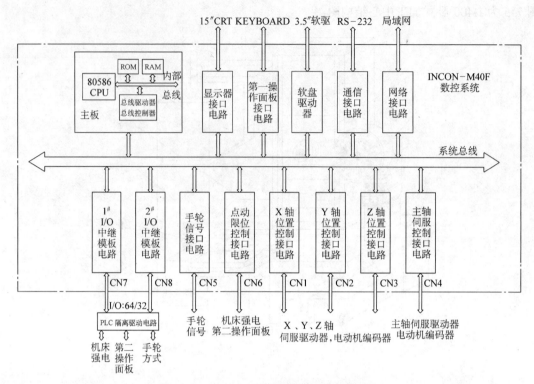

图 7-6　INCON－M40F 数控系统的内部结构

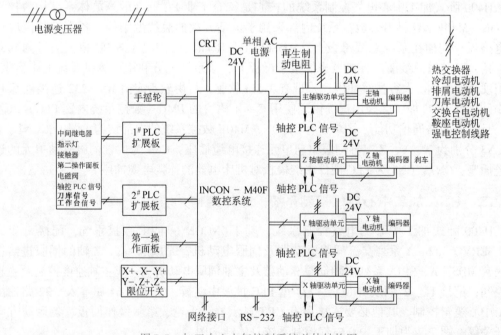

图 7-7　加工中心电气控制系统总体结构图

期的机床主轴传动全部采用三相异步电动机加上多级变速箱的结构，电动机不能进行无级调速，控制精度低，也经历过短期的直流电动机主轴传动阶段。随着变频器的不断发展，机床主轴更多采用变频器传动，实现了无级变速。但在数控加工中心上为了实现刀库自动换刀，要求对主轴实现高精度定角度停止控制,使数控机床的主轴控制进入交流主轴伺服系统的时代。

　　计算机数控系统(CNC)的工作任务是按照用户编制的数控加工指令,控制数控机床的主轴与各进给轴之间协调运行,从而完成零件的加工。各伺服轴的控制都由驱动单元、编码器和电动机共同完成。现代交流伺服单元内部既有复杂的微机(或DSP)控制系统,也有足以拖动电动机的大功率变频装置。在加工过程中,CNC系统会向主轴驱动单元发出位置/速度指令,驱动单元内部的运算装置将主轴指令与主轴编码器测出的实际速度相比较,经一系列的数字运算,控制变频功率电路来完成主轴的位置/速度闭环控制。

　　H400卧式加工中心使用三菱公司MDS-A-SPJA系列交流伺服主轴驱动器,它采用电流型矢量控制方式,SPWM波形,可以接受数字速度给定,也可以接受模拟速度给定,具备过电流、过电压、欠电压、过热、过速等多项保护的监控和诊断功能。系统设置通信功能,可以通过PC进行准停参数及运行参数设置。该系统在主轴准停定位时,驱动器实际上并不接受CNC的速度命令,仅仅按照预设的准停位置、准停速度等参数完成位置闭环控制。

2. 主轴驱动系统与CNC的连接电路

　　一套主轴驱动系统包括主轴驱动单元、主轴电动机、主轴再生制动外接电阻三大部分。图7-8为三菱主轴驱动单元、主轴电动机的硬件配置示意图。

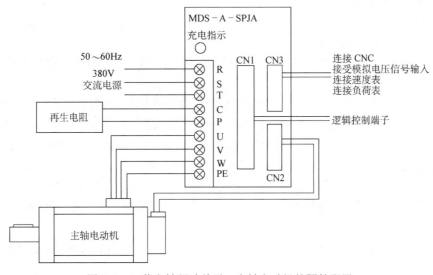

图7-8　三菱主轴驱动单元、主轴电动机的硬件配置

　　三菱MDS-A-SPJA系列主轴驱动器上共有9个强电接线端子和3个信号电缆插座CN1、CN2、CN3。9个强电接线端子分别为:AC 220V三相电源进线R、S、T,交-直-交变频主电路的直流侧再生制动电阻接线端子C、P,向主轴电动机供电的变频输出动力线端子U、V、W及屏蔽线接线端子PE。信号电缆CN3用于连接CNC系统及PC,用来接受数控系统的当前速度指令,向CNC提供当前的主轴位置和速度,并可以连接PC的串行口,做主轴驱动单元的运行参数设定、准停参数设定及主轴状态监控,正常运行时PC也可以不连接。CN2是三菱公司提供的标准电缆,用来传递主轴编码器对主轴驱动单元的速度/位置反馈信号。CN1电缆有40线之多,主要用于连接CNC内置PLC(即PMC)的I/O点,完成数控系统对主轴的状态监控及动作控制。

　　加工中心主轴驱动系统的连接电路如图7-9所示。

主轴驱动单元的 9 个强电接线端子如 AC 220V 三相电源进线 R、S、T，交-直-交变频主电路的直流侧再生制动电阻接线端子 C、P，向主轴电动机供电的变频输出动力线端子 U、V、W 及屏蔽线接线端子 PE 的连接在图中已十分直观，不必再做说明。在此主要根据加工中心的实际接线情况介绍信号电缆 CN1、CN2 和 CN3 中的部分信号。

CN3 连接的速度表、负荷表均为直流电压表，其中速度表最高工作电压为 10V，表示主轴驱动器为输出设定的最高转速。负荷表最高工作电压亦为 10V，但表示的是 120% 额定负荷时的工作状态，负荷表和速度表刻度值可以在调试驱动系统时由系统参数进行刻度值校正。

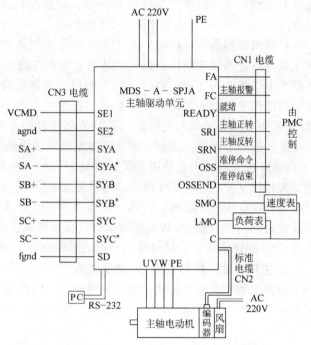

图 7-9　加工中心主轴驱动系统的连接电路

信号电缆 CN1 主要完成数控系统对主轴的状态监控及动作控制。使用中，连接 CNC 内置 PLC（即 PMC）的 I/O 点，代表性信号如下。

1）READY、SRI、SRN、OSS 是数控系统 PLC 发向主轴驱动器的控制信号。READY 为就绪信号，SRI 为正转命令，SRN 为反转命令，OSS 为准停命令信号。

2）FA 与 FC 为主轴自诊断输出信号，接通表示主轴因故障处于报警状态。主轴故障的种类可以通过主轴驱动系统扩展面板上的 LCD 显示屏上显示的故障号码，在主轴驱动器故障列表中查找。此信号向外传输的是一个"通" / "断"开关信号，并不能将主轴驱动系统的报警代码向数控系统或其他控制装置传输。使用中，该信号连接于数控系统 PLC 扩展板的对应输入点。

3）OSSEND 是主轴发出的准停结束信号。连接数控系统 PLC 的输入点，供逻辑控制使用。

信号电缆 CN2 是三菱公司提供的标准电缆，用来传递主轴编码器对主轴驱动单元的速度/位置反馈信号，包括电源线 P5，地线 GND，A、B、Z 三相脉冲信号，以及内部热保护信号。

信号电缆 CN3 的接线说明如下。

1）SE1、SE2 为连接 CNC 系统模拟电压指令（10V 为最高速度）的信号线。

2）SYA、SYA*、SYB、SYB*、SYC 与 SYC*（6 个信号分 A、B、C 三相，每相有一对电缆传送），SD 为数字地，这是主轴驱动单元传送给 CNC 的当前主轴的位置/速度反馈信号。该信号取自主轴驱动系统中的主轴电动机的内置式编码器，并经过与驱动系统中的电子齿轮传动比计算后，以新的脉冲形式向数控系统传送。

3）TX1、RX1、GND 为 RS-232C 通信连接线，用于连接 PC 的串行口，分别为串行发送、接收信号线及地线，主轴驱动单元连接 PC 可以对主轴驱动单元的运行参数进行设定。

例如，主轴运转时的升降速、准停位置参数设定，使用配套的软件可实现主轴状态监控。在监控状态可以模拟数控系统对主轴驱动系统的控制，使主轴实现正、反转，并按设定的升降速曲线运行。正常运行时不必连接。

4）CN3 电缆上另外两根线 SMO、LMO 与公共线之间可分别连接主轴速度表及负载表，以显示主轴当前速度及负载功率。速度表的刻度值为 RPM（r/min），负荷表为当前功率与额定功率之比的百分值。两个表的最大量程为 DC10V。

四、CNC 加工中心的进给轴伺服驱动系统

1. 进给轴伺服驱动系统概述

与主轴传动系统相比，数控机床的进给伺服驱动系统具有功率小、控制精度要求更高的特点。具体要求是：高精度、快响应、宽调速范围和低速大转矩。对伺服电动机的要求是：

1）在整个转速范围内平滑运转，低速下无爬行现象。

2）具有强的过载能力，满足低速、大转矩的要求。

3）电动机应具有较小的转动惯量和较大的堵转转矩，以满足快速响应的要求。

4）电动机应能承受频繁的起动、制动和反转冲击。

一套数控机床有多套进给轴伺服驱动系统，在加工过程中，各轴伺服驱动单元从 CNC 系统接受其该到达的位置/速度控制信号，并将伺服电动机的实际位置信号以数字信号的形式传送给 CNC，形成各轴的位置控制闭环，使各进给轴的动作、主轴的动作正确配合，完成零件加工。

机床的进给伺服系统曾经经历了开环的步进电动机驱动、直流电动机伺服驱动两个阶段，目前广泛使用交流伺服系统。

2. 伺服系统与 CNC 的连接电路

加工中心的伺服驱动采用了三菱 MR－J2－10A 交流伺服驱动器，图 7-10 中的强电接线端子 L1、L2、L3、PE 分别为 AC 220V 三相电源进线及屏蔽线，U、V、W 为驱动器向主轴电动机供电的变频输出动力线端子。交流伺服驱动器上有 4 个信号电缆插座 CN1A、CN1B、CN2 和 CN3。信号电缆 CN3 用于连接 PC 的串行口，做伺服驱动单元的运行参数设定及运行状态监控；CN2 从伺服轴编码器向驱动单元传递当前速度/位置反馈信号；CN1A 电缆则从驱动单元向 CNC 提供当前的伺服轴速度/位置反馈信号；CN1B 用来接受数控系统的当前速度指令并完成数控系统对伺服轴的动作控制及状态监控，连接 CNC 的速度指令及 CNC 内置PLC 的 I/O 点。

H400 卧式加工中心伺服轴驱动系统与数控系统的连接电路如图 7-10 所示。

本加工中心使用的 INCON－M40F 数控系统使用模拟速度指令，连接的三菱伺服系统也相应采用速度控制方式。电缆与主要信号说明如下。

1）CN2 作为接伺服电动机编码器的专用电缆，为编码器提供 +5V 电源且将编码器旋转产生的 A 相、B 相和零脉冲信号反馈给驱动单元，完成伺服驱动单元的闭环速度控制功能，并配合 CNC 系统完成闭环位置控制。

2）CN3 作为 RS－232C 串行通信口也使用专用电缆。通过 PC 和伺服系统在线监控软件，可对伺服系统进行参数设置与调整、运动过程监控、运动平滑性调节及模拟运动过程控制（正、反转，加、减速）。

3）CN1A 和 CN1B 的信号较为复杂，在速度控制方式，CN1A 的 LA 与 LAR、LB 与 LBR、LZ 与 LZR 是伺服系统反馈给 CNC 在当前位置的编码器信号，该信号在伺服电动机的

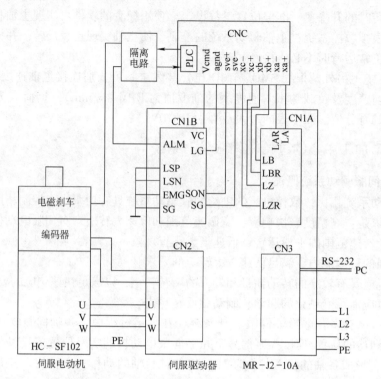

图 7-10　伺服驱动系统的连接电路

内置式编码器上采集，经过计算后从此处再传送至数控主机；CN1B 的 LG、VC 用来接受数控系统的模拟电压指令（±10V），SON、SG 用来传递伺服 ON 信号；CN1B 的 EMG、LSP 和 LSN 是外界发向伺服系统的开关量控制信号，分别为急停输入、正转行程极限和反转行程极限输入信号，以 SG 为信号公共点，正常运行需闭合，断开意味着报警，因此使用中可以短接。

4）CN1B 的 ALM 与 SG 之间为伺服报警输出端，伺服系统正常工作时这两点间闭合，断开表示出现伺服系统报警。应用中，该输出信号被送往数控系统的 PLC 输入口进行诊断处理。出现报警时，PMC 将通知数控系统发出声、光报警并停止机床的所有运动。如要解除报警，需在伺服系统的 LCD 显示屏上查看显示的报警代码，确定故障种类和解除方法。

伺服电动机内部带有内置的电磁刹车装置，该装置通常用在停电时因为工件或其他部件的重量可能会引起机床运动件与床身等基础件发生相对移动的场合，如数控机床的垂直轴或倾斜轴驱动上，电磁刹车多采用负逻辑控制。电磁刹车由伺服电动机的接线端子引出，其动作由数控系统内置 PLC 的输出点控制，PLC 软件结合数控机床的运行状态控制相应的伺服轴刹车或解除刹车。

在该控制系统中，机床强电起动的同时将伺服电动机的电磁刹车解除、停车时使电磁刹车起作用。电磁刹车使用 DC24V 电源。

五、CNC 加工中心的逻辑控制电路

1. 加工中心 PLC 的 I/O 点分配

加工中心的操作面板开关、传感器、电磁阀、显示灯、报警灯等各种电器元件，运行中要受数控系统内置 PLC（又称为 PMC）的程序控制。因此，这些信号作为机床强电逻

辑电路的输入与输出点，由型号为 INCON-EQ 的 I/O 中继模板接入，每一块 INCON-EQ 只具有 32 点输入和 16 点输出，因此必须对加工中心所需要的控制信号进行合理分配，既满足运行要求，又节省扩展板。H400 卧式加工中心需要进入 PLC 逻辑控制的信号有如下几种。

（1）PLC 与第二操作面板间的连接信号　从第二操作面板各操作按钮发向 PLC 的输入信号，如急停、超程复位、主轴速度＋、主轴速度－、主轴速度 100%、循环起动、进给保持、主轴正转、主轴反转、主轴停止、开冷却液及主轴准停按钮输入信号。

从第二操作面板的工作方式转换开关发向 PLC 的输入信号有 SW0、SW1、SW2、SW3 和 SW4。

由 PLC 输出至第二操作面板的显示信号有循环起动显示灯、进给保持显示灯、冷却液指示灯、主轴正转指示灯、主轴反转指示灯、主轴停止指示灯、程序结束指示灯及报警指示灯。

（2）PLC 与手轮之间的连接信号　PLC 发向手轮的轴选信号 X、Y、Z 和倍率选择信号 ×1、×10、×100，共 6 个。手轮的脉冲编码器信号直接进入数控系统。

（3）PLC 与手动操作面板间的连接信号　加工中心的手动操作面板只与 PLC 发生联系，且仅在调整时使用。从手动操作面板各操作按钮发向 PLC 的输入信号有刀库步进、交换台手动/自动转换、交换台上升、交换台下降、交换台旋转、工作台放松、工作台锁紧、编程超程解除及鞍座旋转按钮信号。

由 PLC 输出至手动操作面板的显示信号为各按钮内部的显示灯信号。

（4）PLC 与机床主体之间的连接信号　加工中心主体上有许多电磁阀由 PLC 的输出进行控制，如冷却液阀、刀库前进阀、刀具放松阀、刀库正转阀、刀库反转阀、松刀吹气阀、鞍座旋转阀、交换台旋转阀、工作台放松及吹气阀、交换台上升阀、交换台下降阀、鞍座放松阀及鞍座定位销阀等。

加工中心主体上还有许多传感器的信号要传送到 PLC 的输入点，如刀库前进到位、刀库后退到位、主轴松刀到位、主轴抓刀到位、刀具计数信号、准停到位信号、刀库位置信号、鞍座原位信号、鞍座旋转计数信号、鞍座气压、工作台位置、工作台放松到位、工作台锁紧到位、交换台旋转到位、交换台上升到位、交换台下降到位、鞍座插销到位、鞍座锁紧到位等传感器信号。

（5）PLC 与各轴驱动单元之间的连接信号　从主轴及 X、Y、Z 轴驱动单元发向 PLC 的输入信号主要是各轴的报警信号及工作状态信号，PLC 将主轴驱动单元及各个伺服驱动单元的运行状态向数控系统 NC 模块发送。

PLC 向主轴驱动单元传送的输出信号是给主轴的正转、反转、准停指令；PLC 向伺服驱动单元传送的输出信号只有各轴刹车指令。

（6）其他信号　除了上述信号之外，其他 PLC 输入信号有冷却液电动机、主轴冷却电动机、排屑电动机、鞍座电动机、交换电动机、刀库电动机的过载保护信号及空气压缩机气压信号。输出信号有控制强电起动的 NC 就绪信号。

经上述分析，在 H400 卧式加工中心上共使用了两块 I/O 中继模板，PLC 总点数为输入 64 点，输出 32 点，共 96 个 I/O 点。I/O 点的具体定义见表 7-1。

2. 加工中心 PLC 的逻辑电路

图 7-11 为加工中心 1#PLC 扩展板的电路图。2#PLC 扩展板的电路设计与连接方法与之相似。

图 7-11 中扩展板上的 CN1 电缆用于连接至 CNC 系统。PLC 扩展板使用 DC24V 电源，输入/输出各点均有 LED 指示灯显示其工作状态，在输入回路设置有并联于输入信号的调试开关，某一输入点调试开关接通，等同于该输入点所连接的检测信号状态为"1"。这一措施通常在各种检测元件和反馈信号还未连接，需要对 PLC 软件进行在线调试时使用。

表 7-1 加工中心 PMC 的 I/O 点分配表

点号	名　称	拟定功能	点号	名　称	拟定功能
1. PLC 输入			I2.0	M_T_R	手动松刀
I0.0	EMG	急停	I2.1	M_T_CW_INC	刀库手动正转
I0.1	OTR	强电放开	I2.2	M_T_CCW_INC	刀库手动反转
I0.2	iProbe	量刀器	I2.3	T_F_S	刀库前进到位
I0.3	zAlarm	Z 轴报警	I2.4	T_B_S	刀库后退到位
I0.4	M_AIR	手动吹气	I2.5	T_R_S	刀具松开到位
I0.5	SP_ALM	主轴报警	I2.6	T_ON_S	刀具夹紧到位
I0.6	LUB_ALM	润滑报警	I2.7	T_INDEX	刀库数刀信号
I0.7	DOOR	安全门	I2.8	OSS_B	主轴定位稍退
I0.8	ROSW0		I2.9	OSS_S	主轴定位完毕
I0.9	ROSW1		I2.A	AIR_P	气源正常
I0.A	ROSW2	手动、自动进给速率设置 手轮回零点	I2.B	T_M_S	刀库微动开关
I0.B	ROSW3		I2.C	COOL_OL	冷却液电动机过载。
I0.C	ROSW4		I2.D	SP_COOL_OL	主轴冷却电动机过载
I0.D	SP_UP		I2.E	CHIP_OL	排屑电动机过载
I0.E	SP_100	面板上主轴转速 " + " "00" " - "	I2.F	S_E_T_OL	鞍座、交换、刀库过载
I0.F	SP_DN		I3.0	EX_M	交换台手动/自动
I1.0	CS	程序启动	I3.1		
I1.1	FH	进给保持	I3.2	SID_INC	鞍座旋转
I1.2	SPCW	主轴正转	I3.3	TAB_S	工作台位置正确
I1.3	SPSTP	主轴停止	I3.4	SID_INDEX	鞍座旋转到位
I1.4	SPCCW	主轴反转	I3.5	SID_AIR	鞍座气缸气压
I1.5	COOL	冷却液	I3.6	EX_U	交换台上升
I1.6	MPGX	手轮 X 向	I3.7	EX_D	交换台下降
I1.7	MPGY	手轮 Y 向	I3.8	EX_INC	交换台旋转
I1.8	MPGZ	手轮 Z 向	I3.9	TAB_R	工作台放松
I1.9	MPG4	手轮 4 向	I3.A	TAB_L	工作台锁紧
I1.A	MPG1	手轮倍率 1	I3.B	EX_U_S	交换台上升到位
I1.B	MPG10	手轮倍率 10	I3.C	EX_D_S	交换台下降到位
I1.C	MPG100	手轮倍率 100	I3.D	EX_INC_S	交换台旋转到位
I1.D	AHOME	4 轴回参考点	I3.E	TAB_R_S	工作台放松到位
I1.E	ACLAMP	4 轴锁定	I3.F	TAB_L_S	工作台锁紧到位
I1.F	AUNCLAMP	4 轴松开			

（续）

点号	名　称	拟定功能	点号	名　称	拟定功能
2. PLC 输出			00. F	LUB_VAR	润滑
00. 0	CS_L	指示灯	01. 0	TOWER_VAR	刀库前进
00. 1	FH_L		01. 1	TOOL_VAR	刀具松开
00. 2	COOL_L		01. 2	T_CW_VAR	刀库正转
00. 3	SPCW_L		01. 3	T_CCW_VAR	刀库反转
00. 4	SPSTP_L		01. 4	AIR_VAR	主轴内吹气
00. 5	SPCCW_L		01. 5	TOWER_BK	刀库电动机刹车
00. 6	ZBRK_VAR	Z轴刹车	01. 6	OSS-VAR	主轴定位
00. 7	ACLAMP_VAR	第四轴锁定	01. 7	S_CW_VAL	鞍座旋转
00. 8	SPCW_VAR	主轴正转	01. 8	EX_CW_VAL	交换台旋转
00. 9	SPCCW_VAR	主轴反转	01. 9	TAB_L_VAL	工作台锁紧
00. A	AIR_BLOW_VAR	吹气	01. A	TAB_R-VAL	工作台松开吹气
			01. B	EX_U_VAR	交换台上升
00. B	NC_RDY	控制器备妥	01. C	EX_D_VAR	交换台下降
00. C	AUTO_POWER	睡眠自动断电	01. D	S_R_VAL	鞍座放松
00. D	P_END	程序结束	01. E	S_OUT_VAL	鞍座定位销拔除
00. E	COOL_VAR	冷却液	01. F	ALM_L	报警灯

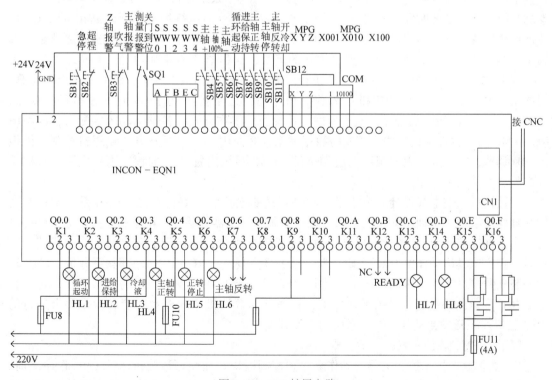

图 7-11　PLC 扩展电路

PLC 扩展板的输出点使用小型直流继电器（或固态继电器）进行驱动能力的扩大。在 PMC 扩展板上由驱动放大电路将 CNC 传输的 PMC 信号放大，直接驱动小型继电器的线圈，这种方式可以将输出点的输出负荷与数控系统 PLC 的输出信号在电路上完全隔离，避免负载的故障影响到数控系统的 PLC 接口。小型继电器具有常开、常闭两组触点，触点容量为 AC220V/1A 或 DC24V/2A。

在硬件扩展的基础上，用户还必须对数控系统的内置 PLC 进行软件开发，设计完整的应用程序，这样才能完成加工中心的强电逻辑控制。INCON - M40F 数控系统的内置 PLC 软件要求采用 C + + 语言编写。

第三节　数控系统内置 PLC 概述

数控系统产品是针对数控机床的，一套 CNC 系统无论是传统的封闭式体系结构系统还是目前正在广泛运用的开放式体系结构系统，在软件上均由 NC 和 PMC（指 CNC 内置 PLC）两大软件模块组成。在数控系统出厂时，NC 基本软件模块的功能已被定义和安装完毕，可用来完成主轴运动控制、伺服轴进给控制、第一操作面板（主机操作界面）的管理、手轮信号的处理、CRT 显示控制、加工程序传输与网络控制等数控系统通用功能；而 PMC 软件模块则是数控系统生产厂留给用户（数控机床制造厂）根据特定机床的具体用途自己去开发，用来使 CNC 系统能通过 PMC 软件来完成受控数控机床的顺序逻辑动作，如第二操作面板的设置及管理，工作方式的选择及方式之间的联锁，自动换刀的分解动作及与动作相配合的进给坐标移动，用户设置的 PMC 报警及处理等。一个 PMC 程序是作为数控系统的 CPU 执行整个运算控制过程中的一个处理步骤来定义的。CNC 系统运行时，CPU 在基本 NC 程序管理的同时，以一定的时间间隔高速地读取 PMC 程序指令、执行指令和刷新 PMC 的 I/O 口，使数控机床按正确的顺序逻辑动作。CNC 系统内置 PLC 与通用 PLC 产品的相同之处是：都属于可编程的逻辑控制器，具有类似的外部接线、编程语言和控制功能。不同之处是：①CNC 系统内置 PLC 的程序作为 CNC 主机程序的一部分，由 CNC 系统主机来完成控制运算，而通用 PLC 产品拥有自己的主机；②通用 PLC 编程只控制自身的开关量或模拟量 I/O 点，而 CNC 系统内置 PLC 的程序开发要考虑与系统当前工作方式、各轴运动等的配合，即考虑 NC—PMC 两大软件模块间的内部实时数据联系；③通用 PLC 产品从开关量逻辑控制到模拟量 PID 调节，在工业上具有很广的应用范围。CNC 系统内置 PLC 的程序则只应用于数控系统产品。

对数控机床的电气设计人员来说，CNC 系统是已经设计好的产品，CNC 系统主机与各伺服轴驱动系统、主轴驱动系统、第一操作面版、显示器、手轮、网络通信接口等的硬件电路均为标准连接，NC 系统软件也已作为标准件完成配置，在应用电路设计上十分规范。而针对受控机床具体动作的 PMC 逻辑控制，从 I/O 点规划、NC—PMC 内部联系分析、PMC 软件编制到数控机床的逻辑动作调试，才是 CNC 系统产品在现场应用中的难点所在。建立在 CNC 生产厂家的系统软件基础平台之上，针对具体数控机床的控制功能和动作要求进行的 PMC 逻辑程序开发，又称为数控系统的二次开发。

以下是 PMC 软件开发的一般步骤。

1）熟悉数控机床控制电器的动作顺序和控制逻辑。在编写数控机床的 PMC 程序之前，一定要充分了解该数控机床的结构和功能特点，并最大限度地收集同类型数控机床的控制功能资料，结合其应用对象，与机械设计人员充分商讨各个功能实现的方案，拟定 PMC 的控制逻辑。PMC 控制逻辑应该是完善、严格，拟定的方案应该包含动作过程中所有的条件和细节，并分清动作过程中的必要条件、充分条件和辅助条件。

2）按照 CNC 提供给 PMC 的资源情况，合理扩展和分配 PMC 的 I/O 点。通常，数控系统的制造厂商都规划了数控系统 PMC 的最大输入、输出点的数量，基本上可以满足常规数控机床的控制功能要求，如果仍然不能满足扩展功能的需求，可以继续增加 I/O 点，但必须在订货时给以说明。

数控机床是一个高度自动化的控制系统，PMC 的控制功能是实现自动化的充要条件。在分配 PMC 的 I/O 点时，首先考虑实现动作功能的控制要求及报警和安全功能设置，其次考虑辅助控制功能，如排屑机的起停和保护等。PMC 的 I/O 点还应留下一定的裕量，以便数控机床控制功能的扩展。

3）编写源程序。按照数控系统所要求的编程规则及 PMC 的扩展逻辑要求，编制 PMC 的源程序。

4）通过编译程序将源程序文件编译为机器码文件。根据编译过程出现的错误信息提示纠正源文件中的语法错误。

5）通过 PLC 仿真器模拟运行机器码文件，在模拟运行中纠正控制逻辑错误。如与编程所预期的动作不同，说明用户编写的 PMC 程序有问题，需要进行修改。修改后再做模拟，直到模拟运行通过为止。

6）将调试通过的 PMC 软件写入 CNC 系统主机。不同厂家 CNC 系统的 PMC 程序写入方法也不尽相同。不同厂家的数控系统内置 PLC 所采用的编程语言也各不相同，如日本FANUC 数控系统采用梯形图语言，西门子数控系统采用 STEP7 语言。近年来，随着计算机技术的发展，开放体系结构数控系统直接以工业 PC 为开发平台，相应的 PMC 就可以直接采用高级语言如 C + + 语言界面。

第四节　西门子 CNC 系统的内置 PLC

西门子公司既生产一系列 CNC 产品，如 810M、810T、802S、802D、840D 等，又生产一系列 PLC 产品，从早期的 S5 系列 PLC 到最近的 S7 系列 PLC。西门子 CNC 系统产品内置PLC 的编程直接使用了西门子公司 PLC 产品的语法结构。如较早生产的 810M、810T 数控系统内置 PLC 采用 S5 系列 PLC 的编程语言 STEP5，而较晚生产的 802S、802D、840D 数控系统内置 PLC 则采用了 S7 系列 PLC 的编程语言 STEP7。本节以 SINUMERIK 802S 数控系统用于车床控制的 PMC 编程为例，介绍西门子数控系统内置 PLC 的编程与使用方法。

一、802S 数控系统的内外部数据联系

SINUMERIK 802S 数控系统的 NC、PMC 及车床强电之间的信号联系及地址分类示意图仍可以参考图 7-1。在 CNC 系统主机 ECU 中，NCK 为数控基本软件模块，PLC 为内置可编程控制器软件模块，车床 PLC 部分的输入、输出硬件接线 DI/DO 的信号定义也已在第一节做过介绍。在进行 802S 数控系统的 PMC 编程时，可以使用以下的分类地址。

1. PLC 和机床强电之间的地址分配

1）PLC 的输入点 DI（机床强电输入→PLC）共使用 16 点，地址从 I0.0 ~ I1.7 。

2）PMC 的输出点 DO（PLC→机床强电）共使用 16 点，地址从 Q0.0 ~ Q1.7 。

2. NCK 和 PLC 软件模块之间的内部信号地址分配

1）从 PLC 发向 NCK 的内部信号 V（PMC→NCK）。从 PLC 发向 NCK 的内部信号地址用符号 V、单元地址数和位数来表示，为可读/可写信号。从 PLC 发向 NCK 的内部信号分四种：通用接口信号，如 V26000000.1 为 PLC 发向 NCK 的要求急停信号；通道控制信号，如 V32000006.6 为 PLC 发向 NCK 的快速移动修调有效信号，V32000007.1 为 PLC 发向 NCK 的 NCK 启动信号；坐标及主轴信号，如 V38032001.0 为 PLC 发向 NCK 的进给倍率对主轴有效信号；MCP 面板上的 LED 控制信号，地址从 V11000000.0～V11000000.5，这几个信号通过 PLC 发向 NCK，由 NCK 程序及电路去点亮 MCP 上相应的发光二极管。这些信号内容和地址已由西门子数控系统固定定义，PLC 程序仅仅按定义使用。

2）由 NCK 发向 PLC 的内部信号 V（NCK→PLC）。由 NCK 发出的可供 PLC 读入使用的内部信号地址也用符号 V、单元地址数和位数来表示。但这些 V 变量仅作为只读信号供 PLC 程序读取，信号内容和地址也由数控系统统一定义，编制 PLC 程序时不能对其进行改变。从 NCK 发向 PLC 的内部信号有五种：通用接口信号，如 V27000000.1 为 NCK 发出的供 PLC 程序读取的急停有效信号；通道状态信号，如 V33000001.7 为 NCK 发出的供 PLC 程序读取的程序测试有效信号，V33000004.2 为 NCK 发出的供 PLC 程序读取的所有轴回参考点信号；传送 NCK 通道的辅助功能信号，如 V25001001.1 为 NCK 发出的供 PLC 程序读取的 M09 辅助功能信号；来自坐标轴及主轴的通用信号，如 V39032001.0 为 NCK 发出的供 PLC 程序读取的主轴速度超出极限信号。这些信号被 PLC 读取后，由 PLC 程序去实现这些信息对应的强电执行动作。

除了上述四种 NCK 至 PLC 内部信号之外，在 802S 数控系统中，由于来自机床控制面板 MCP 的按键、倍率开关等输入控制信号并没有通过 PLC 的输入点 DI 接入，而是通过数控系统的专用接口输入，所以 PLC 程序不能直接对来自 MCP 的信号进行编程，PMC 信号的操作状态只能先传送到 NCK，再通过 NCK 模块的只读变量 V 被 PLC 模块读取。例如，V10000000.0 为 MCP 面板上的用户自定义键 K1 的状态，V10000000.5 为 MCP 面板上的用户自定义键 K6 的状态，V10000002.0～V10000002.2 和 V10000002.4～V10000002.6 为 MCP 面板上的六个点动控制键的状态，V10000002.3 为 MCP 面板上的点动快速移动键的状态等。这是从 PLC 发向 NCK 的第五种内部信号。

当 802S 数控系统用于车床控制时，PMC 程序除了读取已固定定义的 MCP 面板上的按键、倍率开关信号之外，MCP 面板上可自定义的键还可进行如下定义。

K1：主轴转速降低按键。

K2：主轴点动按键。

K3：主轴转速升高按键。

K4：手动换刀按键。

K5：手动导轨润滑按键。

K6：冷却起/停按键。

K8：超程复位按键。

这些自定义键与 PLC 的 DI/DO 点的相同之处是：不使用的按键也可以在数控系统设置参数时通过使能定义进行"位屏蔽"。

二、802S 内置 PLC 的编程资源和数控系统的相关机床参数

1. 802S 数控系统内置 PLC 的编程资源

802S 数控系统提供的编程工具是在 S7 - 200 MicroWIN 编程软件的基础上开发出来的，

802S 数控系统的内置 PLC 可以作为西门子 S7 - 200 可编程控制器产品编程软件的一个子集。因此，其操作变量含义和指令系统符合 S7 系列 PLC 的相关定义，可参考第六章。

802S 数控系统 PLC 编程时可使用的有效操作数范围见表 7-2，特殊标志位说明见表 7-3。

表 7-2　802S 数控系统内置 PLC 有效操作数范围

操作地址符	说明	范围
V	数据	V0. 0 ~ V99999999. 7
T	定时器	T0 ~ T15（单位：100ms）
C	计数器	C0 ~ C31
I	数字输入	I0. 0 ~ I7. 7
Q	数字输出	Q0. 0 ~ Q7. 7
M	标志位	M0. 0 ~ M127. 7
SM	特殊标志位	SM0. 0 ~ SM0. 6
A	ACCU（逻辑）	AC0 ~ AC1（Udword）
A	ACCU（算术）	AC2（Dword）

表 7-3　特殊标志位说明

SM 位	说　　明
SM0. 0	定义为"1"信号
SM0. 1	第一次 PLC 循环"1"，后面循环"0"
SM0. 2	缓冲数据丢失：只适用第一次 PLC 循环（'0'信号时数据不丢失，'1'信号时数据丢失）
SM0. 3	重新起动：第一次 PLC 信号'1'，后面信号'0'
SM0. 4	60s 周期的脉冲（占空比，30s '0'，30s '1'）
SM0. 5	1s 周期脉冲（占空比，0.5s '0'，0.5s '1'）
SM0. 6	PLC 信号周期（交替循环'0'和循环'1'）

2. 与内置 PLC 相关的 802S 数控系统参数设置

任何数控系统在控制具体机床时，都要根据机床的配置情况设置系统参数，802S 数控系统在安装调试时，通过"机床参数"菜单，可以实现对可编程控制器输入/输出信号的屏蔽，还可以设置 PLC 程序运行所需要的支持参数。

（1）数控系统参数 MD14512 对 PLC 输入/输出信号的屏蔽　802S 数控系统可以对 PLC 的 DI/DO 信号、MCP 面板上的用户自定义按键等信号实现屏蔽。表 7-4 为机床参数 MD14512 与其所屏蔽信号对照表。

由于 802S 数控系统用于车床控制时，已装入了一个完整的车床 PLC 程序，其 DI/DO 点如前所述，已经定义完毕。在调试中根据现场的控制要求，可能会关闭某些输入/输出信号，这时通过数控操作面板改变参数 MD14512 就可以完成对不需要的信号实现屏蔽。

表 7-4　机床参数 MD14512 与其所屏蔽信号对照表

机床参数 MD14512—USER_DATA_HEX							
索引	Bit7	Bit6	Bit5	Bit4	Bit3	Bit2	Bit1	Bit0
[0]	输入信号有效							
	I0. 7	I0. 6	I0. 5	I0. 4	I0. 3	I0. 2	I0. 1	I0. 0

（续）

机床参数 MD14512—USER_DATA_HEX							
索引	Bit7	Bit6	Bit5	Bit4	Bit3	Bit2	Bit1	Bit0
[1]	输入信号有效							
	I1.7	I1.6	I1.5	I1.4	I1.3	I1.2	I1.1	I1.0
[4]	输入信号有效							
	Q0.7	Q0.6	Q0.5	Q0.4	Q0.3	Q0.2	Q0.1	Q0.0
[5]	输入信号有效							
	Q1.7	Q1.6	Q1.5	Q1.4	Q1.3	Q1.2	Q1.1	Q1.0
[8]	输入信号有效							
	K7	K6	K5	K4	K3	K2	K1	K0

对输入点的屏蔽实例：如受控车床只有四把刀，意味着不需要 I0.4（第五把刀到位）和 I0.5（第六把刀到位）信号，如刀架上没有安装刀具锁紧传感器，意味着不需要 I0.6（刀架锁紧到位信号），再设 I0.7 机床报警输入被需要，则根据表 7-4，数控系统机床参数的 "MD14512 [0]" 应将不需要的对应输入位置 "0"，即设置为 "10001111"，用十六进制输入为 "8fH"。

对输出点的屏蔽实例：如受控车床主轴为不能调速的单速电动机，意味着不需要 Q1.0 ~ Q1.3 四个主轴速度控制接触器信号，且主轴速度最多需要 I 档显示灯 Q1.4，意味着不需要 II 、III 、IV 档速度显示信号 Q1.5、Q1.6 和 Q1.7，根据表 7-4，数控系统机床参数的 "MD14512 [5]" 应将不需要的对应输出位置 "0"，即设置为 "00010000"，用十六进制输入为 "10H"。

对 MCP 机床操作面板上的用户自定义键的屏蔽实例：如受控车床主轴为不能调速的单速电动机，意味着不需要设置用户键 K1（主轴转速降低）和 K3（主轴转速升高），点动按钮 K2 是必要的，用户手动换刀按按键 K4 也是必要的，设手动导轨润滑按键 K5、冷却起/停按键 K6 和超程复位按键 K8 也需要设置，则根据表 7-4，数控系统机床参数的 "MD14512 [8]" 应设置为 "10111010"，用十六进制输入为 "baH"。

（2）与 PLC 程序相关的机床参数 MD14510 机床参数 MD14510 也是一组与 PLC 程序运行相关的重要参数，该参数的含义见表 7-5。

表 7-5 802S 的机床参数 MD14510

机床参数 MD14510—USER_DATA_HEX	
[0]	刀架刀位数（4 或 6）
[1]	刀架卡紧时间（100ms）
[2]	主轴制动时间（100ms）
[3]	润滑间隔（1min）
[4]	每次润滑时间（100ms）

表中共有五个参数，MD14510 [0] 为车床所使用电动刀架的刀位数，只能使用 4 或 6。MD14510 [1] 为电动刀架的反转卡紧时间，以 100ms 为单位，如希望设置该值为 1min，需要输入十进制数值 10。

三、802S 数控系统车床 PMC 程序结构

802S 数控系统的车床 PMC 程序的总体结构由主程序加上被主程序和子程序调用的各子程序两部分连接而成。数控车床的 PMC 主程序梯形图如图 7-12 所示。

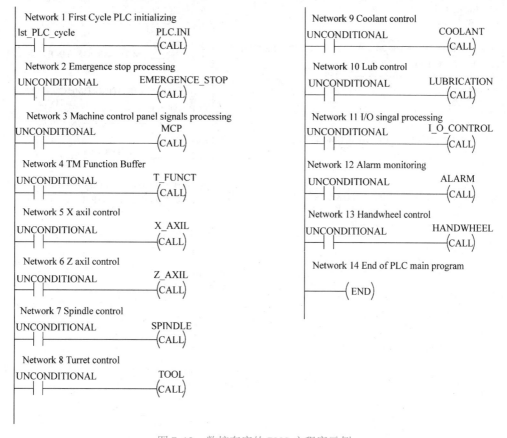

图 7-12 数控车床的 PMC 主程序示例

该主程序主要处理对 13 个子程序的调用，这些子程序名称为：

1）PLC 初始化子程序。

2）急停子程序。

3）控制面板信号处理子程序。

4）T 功能子程序。

5）X 轴控制子程序。

6）Z 轴控制子程序。

7）主轴控制子程序。

8）刀架控制子程序。

9）冷却控制子程序。

10）润滑控制子程序。

11）I/O 信号处理子程序。

12）报警子程序。

13）手轮控制子程序。

整个程序共有 26 个子程序，由于其余子程序不在主程序中调用，就不再一一列举。

图 7-13 给出了 PMC 程序中的润滑控制子程序示例。

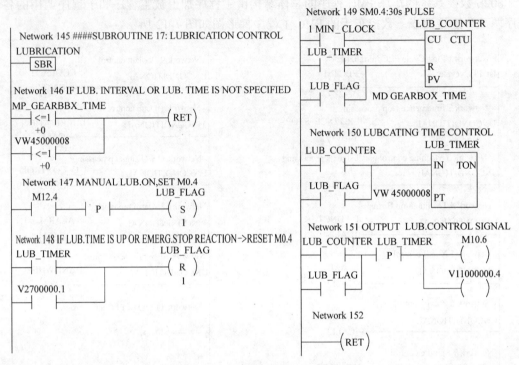

图 7-13　润滑控制子程序示例

第五节　FANUC 数控系统的内置 PLC

一、FANUC 数控系统内置 PLC 概述

FANUC 系列的不同数控系统内置 PLC 有 PMC－A、PMC－B、PMC－C、PMC－D、PMC－L、PMC－K、PMC－M 等多种型号。PMC 的顺序程序一般使用梯形图编程并可以由编程装置转换成机器码写入数控系统的 EPROM 中，当然，输入过程中有时需要借助语句表（或助记符）输入。各种型号 PMC 的 I/O 点容量与接线方法与通用 PLC 产品类似。

FANUC 系列 PMC 的指令系统由基本指令和功能指令构成。不同型号的 PMC 拥有完全一样的指令系统，但功能指令的条数不同，供用户使用的最大程序存储容量也不同，必须在具体的 CNC 系统允许的地址和程序步数范围内使用。

图 7-14 为 FANUC 系列数控系统的 CNC、PMC 及机床强电之间的信号联系及地址符号示意图。在 FANUC 数控系统的 PMC 编程时，可以使用如下分类地址。

1. PMC 和机床强电之间的地址分配

（1）PMC 的输入点 X（机床强电输入→PMC）　PMC 的输入点是来自机床强电的按钮、转换开关、行程开关等的物理连接点，用符号 X、单元地址数和位数来表示，可供使用的输入单元数目随机型的不同有所不同，位数从 0~7，不能够被使用的单元或位应遵循具体机型的规定。

如输入点 X2.1 连接数控机床的点动 X＋按钮，则当数控机床的 X＋按钮按下时，PMC

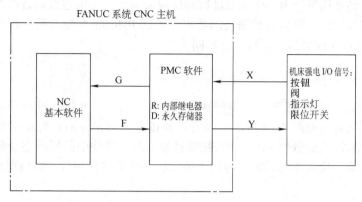

图 7-14　FANUC 系列 CNC、PMC 及机床强电之间的信号联系及地址符号示意图

程序将识别该输入点的状态为 "1"。同样，如 X12.3 连接自动换刀臂的下降到位传感器，则当自动换刀臂下降到位时，PMC 可以立即获得动作信息。

同普通 PLC 输入点的使用一样，一般来说，用户可以自由定义和分配输入点，但在 FANUC 系列 PMC 的使用中，有若干个机床输入信号的地址是固定的，在硬件设计和编程时必须接固定的输入点。例如，X 轴测量位置到达信号的输入地址为 X8.0，Z 轴测量位置到达信号的输入地址为 X8.1，X 轴参考点返回减速的输入地址为 X16.5，紧急停止信号的输入地址为 X21.4 等。

（2）PMC 的输出点 Y（PMC→机床强电）　PMC 的输出点用来向机床侧输出顺序控制程序的执行结果，驱动具体的电磁阀、信号灯、继电器、接触器等实现正确的机械动作，用符号 Y、单元地址数和位数来表示，可供使用的输出单元数目也随机型有所不同，位数从 0～7，不能够被使用的单元或位也需遵循具体机型的规定。

例如，某数控加工中心 PMC 的输出点 Y48.7 连接数控机床的主轴正转指示灯，Y49.3 连接主轴停止指示灯，Y51.7 用来控制换刀臂上升气阀。

2. PMC 和 NC 软件模块之间的内部信号地址分配

（1）从 PMC 发向 NC 的内部信号 G（PMC→NC）　PMC 用户程序和 NC 基本程序是两个软件模块，它们之间没有物理连接端点，只有内部信号的传递。从 PMC 发向 NC 的内部信号地址用符号 G、单元地址数和位数来表示。信号内容和地址是 CNC 系统设计时就已经固定下来的，PMC 用户只能按定义使用。从 PMC 发向 NC 的内部信号有上百个，只要 PMC 程序执行顺序动作过程中需要 NC 进入某种工作方式或要求 NC 配合控制轴动作，就需要使用向 NC 输出 G 信号的程序。例如，G102.2 为循环起动，当有人按下循环起动按钮，PMC 识别按钮动作且判断可以安全执行这个循环起动动作时，PMC 程序即向 NC 发出 G102.2 置 "1" 信号，再由数控系统的 NC 基本程序来起动自动循环加工。

（2）由 NC 发出的可供 PMC 读入使用的内部信号 F（NC→PMC）　由 NC 发出的可供 PMC 读入使用的内部信号地址用符号 F、单元地址数和位数来表示。F 信号的内容和地址也由数控系统统一定义，PMC 用户只能按定义使用，不能改变。从 NC 发向 PMC 的内部信号也有上百个，如 PMC 程序的顺序动作执行需要以 NC 的当前执行状态信号为依据，就需要将来自 NC 的 F 信号作为输入信号编程使用。如 F148.0 为 X 轴在原位信号，F148.1 为 Y 轴在原位信号，F148.2 为 Z 轴在原位信号，当 X、Y、Z 轴在原位时，这三个 F 信号将分别被 NC 程序置 "1"，假如 PMC 执行某个动作需要 Y 轴在原位这个条件，PMC 程序即可使用 F148.1 变量。

在 FANUC 系统的 PMC 中，内部继电器用符号 R、单元地址数和位数来表示；有断电锁存功能的固定存储器用符号 D、单元地址数和位数来表示，用电池做后备电源，可用作保持继电器或保存定时器、计数器、数据表的数据。依据 PMC 的类型不同，数控系统提供给用户的 R 继电器和 D 存储器的单元数目也不同。

二、FANUC 数控系统 PMC 的基本指令

在 FANUC 数控系统内置 PLC 指令的执行过程中，有一个 9 位的堆栈寄存器被用来暂存逻辑操作的中间结果，如图 7-15 所示。该寄存器按先进后出、后进先出的原理工作。最新的逻辑操作结果被写入最低位 ST0，当该结果被写入时，堆栈中的原状态全部左移一位；相反，当从堆栈中取一位操作结果时，堆栈中的原状态全部右移一位，最后写入的操作结果被最先读出。

图 7-15　堆栈寄存器的操作顺序

FANUC 数控系统 PMC 的基本指令共有 12 条，表 7-6 为基本指令及其对应处理内容。

表 7-6　基本指令及其处理内容

序号	指令	处理内容
1	RD	读出指令信号的状态并把它置入 ST0。在一个梯级开始的节点是常开触点时使用
2	RD. NOT	读出指令信号的"非"状态，并置入 ST0。在一个梯级开始的节点是常闭触点时使用
3	WRT	输出逻辑操作结果（ST0 状态）到指令地址
4	WRT. NOT	输出逻辑操作结果（ST0 状态）的"非"状态并输出到指令地址
5	AND	将 ST0 的状态与指定信号的状态相"与"，再将结果置入 ST0
6	AND. NOT	将 ST0 的状态与指定信号状态的"非"状态相"与"，再将结果置入 ST0
7	OR	将 ST0 的状态与指定信号的状态相"或"，再将结果置入 ST0
8	OR. NOT	将 ST0 的状态与指定信号状态的"非"状态相"或"，再将结果置入 ST0
9	RD. STK	堆栈寄存器左移一位，并把指定地址的状态置于 ST0
10	RD. NOT. STK	堆栈寄存器左移一位，并把指定地址状态的"非"状态置于 ST0
11	AND. STK	将 ST0 和 ST1 内容执行逻辑"与"，并将结果存于 ST0，堆栈寄存器右移一位
12	OR. STK	将 ST0 和 ST1 内容执行逻辑"或"，并将结果存于 ST0，堆栈寄存器右移一位

基本指令梯形图及助记符格式的语句表示例如图 7-16 ~ 图 7-19 所示，因基本指令程序结构与日本其他厂家的通用 PLC 产品类似，故不再解释。

三、FANUC 数控系统 PMC 的功能指令

数控系统 PMC 的功能指令是为了满足数控系统顺序动作控制及相关信息处理的特殊要求。数控设备用户可能从 CNC 的第一操作面板上输入加工程序，也可能用 PC 直接传入加工程序。加工程序中一般包含 G 功能、M 功能、主轴速度 S 大小、刀号 T 等信息，这些信息中只有 G 功能信息被 NC 软件直接处理，而 M、S、T 信息则被 NC 块读取后传递给 PMC 软件处理，因此 PMC 功能指令中包含 M、S、T 二进制代码信号的译码指令。与普通 PLC 类似

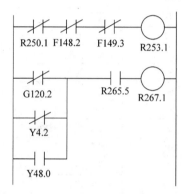

步数	指令	地址数．位数
1	RD	X10.4
2	AND	X2.0
3	AND.NOT	R266.4
4	WRT	R260.0
5	RD	X4.1
6	OR.NOT	Y51.2
7	OR	Y51.3
8	AND	R290.4
9	WRT	R250.1

图 7-16　FANUC 系列 PMC 的基本指令示例（一）

步数	指令	地址数．位数
1	RD.NOT	R250.1
2	AND.NOT	F148.2
3	AND.NOT	F149.3
4	WRT	R253.1
5	RD.NOT	G120.2
6	OR.NOT	Y4.2
7	OR	Y48.0
8	AND	R265.5
9	WRT	R267.1

图 7-17　FANUC 系列 PMC 的基本指令示例（二）

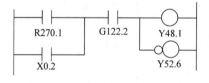

步数	指令	地址数．位数
1	RD	R270.1
2	OR	X0.2
3	AND	G122.2
4	WRT	Y48.1
5	WRT.NOT	Y52.6

图 7-18　FANUC 系列 PMC 的基本指令示例（三）

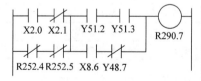

步数	指令	地址数．位数
1	RD	X2.0
2	AND.NOT	X2.1
3	RD.NOTSTK	R252.4
4	AND.NOT	R252.5
5	OR.STK	
6	RD.STK	Y51.2
7	AND	Y51.3
8	RD.STK	X8.6
9	AND.NOT	Y48.7
10	OR.STK	
11	AND.STK	
12	WRT	R290.7

图 7-19　FANUC 系列 PMC 的基本指令示例（四）

的功能指令有定时器、计数器、数据传送指令等。此外，还有用于控制加工中心时必需的刀库、分度工作台旋转部数计算指令等。FANUC 系列数控系统内置的各机型 PMC 指令功能的条数不同，表 7-7 所列为 PMC-L 的功能指令和处理内容。

表 7-7 PMC-L 功能指令和处理内容

序号	指令			处理内容
	格式 1	格式 2	格式 3	
1	END1	SUB1	S1	一级（高级）程序结束
2	END2	SUB2	S2	二级程序结束
3	END3	SUB48	S48	三级程序结束
4	TMR	SUB3	T	定时器
5	TMRB	SUB24	S24	固定定时器
6	DEC	SUB4	D	译码器
7	CTR	SUB5	S5	计数器
8	ROT	SUB6	S6	旋转控制
9	COD	SUB7	S7	代码转换
10	MOVE	SUB8	S8	逻辑相"与"后数据传送
11	COM	SUB9	S9	公共线控制
12	COME	SUB29	S29	公共线控制结束
13	JMP	SUB10	S10	跳转
14	JMPE	SUB30	S30	跳转结束
15	PARI	SUB11	S11	奇偶检查
16	DCNV	SUB14	S14	数据转换（二进制数与 BCD 码）
17	COMP	SUB15	S15	比较（BCD 码）
18	COIN	SUB16	S16	符合检查
19	DSCH	SUB17	S17	检索数据
20	XMOV	SUB18	S18	变址数据传送
21	ADD	SUB19	S19	加法
22	SUB	SUB20	S20	减法
23	MUL	SUB21	S21	乘法
24	DIV	SUB22	S22	除法
25	NUME	SUB23	S23	定义常数
26	PACTL	SUB25	S25	Mate-A 位置
27	CODB	SUB27	S27	二进制代码转换
28	DCNVB	SUB31	S31	扩展数据转换
29	COMPB	SUB32	S32	二进制比较
30	ADDB	SUB36	S36	二进制加法
31	SUBB	SUB37	S37	二进制减法
32	MULB	SUB38	S38	二进制乘法
33	DIVB	SUB39	S39	二进制除法
34	NUMEB	SUB40	S40	定义二进制常数
35	DISP	SUB49	S49	在 NC 的 CRT 上显示信息

注：指令格式 1：在梯形图中写指令时使用。

指令格式 2：纸带输出或在 P 系列系统的 CRT 上显示时使用。

指令格式 3：通过 P 系列系统的键盘输入指令时使用。

功能指令的梯形图及语句表格式示例如图 7-20 所示。功能指令由控制条件、指令标号、参数和输出四部分组成。

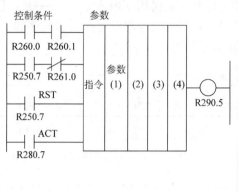

图 7-20　功能指令的梯形图及语句表格式示例

控制条件的数量和意义因功能指令的不同而改变。指令执行时，控制条件存在于堆栈寄存器中，顺序固定不变。条件中，RST 是复位条件，ACT 是执行条件。

因为功能指令可以处理各种数据，所以功能指令中的参数指立即数或存有数据的地址。参数的数量和含意也因功能指令的不同而改变。

功能指令的执行情况可以输出到任意的内部继电器 R，但有些功能指令不必输出。

在此仅对 FANUC 数控系统 PMC 的一部分功能指令做出说明。

1. 顺序程序结束指令 END

顺序程序结束指令有 END1、END2 和 END3 从高到低三个级别，常用的结束指令是高级顺序程序结束指令 END1 和低一级的顺序程序结束指令 END2。

END1 的指令格式如图 7-21 所示。

图 7-21　END1 的指令格式

END1 指令在 PMC 程序中必须指定一次，表示从程序的开始到 END1 指令之间的程序段为高级处理程序。

END2 的指令格式如图 7-22 所示。

图 7-22　END2 的指令格式

END2 指令在 PMC 程序中的位置是处于低级处理程序的末尾。表示 END1 ~ END2 之间的程序段为低一级的顺序程序。

数控系统的 CNC 程序执行时，对 NC 软件和 PMC 软件均划分了不同的时间段，划分给

PMC 程序的定时处理时间约十几个毫秒每次，高级程序与低级程序在执行时的主要区别在于：高级程序在每个 PMC 的程序执行周期都会保证执行一次，而低级程序只在 PMC 执行时间段的剩余时间中被处理。低级程序可能在好几个定时周期内才能执行一遍，且高级程序占用的时间越长，低级程序的处理时间就越慢，在编程时应尽量缩短高级程序的长度，通常只编写窄脉冲信号和要求紧急处理的 PLC 信号的指令。

高级程序与低级程序的时间分割如图 7-23 所示。

2. 定时器指令 TMR、TMRB

FANUC 系列 PMC 中有两条 16bit 定时器功能指令：一种是根据数据地址通过手动数据输入面

图 7-23　高级程序与低级程序的时间分割

板（MDI）在 CRT 界面预先设定的可变时间定时器 TMR；另一种是设定时间在编程时已被编入梯形图，不能用 CRT/MDI 改写的固定时间定时器 TMRB。

使用 TMR 定时器的指令编程示例如图 7-24 所示。定时器的编号从 1 开始，该指令使用的是第 23 号定时器。定时时间存放于 D410 开始的两个单元中，接着还要占用三个单元当作该定时器处理的工作区域，不能被

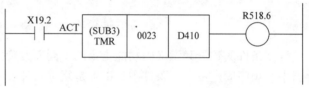

图 7-24　定时器 TMR 指令编程示例

其他指令占用。指令控制条件 ACT 是输入信号 X19.2，当 ACT 为"1"时，定时器开始定时，定时时间到后，内部继电器 R518.6 置"1"输出；当 ACT 为"0"时，定时器复位。

TMR 定时器的时间设定以 50ms 为单位，定时范围是 0.05～1638.35ms。如需要定时 4.5s（4500ms），则需要在 D410 及 D411 单元中写入 90，即二进制的 00000000，01011010。

使用 TMRB 定时器的指令编程示例如图 7-25 所示。TMRB 定时器的编号也从 1 开始，该指令使用的是第 3 号定时器。定时时间为十进制数 500（对应时间为 50ms×500＝25s）；R606 为定时器控制数据地址，表示要占用从 R606 开始的三个单元当作该定时器处理的工作区域，不能被其他指令占用。指令控制条件 ACT 是输入信号 R544.0，当 ACT 为"1"时，定时器开始定时，定时时间到后，内部继电器 R544.1 置"1"输出；当 ACT 为"0"时，定时器复位。

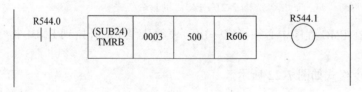

图 7-25　定时器 TMRB 指令编程示例

3. 译码指令 DEC

译码指令 DEC 主要用于 M 或 T 功能的译码，指令编程示例如图 7-26 所示。

指令中 F151 是被译码的信号地址，具体的 F151 内容是来自 NC 的 M 码（两位 BCD 码）存储单元。1011 表示译码规格数据，前两位 10 表示译码目标是 10（判断 F151 的 M 码是不是 M10），后两位 11 表示 F151 的高位和低位 BCD 码都要译码（如只译码 F151 的高 4 位 BCD 码，译码规格数据的后两位取 10；只译码 F151 的低 4 位 BCD 码，后两位取 01）。

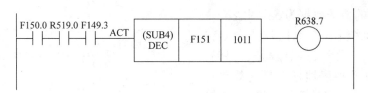

图 7-26　译码指令编程示例

译码结果输出的规则：当 F151 中的 M 码是 M10 时，结果输出到内部继电器置 R638.7 为"1"状态。本例中译码指令执行条件 ACT 为三个信号的串联。

4. 计数器指令 CTR

图 7-27 为计数器指令编程示例。

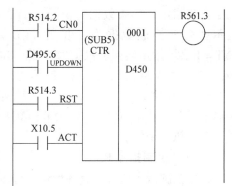

计数器编号从 1 开始，图中 0001 为第 1 号计数器，计数预置值存储于 D450 开始的两个单元中，预置范围为 0 ~ 9999，计数器运行还要接着占用三个单元，因此，从 D450 开始的五个 D 存储单元不能被其他指令使用。

利用计数器指令 CTR 的控制条件可以选择计数器的控制方式。图中控制条件 CN0 被用来明确计数初值：如 CN0 = 0，则计数器从 0 开始计数；如 CN0 = 1，则计数器从 1 开始计数。UPDOWN 被用

图 7-27　计数器指令编程示例

来明确计数向上或向下的方向，如UPDOWN = 0，计数器从预置值开始向上计数；如 UP-DOWN = 1，则向下计数。计数器指令中，ACT 为计数脉冲输入信号，对上升沿计数，计数器计满后从 R561.3 位输出。RST 为复位信号，当 RST = 0 时，计数器运行；当 RST = 1 时，计数器计数值复位至初始值且输出位清零。

5. 符合检查指令 COIN

符合检查指令 COIN 的功能是检查比较数值与参考数值（目标数值）是否一致，一般用于检查刀库或分度定位工作台等旋转体是否到达目标位置。图 7-28 为符合检查指令编程示例。

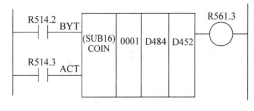

图 7-28　符合检查指令编程示例

本指令没有序号，图中第一个参数指示参考数值（目标数值）的寻址方式，0001 表示参考数值被存放在某个地址中，本例的参考数值被存放在 D484 单元；如果该参考数值不使用具体地址，而直接采用常数指定，则第一个参数 0001 应改成 0000 指示。D452 地址中的内容为被比较数值。R561.3 输出检查结果，当比较数值等于参考数值时，R561.3 的输出变为"1"。该指令有两个控制条件：BYT 用来指定被处理数据的位数，BYT = 0 表示被比较的两个数据为 2 位的 BCD 码，BYT = 1 表示被比较的两个数据为 4 位的 BCD 码；ACT 为译码指令执行条件。

6. 二进制代码转换指令 COD

二进制代码转换指令 COD 用来将 BCD 码转换为 2 位或 4 位的 BCD 数。图 7-29 为二进制代码转换指令编程示例。在该指令输入时，转换表格也要同时输入。

图中第一个参数指示转换数据表的大小，0008 表示数据表容量为 8 个（要转换的数据地址则依次为 0 ~ 7），R524 为当前要转换的参考数据地址，R525 即为转换结果地址。本指

令中设 R524 中的地址数据为 5，对应查表结果应为 00，该结果被存入 R524 单元。输出位 R526.0 仅仅指示转换过程是否出错，如指令执行期间转换表地址出错（如要转换的数据地址超出指定的容量范围），则输出位 R526.0 = 1，编程时，可以依据输出位 R526.0 的状态进行适当的出错处理。

二进制代码转换指令有三个控制条件：BYT 用来指定转换表数据的位数，BYT = 0 表示指定转换表数据为 2 位的 BCD 码，BYT = 1 表示指定转换表数据为 4 位的 BCD 码；RST 为错误输出复位控制信号，当 RST = 0 时复位失效，当 RST = 1 时转换错误输出信号，R526.0 被复位为 0；ACT 为译码指令执行条件。

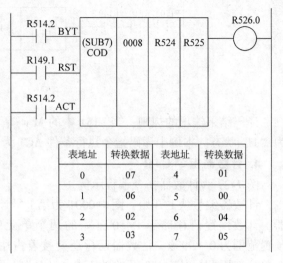

表地址	转换数据	表地址	转换数据
0	07	4	01
1	06	5	00
2	02	6	04
3	03	7	05

图 7-29　二进制代码转换指令编程示例

7. 旋转控制指令 ROT

旋转控制指令适合于有环形位置分度的刀库、回转工作台等旋转定位装置。其功能是：选择正确的（经由最短路径）旋转方向，计算当前位置与目标位置之间的步数或步距数，或者计算当前位置与目标的前一位置的步数或步距数。图 7-30 为旋转控制指令的编程示例。

指令中第一个参数为旋转分度数，0024 表示共有 24 个旋转停留位置。第二个参数为当前位置地址，说明现在的旋转位置被储

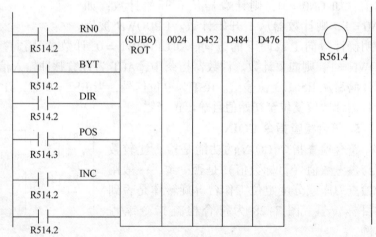

图 7-30　旋转控制指令编程示例

存在 D452 单元中。D484 为目标位置地址，存储将要到达的旋转位置。D476 单元为计算结果输出地址，存储算好的旋转步数。如果指令对最短路径旋转方向的判断为正向旋转（由小编号位置向大编号位置转动），输出位 R561.4 会被置 "1"；而如果指令对最短路径旋转方向的判断为反向旋转，则输出位 R561.4 会被置 "0"。

关于旋转指令的控制条件说明如下：

RN0 指示旋转位置编号从 0 还是从 1 开始，RN0 = 0，说明转动位置编号以 0 开始（24 个位置分别为 0 ~ 23）；RN0 = 1，说明转动位置编号以 1 开始（24 个位置分别为 1 ~ 24）。

BYT 用来确定所处理数据（位置数据）的位数，BYT = 0 表示位置数据为 2 位 BCD 码；BYT = 1 表示位置数据为 4 位 BCD 码。

DIR 决定是否选择最短路径，如 DIR = 0，不选择方向，旋转方向只为正向；如 DIR = 1，则按达到目标位置的最短路径选择旋转方向。

POS 信号被用来确定计算条件，如 POS = 0，指令计算到达目标位置的步数或步距数；如 POS = 1，则计算到达位置的前一位置的步数或步距数。

INC 信号决定计算步数或步距数。INC = 0 时，计算步数（要旋转的位置数）；INC = 1 时，计算步距数（要旋转的位置空隙数）。

ACT = 1 是执行该指令并输出结果的条件。

8. 加法指令 ADD

加法指令 ADD（累加器）的功能是完成 2 位或 4 位 BCD 数据的加法运算。图 7-31 为加法指令的编程示例。

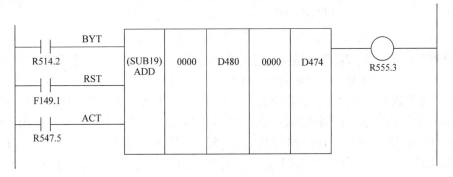

图 7-31　加法指令编程示例

指令中第一个参数为加数的数据格式，0000 表示加数为一个常数（用一个地址指定加数时，第一个参数应为 0001）。第二个参数 D480 指定被加数地址，第三个参数 0000 为加数，第四个参数 D474 用来保存加法运算结果。由于本例中加数是 0，所以做完加法后 D474 中的结果与 D480 中的被加数相同。R555.3 为执行加法指令出错时置"1"的位输出信号。

该指令有三个控制条件：BYT 用来指定被处理数据的位数，BYT = 0 表示相加的两个数据为 2 位的 BCD 码，BYT = 1 表示相加的两个数据为 4 位的 BCD 码；RST 为错误输出复位控制信号，当 RST = 0 时复位失效，当 RST = 1 时加法错误输出信号 R555.3 被复位为 0；ACT 为加法指令的执行条件。

9. 逻辑"与"后传送指令 MOVE

逻辑"与"后传送指令 MOVE 是一条带屏蔽的传送指令，用来传送一个 8 位数据到另一个地址单元，在传输过程中，可以通过与已知数据的"与"运算把不需要的位变为零。图 7-32 为带屏蔽传送指令的编程示例。

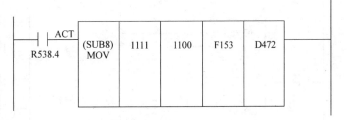

图 7-32　带屏蔽的传送指令编程示例

该指令中第一个参数 1111 是已知数的高四位，第二个参数 1100 是已知数的低四位，F153 是被传送数据，D472 是传送目的地址。该指令的完整功能是将 F153 单元中的数据与已知数 11111100 进行逻辑"与"后传送至 D472 单元。ACT 为指令执行条件。

10. 信息显示指令 DISP

信息显示指令 DISP 的功能是在 CRT 屏幕上显示 PMC 程序所要求的信息，如报警信息。图 7-33 为信息显示指令的编程示例。

227

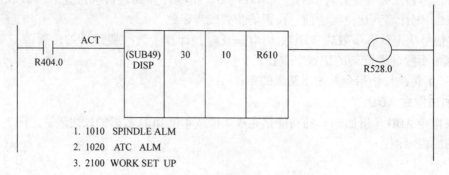

1. 1010 SPINDLE ALM
2. 1020 ATC ALM
3. 2100 WORK SET UP

图 7-33 信息显示指令编程示例

DISP 指令的第一个参数是要显示信息的步数之和（$m \times n$），第二个参数是每条信息的步数（m），第三个参数是信息控制地址。本例指令在 R404.0 = 1 时执行，显示信息共有 30 步，单个信息步数 $m = 10$，信息条数应为 $n = 30/10$ 条 = 3 条，DISP 指令编程时，要求 $0 \leqslant n \leqslant 16$。R610 单元作为信息控制的起始地址，则从该单元以后的 4 个单元只能被用于该指令，不能再被编程使用。ACT 为程序执行信号，R528.0 用来起动显示过程，当 ACT = 1 时，R528.0 也变成"1"电平去启动 CRT 显示，而在显示过程结束时，指令自动置 R528.0 为"0"电平。

DISP 功能指令是一个比较复杂的指令，图 7-33 仅仅给出了三条信息要显示的文字结果，实际输入时，还需要一个详细的要显示信息的数据表，表中定义的数据必须符合 FANUC 数控系统对显示符号的约定。因此，对 DISP 指令编程需查阅更深入的资料。

11. 公用线控制指令 COM、控制结束指令 COME

图 7-34 为公用线控制指令的编程示例。COM 指令的功能是在 ACT 条件为"1"时，关闭其下面程序中指定数目的继电器或关闭其下面指定程序段中的继电器。该程序有两种写法：在图 7-34a 中 COM 指令的第一个参数是要关闭的继电器数目；本例中指定的受控继电

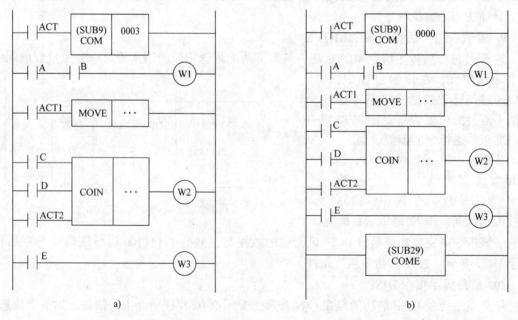

a)   b)

图 7-34 公用线控制指令编程示例

器数目是 3，即 ACT = 1 可以关闭继电器 W1、W2 和 W3，需要注意的是，因为 MOVE 指令中没有继电器，所以 ACT = 1 并不影响 MOVE 指令的执行，MOVE 指令只受 ACT1 的控制而不受 ACT 的控制，如 ACT = 0，继电器 W1、W2 和 W3 继续运行。用该指令编程时，所能指定的受控继电器数目范围是 1 ~ 9999。

COM 指令的第二种写法是不指定具体的受控继电器个数，而指示出受控的程序段。具体做法如图 7-34b 所示。设置 COM 指令中的第一个参数为 0000，但在受控程序段的最后加上公用线控制结束指令 COME。这时程序不必去控制具体的继电器数目，而只要去控制COM 和 COME 之间的继电器，两种编程方法在功能上是一致的。

四、FANUC 数控系统内置 PLC 梯形图编制的一般规则

数控系统内置 PLC 是数控机床电气设计和维修人员必备的技术文件，FANUC 数控系统 PMC开发遵循的是 FANUC 独有的一套编程规范，一台数控设备的 PMC 程序要使用成百上千条语句，因此，从定义 I/O 点、软件编程到维修阅读都需要遵循一些规范化的约定，即一般规则。

1. 关于 I/O 点信号名称的一般规则

在为 FANUC 系列 PMC 设计硬件电路和软件程序时，输入/输出信号及内部继电器等的符号名称定义应以简短、易懂、确切为原则，符号名称长度不超过 8 个字符，且符合一定的规律。如 "B" 表示按钮、"SP" 表示主轴、"CHP" 表示排屑，"CW" 表示正转、"CCW" 表示反转……则 X 轴正向按钮的符号名称为 "X + B"，排屑起动按钮的符号名称为 "CHPONB"，主轴正向起动按钮的符号名称为 "SPCWB"，主轴反向起动按钮的符号名称为 "SPCCW" 等。所有 I/O 点及中间变量的符号名称及注释，要给出详细正确的表格及技术文件。

2. 关于梯形图中使用符号的规则

在 FUNUC 系列 PMC 的梯形图程序中，不同种类的 I/O 触点、中间变量及继电器线圈有不同的编程符号约定，在编程及阅读程序时需要加以区分。FANUC 数控系统内置 PLC 梯形图中的部分符号见表 7-8。

表 7-8　FANUC 数控系统内置 PLC 梯形图中的部分符号

符号	说明
─┤├─	PLC 中的继电器触点
─┤╱├─	
─┤├─	从 NC 侧输入的信号
─┤╱├─	
─┤├─	从机床侧（包括机床控制面板）输入的信号
─┤╱├─	
─○─	触点只用在 PLC 中的继电器线圈
─○─	触点输出到 CNC 侧的继电器线圈
─◎─	触点输出到机床侧的继电器线圈

229

3. FANUC 系统 PMC 程序段实例

图 7-35 给出使用 FANUC 系统控制 VP1050 数控加工中心的一段 PMC 程序实例。

从图中可以看出：PLC 中的继电器触点，如 G、R、D 信号的触点采用普通的常开、常闭触点；从 CNC 侧输入的信号，如 F 信号的触点采用加黑的常开、常闭触点；从机床侧输入的信号 X，则采用空心的常开、常闭触点；触点只用在 PLC 中的继电器线圈和触点输出

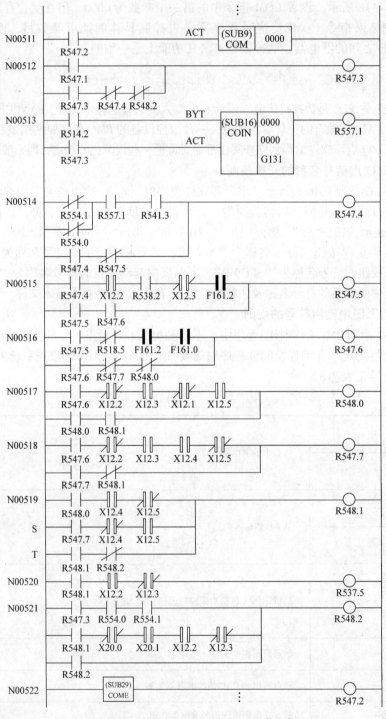

图 7-35 数控加工中心的 PMC 程序实例

到 CNC 侧的线圈，如 R、D、F 线圈采用单圆来表示；而触点输出到机床侧的继电器线圈则采用两个同心圆来表示。

思考题与习题

7-1　指出 CNC 系统主机、交流主轴驱动器、交流伺服驱动器各部分的作用。

7-2　什么是 PMC？数控机床为什么一般不使用独立的 PLC 来控制？

7-3　主轴及伺服驱动单元的能量是由 CNC 提供的吗？

7-4　编码器向 CNC 或伺服驱动单元反馈了哪些脉冲信号？

7-5　三菱伺服系统有哪些连接电缆，连接哪些部件？

7-6　加工中心的 PLC 控制有哪几类输入和输出信号？

7-7　数控系统内置 PLC 开发有哪些步骤？

7-8　试说明 FANUC 数控系统 CNC、PLC、机床强电信号的分类与地址分配。

7-9　FANUC 数控系统的旋转控制功能指令适合于对加工中心什么动作的编程？

7-10　说明 802S 数控系统控制车床时的系统构成及各部分的作用。

7-11　802S 数控系统采用什么编程语言？

第八章

PLC控制系统的设计

可编程控制器由于具有较高的可靠性和方便性，并且其自身的功能一直在随着微机控制技术的发展不断提高和完善，因此，目前的模块化PLC产品几乎可以完成工业控制领域的所有任务。本章将在学习可编程控制器的工作原理、基本结构、编程指令后，结合具体的实际问题进行可编程控制器控制系统的设计。

第一节　PLC 控制系统设计的步骤及内容

前文讲了可编程控制器的软件和硬件相关方面的知识，但是设计一个电气控制系统往往要考虑很多方面的问题，基本上要遵循以下原则。

一、PLC 控制系统设计的基本原则

1）最大限度地满足工艺流程和控制要求。工艺流程的特点和要求是开发 PLC 控制系统的主要依据。设计前，应深入现场进行调查研究，收集资料，明确控制任务。

2）监控参数、精度要求的指标以满足实际需要为准，不宜过多、过高，力求使控制系统简单、经济，使用及维修方便，并可降低系统的复杂性和开发成本。

3）保证控制系统的运行安全、稳定、可靠。正确进行程序调试、充分考虑环境条件、选用可靠性高的 PLC、定期对 PLC 进行维护和检查等都是很重要的。

4）考虑到生产的发展和工艺的改进，在选择 PLC 容量时应适当留有余量。

二、PLC 控制系统设计的基本步骤

所有电气控制系统都是在遵循以上设计原则的基础上实现被控对象（生产设备或生产过程）的工艺要求。不论受控系统的规模大小，一般都要按照图 8-1 所示的步骤来完成设计。

1）首先，根据系统需完成的控制任务对被控对象的工艺过程、工作特点、控制系统的控制过程、控制规律、功能和特性进行详细分析，归纳出工作循环图或状态流程图。根据 PLC 的技术特点，与继电器控制系统和微机控制系统进行比较后加以选择。如果被控系统是工业环境较差，而安全条件、可靠性要求高，输入/输出多为开关量，系统工艺流程复杂，用继电器控制系统难以实现，工艺流程经常变动或控制系统有扩充可能，则用 PLC 进行控制是合适的。

其次，明确其控制要求和设计要求。同时要明确划分控制的各个阶段及各阶段的特点，

阶段之间的转换条件，最后归纳出各执行元件的动作顺序表。PLC 的根本任务就是正确实现这个顺序表。

2）根据控制要求确定所需的用户输入设备（按钮、操作开关、限位开关、传感器等）、输出设备（继电器、接触器、信号灯等执行元器件）以及由输出设备驱动的控制对象（电动机、电磁阀等），确定 PLC 的 I/O 点数。

3）PLC 选型。PLC 是控制系统的核心部件，正确选择 PLC 对于保证整个控制系统能否完成控制要求起着重要的作用。选型一方面是选择多大容量的 PLC，另一方面是选择什么公司的 PLC 和外部设备。

4）进行合理的 PLC 变量规划（I/O 点以及所用到的内部元件定义），绘制电气原理图。这一步是非常重要的。一般讲，如果是开关量，变量规划实际是把 PLC 的 I/O 分给实际的元器件，给实际

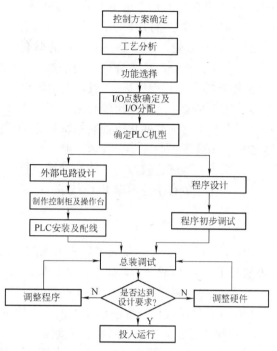

图 8-1　PLC 控制系统设计的一般步骤

的元器件赋予一定的 PLC 地址，其输入/输出点与控制对象的输入/输出信号之间总是一一对应。对于模拟量来说，输入/输出的通路数目与实际电路也是一一对应的。

传统的电气图一般包括电气原理图、电器布置图及电气安装接线图。在 PLC 控制系统中，这一部分图可以统称为"硬件电路图"。它在传统电器图的基础上增加了 PLC 部分，因此在电气原理图中应增加 PLC 的相关原理及接线图。另一部分为"软件程序"，即梯形图。

5）控制程序设计。包括设计控制系统流程图、梯形图。PLC 是按程序进行控制的，没有程序，PLC 就没法正常工作。因此，控制程序的设计必须经过反复测试、修改，直到满足要求为止。

6）控制柜的设计和现场施工。在进行控制程序设计的同时，可同时进行硬件配备工作，主要包括强电设备的安装、控制柜的设计与制作、可编程控制器的安装、输入/输出的连接等。在设计继电器控制系统时，必须在控制电路设计完成后，才能进行控制柜（台）设计和现场施工。而采用 PLC 控制系统，只要做好了 I/O 点规划，就可以使软件设计与硬件配备工作分别平行进行，缩短工程周期。如果需要，尚需设计操作台、电控柜、模拟显示盘和非标准电器元件。

7）试运行、验收、交付使用，并编制控制系统的技术文件。控制系统的技术文件包括设计说明书、使用说明书、电气图（含软硬件两部分）、电器元件明细表等。

三、选用 PLC 控制系统的依据

随着 PLC 技术的不断发展，PLC 功能的不断提高和完善，PLC 的应用领域越来越广，当今的电气工程技术人员在设计电气控制系统时会首先考虑选用 PLC 控制。在传统的继电器-接触器控制系统、PLC 控制系统和微机控制系统这三种控制方式中，究竟选取哪一种更合适？这需要从技术上的适用性、经济上的合理性进行各方面的比较论证。这里提供以下几

点依据，以供在考虑是否选用 PLC 控制时参考。

1）输入、输出量以开关量为主，也可有少量模拟量。

2）I/O 点数较多。这是一个相对的概念。在 20 世纪 70 年代，人们普遍认为 I/O 点数应在 70 点以上选用 PLC 才合算；到了 20 世纪 80 年代，降为 40 点左右；现在，随着 PLC 性价比的不断提高，总点数达 10 点以上就可以考虑选用 PLC 了。

3）控制对象工艺流程比较复杂，逻辑设计部分用继电器控制难度较大。

4）有较大的工艺变化或控制系统扩充的可能性。

5）现场处于工业环境，要求控制系统具有较高的工作可靠性。

6）系统的调试比较方便，能在现场进行。

7）现场人员有条件掌握 PLC 技术。

四、PLC 的选型

PLC 的选型基本原则是满足控制系统的功能需要，同时兼顾维修和备件供应的便利性。前面讲过 PLC 的选型一个方面是选择容量，另一方面是选择什么公司的产品。

1. 可编程控制器控制系统 I/O 点数的估算

I/O 点数是衡量可编程控制器规模大小的重要指标。根据被控对象的输入信号与输出信号的总点数选择相应规模的可编程控制器，并留有 10% ~ 15% 的 I/O 点裕量。估算出被控对象的 I/O 点数后，就可选择点数相当的可编程控制器。对于开关量控制的系统，当控制速度要求不高时，一般的小型 PLC 都可以满足要求。如果控制系统较大，输入/输出点数较多，被控制设备分散，就可选用大、中型可编程控制器。

2. 内存估计

用户程序所需内存容量要受到下面几个因素的影响：开关量输入/输出点数、模拟量输入/输出点数、控制要求、运算处理量及程序结构等。这里重点介绍开关量输入/输出点数、模拟量输入/输出点数和程序结构。

（1）开关量输入/输出点数　可编程控制器开关量输入/输出总点数是计算所需内存容量的重要根据。一般系统中，开关量输入和开关量输出的比为 6∶4。这方面的经验公式是根据开关量输入/输出的总点数给出的。

开关量输入——所需存储器字数 = 输入点数 × 10

开关量输出——所需存储器字数 = 输出点数 × 8

（2）模拟量输入/输出点数　具有模拟量控制的系统就要用到数字传送和运算的功能指令，这些功能指令内存利用率较低，因此所占内存数要增加。

在只有模拟量输入的系统中，一般要对模拟量进行读入、数字滤波、传送和比较运算。在模拟量输入/输出同时存在的情况下，就要进行较复杂的运算，一般是闭环控制，内存要比只有模拟量输入的情况需求量大。在模拟量处理中，常常把模拟量读入、滤波及模拟量输出编成子程序使用，这使得所占内存大大减少，特别是在模拟量路数比较多时，每一路模拟量所需的内存会明显减少。

$$模拟量所需存储器字数 = 模拟量通道数 × 100$$

这些经验公式的算法是在 10 点模拟量左右，当点数小于 10 时，内存字数要适当加大，点数多时，可适当减小。

（3）程序结构　用户编写的程序的结构对程序长短和运行时间都有较大影响。对于同样系统不同用户编写程序可能会使程序长度和执行时间差距很大。一般来说，对初学编程人员应为内存多留一些裕量，而有经验的编程者可少留一些裕量。

综上所述，推荐下面的经验计算公式：

总存储器字数 = （开关量输入点数 + 开关量输出点数）× 10 + 模拟量点数 × 150。

然后按计算存储器字数的25%考虑裕量。可以看出，PLC的输入/输出点数与内存容量基本配套，点数越多，容量越大。所以，一般情况下，选择好点数就可以了。

3. 响应时间

PLC工作时，从输入信号到输出控制存在着滞后现象，即输入量的变化一般要在 1 ~ 2 个扫描周期之后才能反映到输出端，这对于一般的工业控制是允许的。但有些过程控制系统的实时要求较高，不允许有较大的滞后时间，一般采用以下几种途径。

1）选择CPU处理速度快的PLC。

2）优化应用软件，缩短扫描周期。

3）采用高速响应模块，其响应时间不受PLC扫描周期的影响，而只取决于硬件的延时。

系统响应时间是指输入信号产生时刻与由此而使输出信号状态发生变化时刻的时间间隔。

$$系统响应时间 = 输入滤波时间 + 输出滤波时间 + 扫描周期$$

4. 性价比

在功能方面，所有PLC一般都具有常规的功能，但对于某些特殊要求，就要知道所选用的PLC是否能完成控制任务。如被控对象是开关量和模拟量共有，就要选择有相应功能的可编程控制器。模块式结构的产品构成系统灵活，易于扩展，但造价高，适于大型复杂的工业现场；或对PLC与PLC、PLC与智能仪表及上位机之间有灵活方便的通信要求；或对PLC的位置控制有特殊要求等。这就要求用户对市场上流行的PLC品种有一个详细的了解，以便做出更正确的选择。

在价格方面，不同厂家的PLC产品价格差异不大，有些功能类似、质量相当、I/O点数相当的PLC价格相差40%以上。因此，在选择机型时，这些因素需要综合考虑。当然还存在个人喜好问题等可能影响选择的原因。

5. 结构型式

PLC的结构分为整体式和模块式两种。整体式结构把PLC的I/O和CPU放在一块大印制电路板上，减少了插接件连接，结构紧凑，体积小，每一I/O点的平均价格也比模块式的便宜，所以小型PLC控制系统多采用整体式结构。模块式PLC的功能扩展，I/O点数的增减，输入与输出点数的比例，都比整体式方便灵活，维修时更换模块，判断与处理故障快速方便。因此，对于较复杂的要求较高的系统，一般选用模块式结构。

PLC的主机选择以后，则相应的配套模块就可以根据控制系统的需要在主机对应的模块系列中选择，如通信模块、模拟量单元、显示输出单元等。

五、系统调试

系统调试分模拟调试和联机调试。

硬件部分的模拟调试可在断开主电路的情况下进行，主要试一试手动控制部分的可靠性。

软件部分的模拟调试可借助于模拟开关和PLC输出端的指示灯进行。需要模拟量信号I/O时，可用电位器和万用表实现。调试时，可利用上述外部设备模拟各种现场开关和传感器的状态，然后观察 PLC 的输出逻辑是否正确。如果有错误则修改程序后反复调试。现在 PLC 的主流产品都可在 PC 上编程，并可在 PC 上进行模拟调试。

联机调试时，可把编制好的程序下载到现场的 PLC 中。有时 PLC 也许只有一台，这时就要把 PLC 安装到控制柜相应的位置上。调试时一定要先将主电路断开，只对控制电路进行联机调试。通过现场联机调试信号的接入常常会发现软硬件中的问题，有时厂家还要对某些控制功能进行改造，反复调试后，控制系统才能交付使用。

第二节　PLC 的编程要求和编程方法

PLC 程序应最大限度地满足系统控制功能的要求，在构思程序主体的框架后，要以它为主线，逐一编写实现各控制功能或各子任务的程序，经过不断地调整和完善，使程序能完成预定的功能。

一、编程要求

1. 所编程序要合乎所使用 PLC 的有关规定

主要是对指令要准确理解，正确使用。各种类型 PLC 的指令系统多有类似之处，但还有些差异。对于有 PLC 使用经验的人，当选用另一种不太熟悉的型号进行编程设计时，一定要对新型号 PLC 的指令重新理解一遍，否则容易出错。

2. 所编的程序尽可能简洁

编写的程序应尽可能简练，减少程序的语句，一般可以减少程序扫描时间、提高 PLC 对输入信号的响应速度。当然，如果过多地使用那些执行时间较长的指令，有时虽然程序的语句较少，但是其执行时间也不一定短。同时，简短的程序可以节省内存，简化调试。

要使所编的程序简洁，就要注意编程方法，并且存在一个编程技巧的问题。要用好指令，用巧指令，还要优化结构。要实现某种功能，一般而言，在达到的目的相同时，用功能强的指令比用功能单一的指令程序步数可能会少些。

3. 程序的可读性要好

这样既便于程序的调试、修改或补充，也便于别人了解和读懂程序。另外，为了有利于交流，也要求程序有一定的可读性。

4. 所编程序合乎 PLC 的性能指标及工作要求

所编程序的指令条数要少于所选用的 PLC 内存的容量，即程序在 PLC 中能放得下，所用的输入/输出点数要在所选用 PLC 的 I/O 点数范围之内，PLC 的扫描时间要少于所选用 PLC 的程序运行监测时间。PLC 的扫描时间不仅包括运行用户程序所需的时间，而且包括运行系统程序（如 I/O 处理、自监测）所需的时间。

5. 所编程序的可靠性好、能够循环运行

好的应用程序，应可以保证系统在正常和非正常（短时掉电再复电、某些被控量超标、某个环节有故障等）工作条件下都能安全可靠地运行，也要保证在出现非法操作（如按动或误触动了不该动作的按钮等）情况下不至于出现系统控制失误。

PLC 的工作特点是循环反复、不间断地运行同一程序。运行从初始化后的状态开始，待控制对象完成了工作循环，则又返回初始化状态。尤其在应用跳转、调用、主控等带有条件转移的应用程序时，要保证控制对象在新的工作周期中按照预期的路线完成转移切换，保证整个程序循环运行，避免陷入死循环。当然，合理的程序结构依赖于在实践中不断积累工程经验。

二、编程方法

常用的 PLC 编程方法有经验法、解析法和图解法。

1. 经验法

运用已掌握的成功设计经验，结合实际情况，选择与实际情况类似的自己的或别人的成功的例子，并进行修改，增删部分功能或运用其中部分程序，直至满足新的设计任务要求。

2. 解析法

可利用组合逻辑或时序逻辑的理论，并运用相应的解析方法，对其进行逻辑关系的求解，然后再根据求解的结果，画成梯形图或直接写出程序。解析法比较严密，可以运用一定的标准，使程序优化，可避免编程的盲目性，是较为有效的方法。

以上两种设计方法与常规电气控制系统的设计方法是类似的，这里不再赘述。

3. 图解法

图解法是靠画图进行设计。常用的方法有梯形图法、波形图法及流程法。梯形图法是基本方法，无论是经验法还是解析法，只要用梯形图语句编写程序，就要用到梯形图法。

波形图法适合于时序控制电路，将对应信号的波形画出后，再依时间逻辑关系去组合成逻辑式，或直接利用梯形图的联锁实现顺序控制，复杂的时序动作图形化，既方便电路设计，又使得编出的程序不易出错。工程技术人员常借助于从波形图到梯形图的设计方法。

流程法是用框图表示 PLC 程序执行过程及输入条件与输出关系，在步进控制情况下，用它设计也是非常方便的。

下面结合一些实际的工程例子说明 PLC 控制系统的设计方法。

第三节　PLC 控制的五层电梯自动控制系统

电梯已经成为高层建筑中不可缺少的垂直交通工具。电梯可分为直升电梯和手扶电梯，而直升电梯按其用途的不同又可分为客梯、货梯、客货梯及消防梯等。电梯的控制方式可分为层间控制、简易自动、集选控制、有无司机控制及群控等。对于大厦电梯，通常选用群控方式。

一、电梯的基本结构

1. 主体构成

一部电梯主要由轿厢、对重、曳引机、控制柜/箱及导轨等主要部件组成。

电梯的机房常设在建筑物的顶楼，机房内设有电梯的控制柜、曳引机及防止电动机超速运行的保护装置——限速器。机房曳引机主要由曳引电动机、减速机、曳引轮和电磁抱闸组成。

电梯轿厢和对重通过钢丝绳悬挂在曳引轮（有时还有一个导向轮，以便拉开二者的距离）的两侧，靠曳引轮与钢丝绳之间的摩擦力带动轿厢运动。

轿厢内门的一侧装有一个操纵盘，盘上设有选层按钮及相应的指示灯，还有开、关门按钮、急停按钮、有无司机开关及各种显示电梯运行状态的指示灯。显示轿厢所在楼层的数码管通常装在操纵盘的上方，有时设在门的上方。轿厢底部或上部吊挂处装有称重装置（低档电梯无称重装置），称重装置将轿厢的负载情况通报给控制系统，以便确定最佳控制规律。轿厢门的上方装有开门机，开门机由一台小电动机驱动来实现开关门动作，在门开启到不同位置时，压动行程开关，发出位置信号用以控制开门机减速或停止。在门上或门框上装有机械的或电子的门探测器，当门探测器发现门区有障碍时便发出信号给控制部分停止关门、重新开门，待障碍消除后，方可关门，从而防止关门时电梯夹人、夹物。轿厢顶部设一个接线盒，供检修人员在检修时操纵电梯用。机房曳引机的下方是贯穿于建筑物通体高度的方形竖直井道，井道侧壁上安装有竖直的导轨，作为引导轿厢、对重运动的导向装置，在发生轿厢超速或坠落时，限速器会自动将安全钳的楔形钳块插入导轨和导靴之间，将轿厢制停在导轨上，防止恶性事故的发生。井道的底部平面低于建筑物最底层的地面，在底坑对应轿厢和对重重心的投影点处分别安装有缓冲器，以便在轿厢蹲底或冲顶时（此时对重落到最低点）减缓冲击用。底坑中还设有限速器钢丝绳的张紧轮装置。在井道上下两端的侧壁上装有极限位置的强迫减速、停车及断电的行程开关，以防止蹲底、冲顶事故的发生。井道侧壁对应各楼层的相应位置装有减速、平层的遮磁板（或磁铁等），以便发送减速、停车信号。有的电梯在井道中还设有各楼层编码开关的磁块（或磁铁），用作楼层指示信号。

在井道对应各楼层候梯厅一侧开有厅门，厅门平时是关闭的，只有当轿厢停稳在该层时，厅门被轿门的连动机构带动一起打开或关闭。在各层厅门的一侧面装有呼梯按钮和楼层显示装置，呼梯按钮通常有上行呼梯、下行呼梯各一个（最底层只有上行呼梯按钮，最高层只有下行呼梯按钮），按钮内（有时在按钮旁）装有呼梯响应指示灯，该灯亮表示呼梯信号被控制系统登记。楼层显示装置有时也设在厅门上方。

2. 电梯的电力拖动部分

电梯主拖动类型有直流电动机拖动、交流电动机拖动、直流 G–M（即发电机-电动机组供电）拖动、晶闸管供电（SCR–M）的直流拖动、交流双速电动机拖动、交流调压调速（ACVV）拖动及交流变频调速（VVVF）等。因直流电梯的拖动电动机有电刷和换向器，维护量较大、可靠性低，现已被交流调速电梯所取代。为了得到较好的舒适感，要求曳引电动机在选定的调速方式下，电动机的输出转矩总能达到负载转矩的要求，考虑到电压的波动、导轨不够平直造成的运动阻力增大等因素，电动机转矩还应有一定的裕度。

3. 电梯的电气控制部分

电梯的电气控制部分主要有继电器控制和计算机控制两种方式。采用继电器控制系统的电梯故障率较高，大大降低了电梯运行的可靠性和安全性，所以基本上已经被淘汰。由于计算机种类很多，根据计算机控制系统的组成方法及运行方式的不同，计算机控制可分为 PLC控制与微机控制两种方式。其中，PLC 以其体积小、功能强、故障率低、寿命长、噪声低、能耗小、维护保养简便、修改逻辑灵活、程序容易编制及易联成控制网络等诸多优点得到了广泛的应用。

二、五层电梯的逻辑设计

主体设计：图 8-2 为五层电梯的简化模型和控制柜示意图。本例中着重电梯的升降逻辑，不调节主电动机升降速度。

输入、输出点的分配见表 8-1。

程序中使用的内部继电器说明见表 8-2。

编程时，可用手持式编程器或计算机软件编程，通过编程口传输至 PLC 程序存储区，可进行独立控制和远程控制。

五层电梯的逻辑程序如图 8-3 所示。

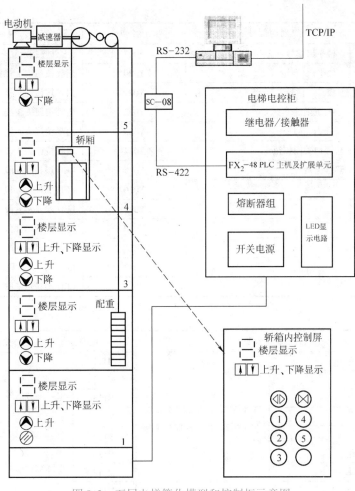

图 8-2　五层电梯简化模型和控制柜示意图

表 8-1　输入、输出点的分配

输入点	对应信号	输出点	对应信号
X001	外呼按钮 1 ↑	Y000	KM1 电动机正转
X002	外呼按钮 2 ↑	Y001	—
X003	外呼按钮 2 ↓	Y002	KM2 电动机反转
X004	外呼按钮 3 ↑	Y003	KV 线圈及故障
X005	外呼按钮 3 ↓	Y004	上行指示
X006	外呼按钮 4 ↑	Y005	下行指示
X007	外呼按钮 4 ↓	Y006	开门指示
X010	外呼按钮 5 ↓	Y007	关门指示
X011	内呼按钮去 1 楼	Y010	1 ↑ 外呼指示
X012	内呼按钮去 2 楼	Y011	2 ↑ 外呼指示
X013	内呼按钮去 3 楼	Y012	2 ↓ 外呼指示
X014	内呼按钮去 4 楼	Y013	3 ↑ 外呼指示
X015	内呼按钮去 5 楼	Y014	3 ↓ 外呼指示
X016	1 楼平层信号	Y015	4 ↑ 外呼指示
X017	2 楼平层信号	Y016	4 ↓ 外呼指示

（续）

输入点	对应信号	输出点	对应信号
X020	3 楼平层信号	Y017	5↓外呼指示
X021	4 楼平层信号	Y020	内呼按钮去 1 楼指示
X022	5 楼平层信号	Y021	内呼按钮去 2 楼指示
X023	上、下限位	Y022	内呼按钮去 3 楼指示
X024	轿厢内开门按钮	Y023	内呼按钮去 4 楼指示
X025	轿厢内关门按钮	Y024	内呼按钮去 5 楼指示
X026	热继电器	Y025	LED 层显示 a 段
X027		Y026	LED 层显示 b 段
		Y027	LED 层显示 c 段
		Y030	LED 层显示 d 段
		Y031	LED 层显示 e 段
		Y032	LED 层显示 f 段
		Y033	LED 层显示 g 段

表 8-2　内部继电器说明

内部继电器	变量说明		内部继电器	变量说明
M101	1 楼上升		M111	
M102	2 楼上升		M112	
M103	2 楼下降		M113	上升综合信号
M104	3 楼上升	外呼按钮用，用于记忆	M114	
M105	3 楼下降	外呼按钮呼梯信号，平层	M115	
M106	4 楼上升	解除	M116	
M107	4 楼下降		M117	下降综合信号
M108	5 楼下降		M118	
M501	1 楼平层		M119	上升记忆信号
M502	2 楼平层	平层用，用于记忆平层	M120	下降记忆信号
M503	3 楼平层	信号，被其他平层信号	M226	1 层有效开门信号
M504	4 楼平层	解除	M227	2 层有效开门信号
M505	5 楼平层		M228	3 层有效开门信号
M201	内呼去 1 楼		M229	4 层有效开门信号
M202	内呼去 2 楼		M230	5 层有效开门信号
M203	内呼去 3 楼	用于要去的楼层，平层	M240	已正常开关门记忆信号
M204	内呼去 4 楼	时解除	M241	1 层手动开门
M205	内呼去 5 楼		M242	2 层手动开门
M211	1 楼上升		M243	3 层手动开门
M212	2 楼上升		M244	4 层手动开门
M213	2 楼下降		M245	5 层手动开门
M214	3 楼上升		M246	各层手动开门信号综合
M215	3 楼下降	开关门有效外呼	T0	开门时间
M216	4 楼上升		T1	关门时间
M217	4 楼下降		T3	运行后不在平层的时间
M218	5 楼下降		T4	无人乘坐回基站的时间

（续）

内部继电器	变量说明		内部继电器	变量说明
M221	内呼去 1 楼			
M222	内呼去 2 楼			
M223	内呼去 3 楼	开关门有效内呼		
M224	内呼去 4 楼			
M225	内呼去 5 楼			

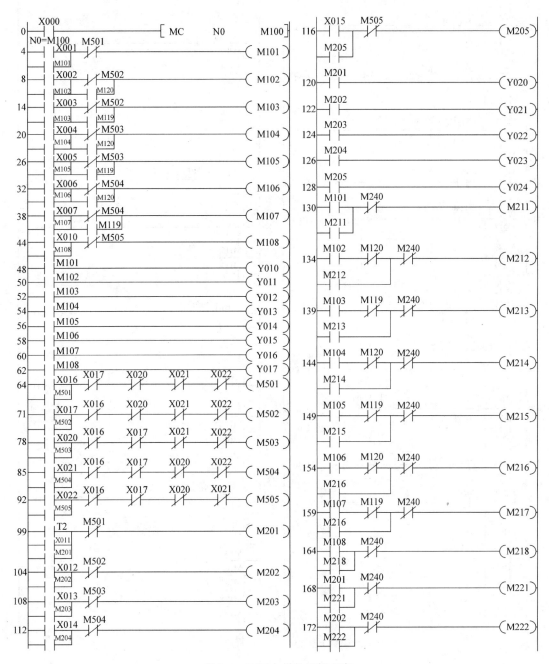

图 8-3　五层电梯的逻辑程序

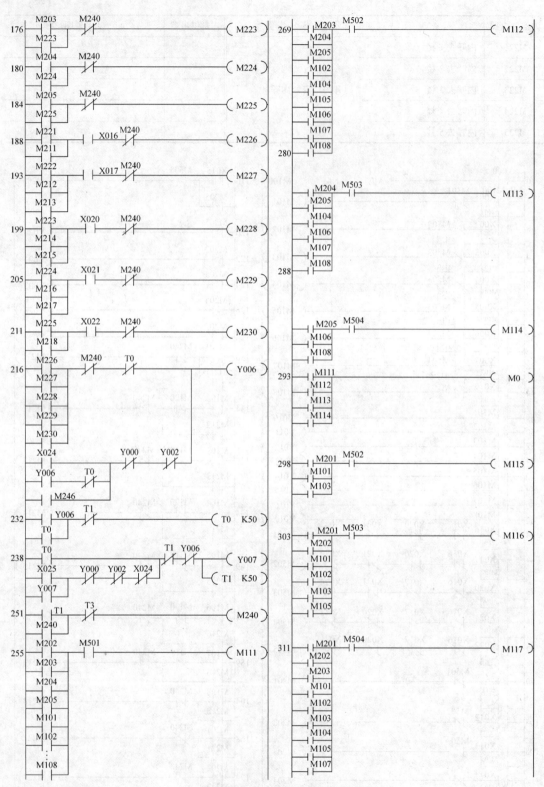

图 8-3 五层电梯的逻辑程序（续）

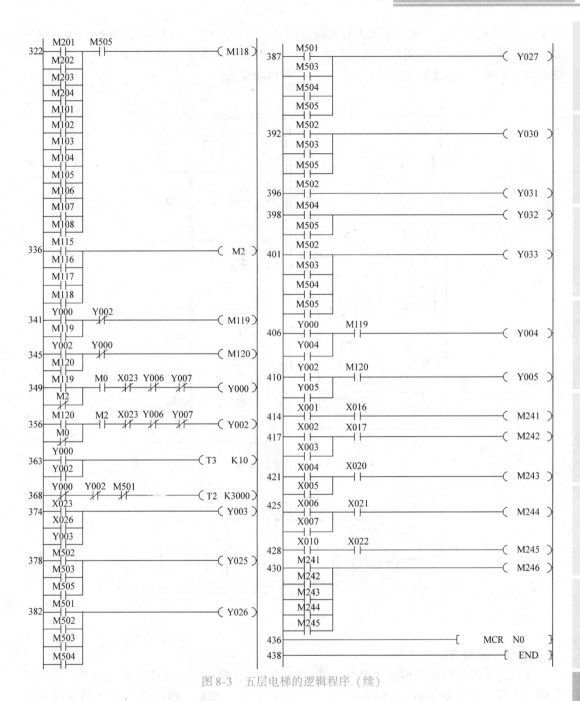

图 8-3　五层电梯的逻辑程序（续）

第四节　PLC 控制的恒压变频供水系统及组态软件的应用

一、PLC 控制的恒压变频供水系统

1. 楼层及供水系统模型

恒压变频供水系统的结构如图 8-4 所示。供水系统分两路：一路是为变频器调速系统提供的生活用水；一路为消防用水。楼底层放置水源水箱（实际生活中水源水箱可放在地下

第 一 章　第 二 章　第 三 章　第 四 章　第 五 章　第 六 章　第 七 章　第 八 章　附 录

室中），顶部放置消防水箱。水箱内有水位监测仪，当高位水箱（或水源蓄水池）液面高于溢流水位时，自动报警；当液面低于最低报警水位时，自动报警。当发生火灾时，消防泵自动起动，如果蓄水池液面达到最高设定水位，将自动停止。

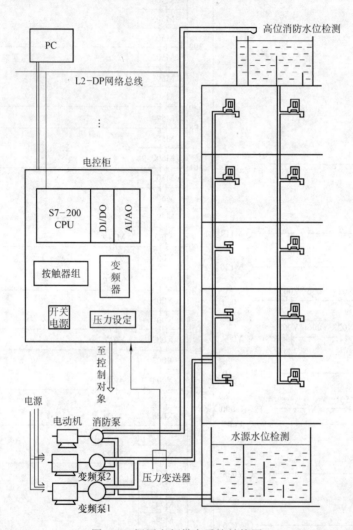

图8-4　恒压变频供水系统结构图

2. PLC 控制方案

该设计采用高性能、模块化结构、带模拟量通道且具备网络功能的西门子 S7 - 215 可编程控制器，配合变频器（VVVF），完成无塔供水自动控制。PLC 控制系统的 I/O 分配见表 8-3。

恒压供水系统采用西门子 S7 - 215 微型 PLC 主机，输入点采用 24V 直流电源，输出点采用 AC 输出型，由 110V 交流电源供电，扩展了一个数字单元（DI/DO）EM233 和一个模拟单元（AI/AO）EM225。图 8-5 为 PLC 的 I/O 接线示意图。

闭环控制系统的 PID 运算由模拟量扩展模块 EM225 来完成。调节接入输入点 A + 、A - 的电位器可以设置压力给定值（SP_n），实际供水管网的压力过程变量（PV_n）由接入 B + 、B - 的压力变送器采入，CPU 定时采样给定值与过程变量反馈数据，经过模数（A - D）转

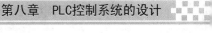

表 8-3　恒压供水系统的 I/O 分配

输入点	对应信号	输出点	对应信号
I0.0	变频器起动按钮	Q0.0	变频器运行接触器
I0.1	消防泵停止按钮	Q0.1	消防泵运行接触器
I0.2	变频器停止按钮	Q0.2	故障指示
I0.3	自动/手动开关	Q0.3	变频系统停止指示灯
I0.4	生活泵 1 选择开关	Q0.4	消防泵运行指示灯
I0.5	生活泵 2 选择开关	Q0.5	消防泵起动指示灯
I0.7	消防报警开关	Q0.6	消防泵停止指示灯
I1.0	水源水位 1	Q0.7	变频泵 1 运行指示灯
I1.1	水源水位 2	Q1.0	变频泵 2 运行指示灯
I1.2	水源水位 3	Q1.1	变频系统运行指示灯
I1.3	水源水位 4	Q1.2	水源电磁阀
I1.4	水源水位 5	Q1.3	排污电磁阀
I2.0	消防水箱水位 1	Q1.4	—
I2.1	消防水箱水位 2	Q1.5	—
I2.2	消防水箱水位 3	Q1.6	—
I2.3	消防水箱水位 4	AIW0	给定模拟输入量
I2.4	消防水箱水位 5	AIW1	变送器的反馈模拟输入量
I2.5	生活泵 1 的过载保护	AQW0	运算后的模拟输出量
I2.6	生活泵 2 的过载保护		
I2.7	消防泵起动按钮		

换，传入 PLC 作为采样数据，并通过执行 PID 指令，进行比例 (P)、积分 (I)、微分 (D) 调节运算后，将 PID 运算结果经过数模 (D－A) 转换，输出 (0～10V) 模拟电压至 V_0 点，该模拟量经滤波后接入变频器，作为频率控制信号，变频器根据模拟控制电压的高低改变其输出电压和频率，实现水泵电动机的无级调速。如供水管网的压力降低，则通过 PID 调节自动提高水泵电动机的转速，促使供水管网压力上升，当供水管网的实际压力与设定值相等时，则维持水泵速度不变，自动达到连续控制流量、恒压供水的目的。

3. PLC 控制程序

S7－200PLC 的梯形图程序可在 Step7 FOR WIN 系统软件上完成，然后，通过 PC/PPI 电缆线将程序传入 PLC 的存储区内。图 8-6 为恒压变频供水系统的 PLC 梯形图程序。

二、组态软件简介

随着对自动化的要求越来越高，以及大量控制设备和过程监控装置之间的通信需要，"监控和数据采集系统"越来越受到用户的重视。"组态王"即组态王开发监控系统软件，

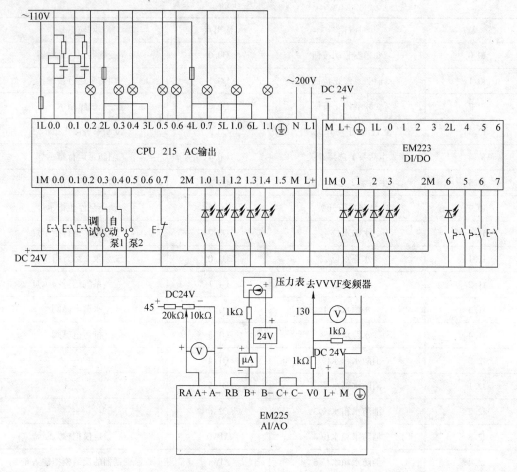

图 8-5　PLC 的 I/O 接线示意图

是新型的工业自动控制系统，它以标准的工业计算机软硬件平台构成的集成系统取代传统的封闭式系统。使用"组态王"，用户可以方便地构造适应自己需要的"数据采集系统"，在任何需要的时候把设备的运行现场的信息实时地传送到控制室，使现场操作人员和工厂管理人员都可以看到所需要的各种数据。管理人员不需要深入生产现场，就可以获得实时和历史数据，优化控制现场作业，提高生产率和产品质量。

1. "组态王"软件的组成

"组态王"软件包由工程管理器、工程浏览器（TouchExplorer）、画面运行系统（Touch-View）和信息窗口四部分组成。其中，工程管理器用于新建工程、工程管理等。工程浏览器（内嵌画面开发系统）和画面运行系统是各自独立的 Windows 应用程序，均可单独使用，两者又相互依存，在工程浏览器的画面开发系统中设计开发的画面应用程序必须在画面运行系统（TouchView）运行环境中才能运行。

2. 组态王的数据采集工作原理

组态王与现场的智能 I/O 设备（如 PLC）可直接进行通信，如图 8-7 所示。

I/O 设备的输入提供现场的信息，如产品的位置、机器的转速及炉温等。I/O 设备的输出通常用于对现场的控制，如起动电动机、改变转速、控制阀门和指示灯等。有些 I/O 设备（如 PLC），其本身的程序完成对现场的控制，程序根据输入决定各输出的值。输入/输出的

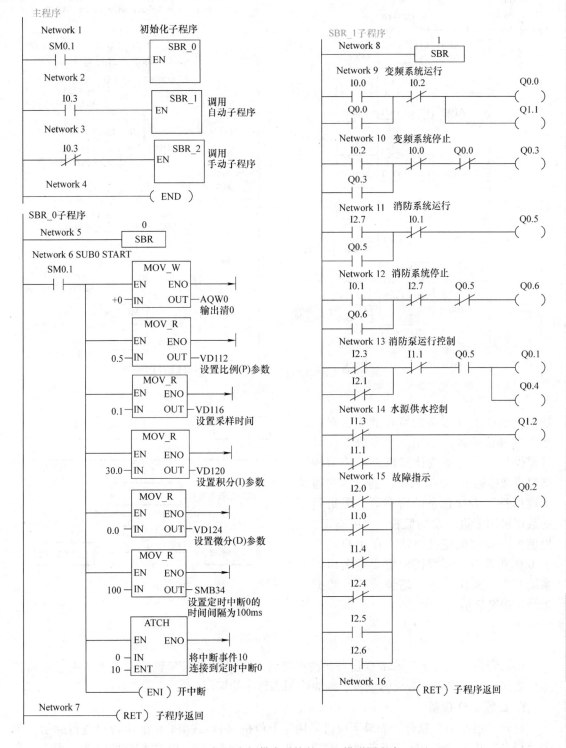

图 8-6　恒压变频供水系统的 PLC 梯形图程序

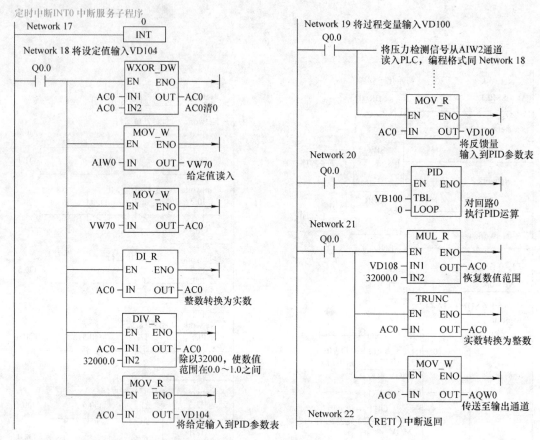

图 8-6 恒压变频供水系统的 PLC 梯形图程序（续）

数值存放在 I/O 设备的寄存器中，寄存器通过其地址进行引用。大多数 I/O 设备提供与其他设备或计算机进行通信的端口或数据通道。"组态王"通过这些通信通道读写 I/O 设备的寄存器，采集到的数据可用于进一步的监控。"组态王"提供了一种数据定义方法，在用户定义了 I/O 变量后，可直接使用变量名用于系统控制、操作显示、趋势分析、数据记录和报警显示。

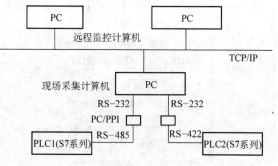

图 8-7 工业现场机电设备监控系统结构框图

三、利用"组态王"软件对供水系统进行监控

正确安装"组态王"和 I/O 设备驱动程序后，在"组态王"软件对供水系统进行监控运行之前，必须先进行必要的设置、画面绘制和程序的编写。

1. 设置 I/O 设备

打开"组态王"软件，如果下位机采用与上位机（PC 或 IPC）的串行口进行通信，单击"设备"中的"COM1"或者"COM2"，然后单击"新建"，选中相应的设备，指定设备的地址。同样，可以设置另外的设备，如图 8-8 所示。

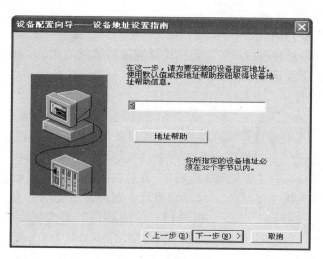

图8-8　设备配置

2. 设置数据词典

在使用"组态王"软件时,所用的变量(包括内部变量和I/O变量)都必须在数据词典中定义,设置相应的内存变量和I/O变量,内存变量不与下位机相联系,仅仅通过I/O变量与下位机相联系,如图8-9所示。

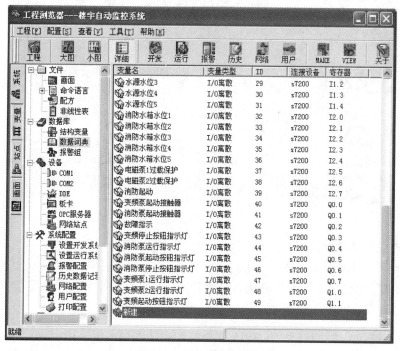

图8-9　设置数据词典

值得说明的一点是:在进行PLC监控时,为了和组态王的变量联系起来,不同的下位机(不同的PLC)在设置I/O变量时应有一定的区别。下位机如果为西门子的S7 – 200系列,PLC的输入、输出点的状态应通过PLC的V变量进行转换。

3. 网络设置

"组态王"可以选择单机或网络监控，在相应的网络设置窗口设置的是单机或网络，如果采用网络控制，必须进行网络设置，包括设置连接的远程站点、本机节点名、URL路径、协议类型和服务器的配置设定等网络参数。

4. 监控画面的绘制

利用"组态王"的画面开发软件，可以很容易地绘制出漂亮的画面，供水系统的监控画面如图8-10所示。若使画面能监视并控制现场设备的运行状态，在绘制画面时要进行动画连接。现举例说明：如要监视供水系统的电动机是否工作于起动状态，可在"组态王"软件中设置一I/O变量——"变频泵1起动"，在监控画面上做一填充块，当"变频泵1起动"变量为0时，填充块呈现红色，当"变频泵1起动"变量为1时，填充块呈现绿色，此I/O变量"变频泵1起动"与下位机的PLC中的某一个V变量相联系（如V100），在PLC的梯形图程序中，当控制变频器起动的PLC输出点Q0.0为ON时，可以通过梯形图编程，使V100为1。同理，当控制变频器起动的PLC输出点Q0.0为OFF时，可以通过梯形图编程，使V100为0，从而使"组态王"的监控画面与下位机PLC建立动画联系。同样，可以利用"组态王"的实时曲线功能绘制出监控管网压力的动态曲线画面，如图8-11所示。

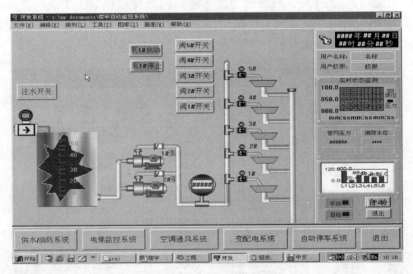

图8-10　供水系统控制画面

5. "组态王"的软件编制

要使所绘制的画面以动画的方式进行实时监控，在运行前还必须进行必要的运行程序的编制。"组态王"的程序是采用类C语言的编程方式，使用户编程变得非常容易。下面是供水系统的部分程序片段：

```
\\ 本站点 \ 生活水箱水位 = \\ 本站点 \ 生活水箱水位 + 10；
if (\\\\ 本站点 \ 变频泵起停指示 = =1)
{\\ 本站点 \ 生活水箱水位 = \\ 本站点 \ 生活水箱水位 – 10；
\\ 本站点 \ 管网水位 = \\ 本站点 \ 管网水位 + 10；}
if (\\ 本站点 \ 变频泵起停指示 = =0)
\\ 本站点 \ 管网水位 = \\ 本站点 \ 管网水位 – 10；
```

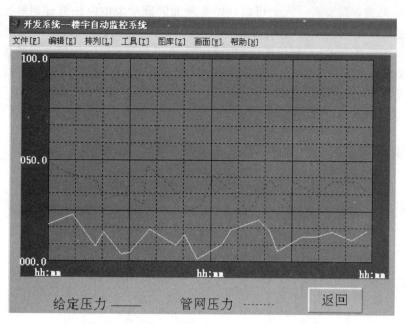

图 8-11 动态曲线监控画面

进行了必需的软件编制之后，就可以起动"组态王"的运行系统了，选中相应的画面，所绘制的画面就可以动态地实时监控供水系统了。

以上操作可以通过"组态王"的在线帮助得到解答，更为详细的说明请参考相关的参考书籍或软件使用说明书。

第五节　触摸屏在半自动内圆磨床 PLC 控制系统中的应用

一、触摸屏人机界面的用途和接线

触摸屏是工业级人机界面的通常称呼，触摸屏产品配备有大型 LCD 显示屏及触控面板，具有工业级防水防尘设计，可适用于各种恶劣环境。在各种系列的 PLC 控制系统设计中，当用户需要多个输入按钮、设值开关或多个输出状态显示、模拟量仪表显示时，由于采用分立电器元件的按钮、开关可能占用过多的 PLC 输入点，而采用分立电器元件的状态显示、仪表显示又可能占用过多的 PLC 输出点，增加硬接线的复杂性和故障率，因此，使用触摸屏产品作为人机界面就成为较为理想的选择。在应用中，触摸屏的触控面板可以被用户自由定义分页和自制控制菜单，灵活地定义各种按钮、设值开关等画面，LCD 显示屏也可以被灵活地定义成各种式样的状态显示灯、仪表显示面板、文字信息提示等画面。电气设计人员借助人机界面专用软件首先在 PC 上制作完成触摸屏画面，并在计算机屏幕上（点鼠标）完成操作模拟之后，就可以用 PC 触摸屏下载线将画面定义装入触摸屏的内存，运行时，只要接通 PLC 触摸屏之间的通信线，触摸屏产品就可以作为设备的操作面板兼显示器使用。在触摸屏人机界面上定义过的输入、输出变量将不占用 PLC 的 I/O 点，简化了电气控制系统的结构，提高了设备运行的可靠性，所以，人机界面产品在工业控制中获得了广泛的应用。

目前，工业级人机界面产品种类很多，本节以 PWS 系列触摸屏为例进行介绍。该系列触摸屏有多种触控面板尺寸，分真彩、伪彩等各种使用档次。其中，PWS3260 – DTN 型触摸屏具有 10.4in 彩色荧屏，设计人员可以在每一画面的显示范围内任意规划触控按键，人机系统会自动记忆按钮的位置与功能，任一触控按键均可定义为换画面按钮或控制 PLC 可识别变量的输入按钮（开关）。触控按键的面积可大可小，最大可占满整个屏幕，最小仅占用 8 行 ×8 列 LCD 显示光点的面积。当按压某一个触控按键时，触摸屏的蜂鸣器会发出持续 200ms 的短音表示按压生效，设计人员还可以定义每个按键所需的按压持续时间。PWS3260 型触摸屏的外形如图 8-12 所示。

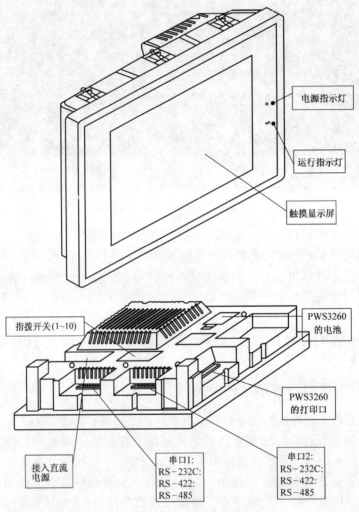

图 8-12　PWS3260 型触摸屏的外形图

　　PWS3260 型触摸屏的背后有 1 组 DIP 指拨开关和 3 个电缆插座（COM1、COM2 和 LPT 端口）。

1. 指拨开关

　　PWS3260 型触摸屏的背后共有十个指拨开关 SW1 ~ SW10。SW1 和 SW2 用来设置显示器的类型，如采用 DTN 类型的显示器，则应将 SW1 置为 OFF、SW2 置为 ON。SW3 和 SW4 用来设置运行模式，如运行用户的应用程序，则 SW3 随意、SW4 应置为 ON；如运行内置测试程序，则 SW3 置 ON、SW4 置 OFF；如进行硬件测试，则 SW3、SW4 均置为 OFF。SW5 用来设置通信格式，如 SW5 置为 ON，则 PWS 人机系统与 PLC 的通信格式依据 PWS 硬体系统目录中的工作参数设定；如 SW5 置为 OFF，则与 PLC 的通信格式依据触摸屏软件 ADP3 菜单中的工作参数设定。SW6 决定 PWS 人机系统是否设置密码，SW6 置为 ON 时，PWS 人机系统要求设置密码；SW6 置为 OFF 时，PWS 人机系统无密码设置。SW7 决定 PWS 人机系统上电后是否出现系统目录菜单，如 SW7 置为 ON，则触摸屏开机后屏幕上会出现系统目录菜单，用户使用该菜单才能进行画面软件的上传或下载操作，在软件试运行期间一般需要将SW7 置为 ON 以便于调试；如 SW7 置为 OFF，则触摸屏开机后屏幕上不出现系统目录菜单，而直接进入在线运行方式，对于调试完成的电气控制系统，需要将人机界面的 SW7 置为OFF，使触摸屏保持在线正常运行即可。SW8 用来默认用户密码等级（只在 SW6 = OFF 时有效），如 SW8 置为 ON，则开机后 PWS 人机系统进入在线连接，密码等级设置为 1，不要求输入密码；如 SW8 置为 OFF，则开机后 PWS 人机系统进入在线连接，密码等级设置为 3，要求输入密码。最后两个指拨开关 SW9 和 SW10 分别用来设置 COM1 和 COM2 口的规格。如果使用 COM1 口连接 PLC，需指拨开关 SW9 的配合，针对大部分使用 RS‑485 的厂家，SW9 应置为 ON；SW9 置 OFF 只适应于采用 RS-422 的三菱 A-CPU 口。如果用户使用 COM2口连接 PLC，则应配合使用指拨开关 SW10。

2. COM1 和 COM2 口

使用触摸屏时，一般将 COM1、COM2 口中的一个用于连接 PC，另一个连接 PLC。不允许带电插拔。连接 PC 的目的是为了对触摸屏的内存上载或下载触摸屏画面软件，在触摸屏软件 ADP3 菜单应用栏的传输设定表单中，可以选择上载或下载所使用的通信端口（可选COM1 或 COM2）。连接 PLC 的目的是为了运行 PLC 控制程序，因为人机界面仅仅相当于一个高档的操作面板兼显示器，电气控制系统的控制核心仍然是 PLC。在触摸屏软件 ADP3 菜单应用栏的设定工作参数表单中，可以选择通信设定，指定触摸屏与 PLC 连线所使用的通信端口（也可选 COM1 或 COM2）。设备正常运行时不必连接 PC，只需要已装好软件的触摸屏与装好 PLC 控制程序的 PLC 正确连接，正常运行即可。

3. 其他接线端口

打印端口仅在画面与表格打印输出时使用。给触摸屏供电使用直流 24V 电源接线端子，PWS3260-DTN 型人机界面产品的耗电量为 16W。

二、触摸屏软件 ADP3 的使用方法

1. 建立新的工程文件

如果要将 PWS 触摸屏产品作为人机界面用于某一设备的控制，首先应在 PC 上安装ADP3 软件，并建立一个新的工程文件，这时需要输入的内容是：新文件的应用名称、人机界面的产品型号和所使用的 PLC 产品型号。新文件建立之后即可进入画面编辑。图 8-13 为触摸屏软件 ADP3 的示窗示意图。

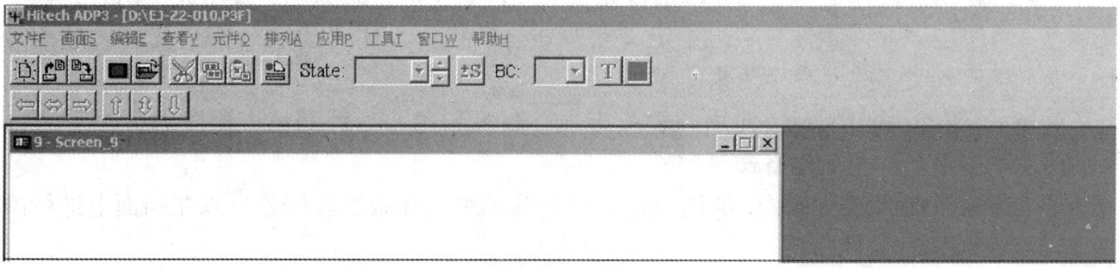

图 8-13　触摸屏软件 ADP3 示窗示意图

2. 画面编辑

在 ADP3 软件中，可使用的画面元件有如下 4 类。

（1）可触摸元件　指在画面上定义的按钮、设置数值按键、状态选择按键及翻页按键等，这些按键一般兼有可触摸功能和显示功能。

（2）状态显示元件　指在画面上定义的显示灯、动态数字文字信息显示（可以在不同情况下呈现不同颜色，包括数字文字提醒、信息移动等）及显示仪表等，触摸这些元件时系统没有反应，仅仅被用作信号的运行状态显示。

（3）动态资料及人机记录缓冲区显示元件　指在画面上定义的历史趋势图或人机界面使用 PLC 内存做记录缓冲区时的缓冲区状态显示元件。

（4）静态显示元件　指在画面上定义的静态文字、静态背景元件，不受 PLC 程序控制。

ADP3 软件提供了一系列的各种类型的元件，对于熟悉电气控制系统的人员来讲，设置方法十分简单。如要设计一个按钮，就选择"元件"下的"按钮"，在按钮副表单有各种各样的按钮可供选择，有设 ON 型、设 OFF 型、交替型、保持型、设常值型和换画面型等。例如，需要按下动作、松手复位的普通按钮就选择"保持型"，如需要按一下 ON、再按一下 OFF 的按钮就选择"交替型"。选定按钮之后，可以用十字形指针拉出按钮的大小，还可以移动其位置，并配置按钮指示灯在（不点亮或点亮）两种状态下按钮上的文字、颜色、形状以及是否闪烁等。对刚设定的按钮点击鼠标右键，在"元件属性"栏可以定义该按钮的"最小按压生效时间"，该按钮的触摸状态（压下"1"、松手"0"）"写入"PLC 并被 PLC 的程序识别时的变量名称，以及该按钮所带的按钮灯"读取"PLC 变量并显示的变量名称。使用右键还可以选择"复制"、"多重复制"生成多个同种按钮或执行"删除"。

如果运行中要改变 PLC 内部变量的预置数值（如数据存储器 D、计数器 C、定时器 T 中的数值），可以使用设值按钮，在运行中用户只要点中该按钮，人机界面上将会自动出现一个内建的数字键盘供用户选择预置数值，确定数值之后，该数字键盘自动消失，数值会通过 PLC 程序被写入约定的内存。定义设值按钮时，可以方便地选择元件大小、背景颜色、显示数字大小及颜色，使用右键可在"元件属性"栏定义要"写入"新值的变量名称、变量格式及变量范围等。

显示灯元件的设计与按钮元件的显示灯部分设计类似。

数值显示元件可以在屏幕上动态显示 PLC 内部变量的当前数值，如数据存储器 D、计数器 C、定时器 T 的当前数值。实际上，各种元件设计时的操作方法均类似，数值显示元件可以选择元件大小、背景颜色、显示数字大小及颜色，在"元件属性"栏定义要"读取"显示的变量名称、变量格式、变量范围等。

再如走马灯元件的设置，走马灯属于信息显示元件，与一般显示灯的区别是该灯上的文字会做动态移动。设计走马灯元件时也首先定义元件大小、背景颜色、显示文字内容、大小及颜色；再通过"元件属性"栏继续定义元件外框形状、元件"读取"哪个变量后进入显示、变量格式及文字的动态移动速度等。

对显示仪表，用户可定义使用圆表或方表、表盘颜色、指针颜色、刻度划分、要"读取"显示的变量名称及变量格式等。

每一屏画面均可以选择不同的画面背景颜色及花纹，高版本软件还可以在画面上进行静态几何图形的作图。

制作画面后退出时要注意保存，下次使用时开启旧档即可进入修改编辑。画面未调试成功前可不连接触摸屏，只将装有 ADP3 软件的 PC 与装好控制程序的 PLC 联机即可在 PC 屏幕上操作鼠标完成模拟运行。调好画面程序后，不连接 PLC，将装有 ADP3 软件的 PC 与触摸屏联机可进入画面软件的上载、下载传输。设备长期运行的连线是将装好画面软件的触摸屏与装好控制程序的 PLC 联机，运行中触摸屏主要起设备的高级操作面板和显示器作用。在利用"工具"菜单进行模拟和利用"应用"菜单进行上载、下载之前，一定要仔细阅读 PWS 具体机型的通信参数规定及 ADP3 软件的使用方法，进行正确的操作。

此外，ADP3 软件还提供了一种"巨集"指令，使人机界面自身具备数值运算、逻辑判断、程序控制、数值传递、数值转换、计数计时及通信等功能，以减少 PLC 主机的 PLC 程序容量并提高人机系统——PLC 主机的运行效率。简单工程应用中可以不使用"巨集"指令。

三、半自动内圆磨床的触摸屏控制实例

PLC – Z2 –010 是用于磨削高圆度内圆的半自动精密磨床，该机床的电气系统以三菱 FX$_2$ 系列 PLC 为控制核心，以 PWS 系列 10.4in 触摸屏为人机界面，十分方便地对机床的四种工作状态（调整、半自动、砂轮修整和参数调整）实现自动控制。

电气控制电路接入 PLC 的输入点有 18 点，大部分来自现场行程开关和传感器，如大滑板前位及后位、进给到位、推出到位、往复刹车到位、修整器倒下及抬起、小滑板后位及前位、进给原位、砂轮过小、气压过低、静压异常占用 13 点输入；必须占用 PLC 硬件输入点的其他信号只有 5 个：总启动开关、循环启动按钮、循环中断按钮、手动装工件开关和变频器启动开关信号。大量需要操作的输入信号被设置在触摸屏上。

PLC 系统的输出点有 18 个，其中有 10 个点用来控制包括大滑板、工件卡具、补偿、快跳、粗进给、粗精转换、进给复位、修整、修整推出和小滑板的所有电磁阀的动作，有 5 个点控制工件轴旋转电动机、砂轮往复电动机、往复刹车、修整器电动机、车头刹车的动作，有 3 个点用来点亮循环指示灯、调整状态指示灯及半自动状态指示灯。大量需要显示的输出信号也被设置在人机界面上完成显示。总体来说，采用人机界面之后，PLC 系统的硬接线 I/O 点大大减少。

图 8-14 为人机界面的待机界面，该屏幕不能操作，只做显示，其中"郑州第二机床厂"被设计为走马灯元件，做动态的文字移动显示。只要 PLC 及触摸屏上电，就显示该界面。程序开发时，在 ADP3 "应用"菜单的"设定工作参数栏"，可以定义开机起始界面，还可以定义界面各页的控制变量，因此，在机床强电启动后，该待机界面可被 PLC 程序切换至工作界面。

图 8-15 为人机界面主菜单，在按下系统总启动开关之后进入该界面。操作人员可以触摸任一按钮，选择进入某种工作方

图 8-14 人机界面的待机界面

式，操作之后，触摸屏上会出现相应的工作方式界面。对几个典型控制界面分述如下。

图 8-16 为半自动状态对应的界面。在该界面上可以看到半自动条件是否满足（变颜色），半自动循环正在进行哪个步骤（变颜色或闪烁），以及动作预置执行时间、当前执行

时间、预置执行次数及当前执行次数。左下方空白元件只在砂轮需要修整时显现闪烁的"砂轮需要修整!!!"提示。

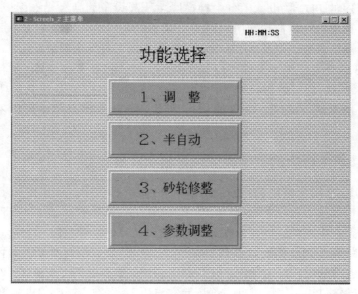

图 8-15　人机界面主菜单

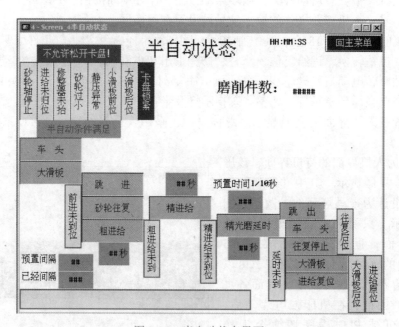

图 8-16　半自动状态界面

图 8-17 为手动调整状态对应的界面。PLC-Z2-010 半自动精密磨床手动调整时需要很多操作按钮、状态显示或操作提示，都被设计在人机界面上。如绿色的"车头旋转"按钮，在条件满足的条件下，如果被点中，即进入车头旋转动作，这时该按钮会闪烁，提示手动动作正在进行中……再触摸"车头停转"按钮，将停止车头旋转动作。同时，PLC 的 I/O 状态信息显示阵列也会提示相关的 I/O 信号当前状态。另外，由于大滑板、小滑板的移动调整动作较为复杂，均需要设计单独的子画面进行操作，所以该画面上的大滑板、小滑板两个按

钮被用作进入子界面的切换按钮。

参数调整状态对应的界面如图8-18所示。用于3个可改变参数的预置值调整。左侧为3个设值按钮，选中后触摸屏界面上将会自动出现内建的数字键盘供用户选择预置数值，确定数值之后该数字键盘自动消失，数值会被写入PLC的约定内存。右侧为3个数值显示元件，仅仅读取约定内存的预置数值并加以显示。

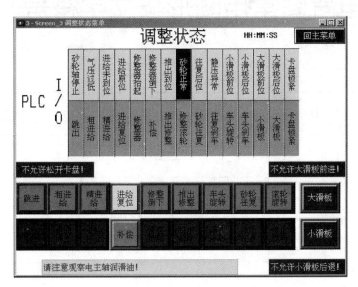

图8-17 手动调整状态界面

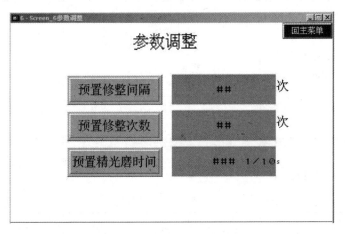

图8-18 参数调整状态界面

257

附 录

电气图常用图形与文字符号

编号	名 称	图形符号 （GB/T 4728—2008～2018）	文字符号 （GB/T 7159—1987）
1	直流		
	交流		
	交直流		
2	导线的连接	或	
	导线的 多线连接	或	
	导线的不连接		
3	接地一般符号		E
4	电阻的一般符号		R
5	电容器一般符号		C
	极性电容器		

（续）

编号	名　称	图形符号 （GB/T 4728—2008～2018）	文字符号 （GB/T 7159—1987）
6	半导体二极管		VD
7	熔断器		FU
8	换向绕组		
	补偿绕组		
	串励绕组		
	并励或他励绕组		
	电枢绕组		
9	发电机	G	G
	直流发电机	G	GD
	交流发电机	G	GA
10	电动机	M	M
	直流电动机	M	MD
	交流电动机	M	MA
	三相笼型 异步电动机	M 3～	M

（续）

编号	名　　称	图形符号 （GB/T 4728—2008～2018）	文字符号 （GB/T 7159—1987）
		开　关	
11	单极开关	或	QS
	三极开关		
	刀开关		
	组合开关		
	手动三极 开关一般符号		
	三极隔离开关		
		限 位 开 关	
12	常开触点		SQ
	常闭触点		
	双向机械操作		

（续）

编号	名　　称	图形符号 （GB/T 4728—2008～2018）	文字符号 （GB/T 7159—1987）
		按　　钮	
13	带常开触 点的按钮		SB
	带常闭触 点的按钮		
	带常开和常闭 触点的按钮		
		接　触　器	
14	线　　圈		KM
	常开 （动合）触点		
	常闭 （动断）触点		
		继　电　器	
15	常开（动合） 触点		符号同 操作元件
	常闭（动断） 触点为		
	延时闭合的 常开触点		KT

（续）

编号	名　称	图形符号 （GB/T 4728—2008～2018）	文字符号 （GB/T 7159—1987）
继 电 器			
15	延时断开的 常开触点		KT
	延时闭合的 常闭触点		
	延时断开的 常闭触点		
	延时闭合和延时 断开的常开触点		
	延时闭合和延时 断开的常闭触点		
	时间断电器 线圈（一般符号）		
	中间继电器 线圈	或	KA
	欠电压继 电器线圈	$U<$	KUV
	过电流继 电器的线圈	$I>$	KOC
16	热继电器 热元件		FR

（续）

编号	名 称	图形符号 （GB/T 4728—2008～2018）	文字符号 （GB/T 7159—1987）
继 电 器			
16	热继电器的 常闭触点	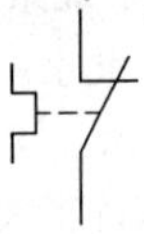	FR
17	电磁铁	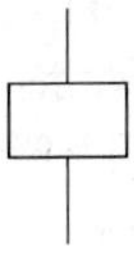	YA
	电磁吸盘		YH
	接插器件	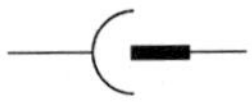	X
	照明灯		EL
	信号灯		HL
	电抗器	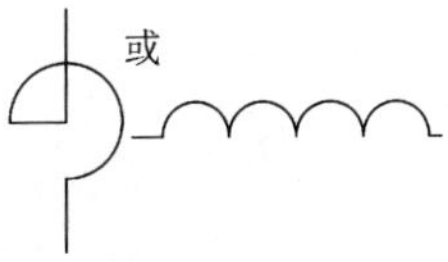 或	L
限 定 符 号			
18		接触器功能　　隔离开关功能 位置开关功能　　负荷开关功能	 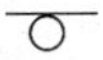
操作件和操作方法			
19		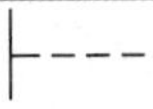 一般情况下的手动操作 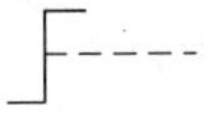 旋转操作 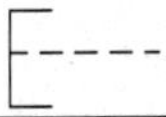 推动操作	

263

参 考 文 献

[1] 许翏. 工厂电气控制设备 [M]. 3 版. 北京：机械工业出版社，2019.
[2] 邱俊，等. 工厂电气控制技术 [M]. 3 版. 北京：中国水利水电出版社，2019.
[3] 曾允文. 智能低压电器原理及应用 [M]. 北京：化学工业出版社，2015.
[4] 陈建明，王亭玲. 电气控制与 PLC 应用 [M]. 4 版. 北京：电子工业出版社，2019.
[5] 郭丙君. 电气控制技术 [M]. 上海：华东理工大学出版社，2018.
[6] 杨霞，刘桂秋. 电气控制及 PLC 技术 [M]. 北京：清华大学出版社，2017.
[7] 王永华. 现代电气控制及 PLC 应用技术 [M]. 5 版. 北京：北京航空航天大学出版社，2018.
[8] 王斌鹏. 电气控制与可编程控制器 [M]. 北京：电子工业出版社，2019.
[9] 张培铭. 智能低压电器技术研究 [J]. 电器与能效管理技术，2019 (15)：10-20.
[10] 陈德桂. 智能电网与低压电器智能化的发展 [J]. 低压电器，2010 (5)：1-6.